水利工程运行安全管理

陈功磊　张　蕾　王善慈　主编

吉林科学技术出版社

图书在版编目（CIP）数据

水利工程运行安全管理 / 陈功磊，张蕾，王善慈主编. -- 长春 : 吉林科学技术出版社，2022.4

ISBN 978-7-5578-9272-2

Ⅰ. ①水… Ⅱ. ①陈… ②张… ③王… Ⅲ. ①水利工程管理－安全管理 Ⅳ. ① TV513

中国版本图书馆 CIP 数据核字（2022）第 072699 号

水利工程运行安全管理

主　　编　陈功磊 张 蕾 王善慈
出 版 人　宛 霞
责任编辑　王明玲
封面设计　李 宝
制　　版　宝莲洪图
幅面尺寸　185mm×260mm
开　　本　16
字　　数　330 千字
印　　张　14.75
印　　数　1-1500 册
版　　次　2022年4月第1版
印　　次　2022年4月第1次印刷

出　　版　吉林科学技术出版社
发　　行　吉林科学技术出版社
地　　址　长春市南关区福祉大路5788号出版大厦A座
邮　　编　130118
发行部电话/传真　0431-81629529　81629530　81629531
81629532　81629533　81629534
储运部电话　0431-86059116
编辑部电话　0431-81629510
印　　刷　廊坊市印艺阁数字科技有限公司

书　　号　ISBN 978-7-5578-9272-2
定　　价　58.00元

前　言

水利工程施工是按照设计提出的工程结构、数量、质量、进度及造价等要求修建水利工程的工作。水利工程的运用、操作、维修和保护工作，是水利工程管理的重要组成部分，水利工程建成后，必须通过有效的管理，才能实现预期的效果和验证原来规划、设计的正确性；工程管理的基本任务是保持工程建筑物和设备的完整、安全，使其处于良好的技术状况；正确运用水利工程设备，以控制、调节、分配、使用水资源，充分发挥其防洪、灌溉、供水、排水、发电、航运、环境保护等效益。做好水利工程的施工与管理是发挥工程功能的鸟之两翼、车之双轮。

当前，水利水电工程建设正处于快速发展的阶段，只有保证安全施工，才能保证工程建设的顺利进行，保证工程的质量，发挥投资的最佳经济效益。如果说效益关系到企业的发展，那么安全则维系着企业的生存。因此，参与水利水电工程建设的单位应该在确保安全的前提下追求效率和效益。

近年来，水利水电施工企业的安全生产水平虽然有了很大的提高，但在工程建设过程中，时有人身伤亡事故、机械损坏事故的发生。而这些事故的发生多数是由违规操作和管理缺陷造成的。因此，提高对施工安全风险的认知能力，加强对现场的安全管理，落实各项安全技术规程、规范和标准，是保证安全效果的关键。

随着我国经济快速发展、科学技术不断进步，水利水电工程的市场需求发生了巨大变化，对安全生产提出了更多、更新、更高的挑战，加之近年来国家不断加大了对安全生产法规的建设力度，新颁布和修订了一系列法律法规和技术标准，建立了一系列安全生产管理制度。为使教育考核工作与现行法律法规和技术标准进行有机接轨，督促水利水电工程施工企业主要负责人、项目负责人和专职安全生产管理人员及时更新安全生产知识，提高安全生产管理能力。

本书在编著的过程中参考了大量的文献资料，不能一一列出，在此向参考文献的作者表示崇高的敬意。

由于作者水平有限，书中难免存在疏漏和不足之处，敬请读者批评指正。

目 录

第一章　安全生产基础知识

本章介绍了安全、安全生产、安全施工技术与安全生产管理等基本概念，阐述了水利安全生产监督管理的基本任务。介绍了本质安全与危险源的相关知识，以及危险源和事故隐患之间的关系，同时简要介绍了国内外安全管理相关的基础理论。本章节内容可为水利施工企业进行安全生产管理提供基础理论知识与基本方法。

第一节　安全生产的基本概念

一、安全与安全生产管理

（一）安全

安全，泛指没有危险、不出事故的状态。安全系统工程的观点认为，安全是生产系统中人员免遭不可承受风险伤害的状态。无论是安全还是危险都是相对的。当危险性低于某种程度时，人们就认为是安全的。

（二）安全生产

安全生产，是指在社会生产活动中，通过人、机、物料、环境的和谐运作，使生产过程中潜在的各种事故风险和伤害因素始终处于有效控制状态，切实保护劳动者的生命安全和身体健康。

安全生产管理，就是针对人们在生产过程中的安全问题，运用有效的资源，发挥人们的智慧，通过人们的努力，进行有关决策、计划、组织和控制等活动，实现生产过程中人与机器设备、物料、环境的和谐，达到安全生产的目标。

安全生产管理的基本对象是企业的员工，涉及企业中的所有人员、设备设施、物料、环境、财务、信息等各个方面。

安全生产管理的目标是，减少和控制危害，减少和控制事故，尽量避免生产过程中由于事故所造成的人身伤害、财产损失、环境污染以及其他损失。

企业的安全管理主要有以下工作内容：

认真贯彻国家和地方安全生产管理工作的法律法规和方针政策、安全技术标准规范，建立企业内部标准化安全生产管理体系，包括建立安全生产管理机构、明确职责权限，建立和落实安全生产责任制度、安全教育培训等其他安全管理制度。

运用企业安全管理原理，监督指导所属单位建立现场安全管理机构、落实安全生产责任制，配备安全管理人员，建立安全教育培训等其他安全管理制度，实行工程施工安全管理和控制。

认真进行安全生产检查，实行自检、互检和专项检查相结合的方法，组织开展各项检查活动；专职安全生产管理人员还应当加强生产过程中的安全检查工作，做好安全验收工作。

制定企业安全生产管理制度，对安全检查中发现的人、机、环境方面的安全问题应及时处理，保证不留安全隐患。

监督所属单位安全管理机构做好现场的安全文明生产管理、职业危害管理、劳动保护管理、现场消防安全管理以及季节性安全管理。

组织落实企业级安全生产教育工作；做好企业内部安全生产责任考核工作；监督所属单位做好企业级、车间级和班组级的安全教育。

建立企业职业健康管理制度，将职业健康管理纳入企业管理中。

做好安全事故的调查与处理工作，做好事故统计资料。

组织制定并有效实施安全度汛措施。

建立安全生产费用保障和使用管理制度，并有效实施。

（三）水利施工安全技术

根据《建筑施工安全技术统一规范》（GB 50870—2013），水利施工安全技术分为安全分析技术、安全控制技术、监测预警技术、应急救援技术及其他安全技术等五类。

安全分析技术包括危害辨识、风险评价、失效分析、事故统计分析、安全作业空间分析以及安全评价技术等；安全控制技术包括安全专项施工技术、线控、保险、防护技术等；监测预警技术包括安全检测、安全信息、安全监控、预警提示技术等；应急救援技术包括应急响应技术、专项救援技术、医疗救护技术等；其他安全技术包括安全卫生、安全心理、个体防护技术等。水利工程施工应根据工程施工特点和所处环境综合采用相应的安全技术。

为了主动、有效地预防事故，首先必须充分分析和了解、认识事故发生的致因因素（即导致事故发生的因素），运用工程技术手段消除事故发生的因素，实现生产工艺和机械设备等生产条件的本质安全。

水利建筑施工企业应建立健全建筑施工安全技术保证体系，并有相应的建筑施工安全技术标准。工程建设开工前应结合工程特点编制建筑施工安全技术规划，确定施工安全目标。规划内容应覆盖施工生产的全过程。

（四）事故与安全生产事故

事故是在人们生产、生活活动过程中突然发生的、违反人们意志的、迫使活动暂时或永久停止的、可能造成人员伤害、财产损失或环境污染的事件。

安全生产事故是指在生产经营活动过程中发生的一个或一系列非计划的（即意外的）可导致人员伤亡、设备损坏、财产损失以及环境危害的事件，即生产经营活动中发生的造成人身伤亡或者直接经济损失的事件。

二、安全生产监督管理

（一）水利安全生产监督管理

政府主管部门的安全生产监督管理，是为了达到安全生产目标，在党和政府的组织领导下所进行的系统性管理活动。

水利安全生产监督管理是指水行政主管部门按照管理权限开展安全生产监督管理的活动。

水利安全生产监督管理应当做到全方位、全过程，实现综合监管与专业监管相结合，全覆盖、零容忍的监管。全方位，即各领域全面覆盖；全过程，包含各环节、各时段监管。如水利工程安全监管全过程是指对水利工程规划、设计、建设、运行四个阶段及逻辑关联的安全生产工作进行监督管理。

水利行业的安全生产监督管理的一般监督管理方式，可分为事前、事中和事后监管。根据水利行业特点具体表述为事故预防、应急管理和事故管理。事故预防是水利安全生产监督管理的重点和主要任务。

（二）水利安全生产监督管理任务

水利安全生产监督管理具体任务为：

法律规章制度落实情况。

水利安全生产责任制落实情况。

水利安全生产市场准入和标准化建设。

监督检查和隐患排查治理督导。

水利安全生产教育培训。

水利安全生产行政执法。

水利安全生产应急管理。

水利职业危害监控。

水利安全生产监督管理考核等。

安全生产管理与安全生产监督管理工作目标一致，安全生产管理与安全生产监督管理区别在于：安全生产管理是生产经营单位的管理行为，主体是生产经营单位，客体是本单位的人、事和物。安全生产监督管理是政府行政行为，主体是各级政府，客体（对象）是生产经营单位。当然，也包括上级政府对下级政府安全工作进行的监督管理。

第二节　本质安全与危险源

一、本质安全

（一）设备本质安全

本质安全是指通过设计等手段使生产设备或生产系统本身具有安全性，即使在失误操作或发生故障的情况下也不会造成事故。

本质安全具体包括两方面的内容：

失误——安全功能。操作者即使操作失误，也不会发生事故或伤害，或者说设备、设施和技术工艺本身具有自动防止人的不安全行为的功能。

故障——安全功能。设备、设施或生产工艺发生故障或损坏时，还能暂时维持正常工作或自动转变为安全状态。

这两种安全功能应该是设备、设施和技术工艺本身固有的，而不是事后补偿的。

（二）本质安全型企业

本质安全型企业，是指与生产安全有关的各个基本要素，如人员素质、技术设备、生产作业环境、制度流程（简称人、机、环、管）等，能够从根本上保证安全可靠的企业。包括：人的本质安全、物的本质安全、管理的本质安全、环境的本质安全。

1. 人的本质安全

采用多媒体安全教育、作业行为规范化、现场安全可视化等手段，提高人员安全素质。

2. 物的本质安全

通过规范的施工机械（车辆）管理方法与信息化手段，提高机械设备的安全性。

3. 管理的本质安全

建立本质安全管理体系、信息化平台，全面提高安全管理水平，实现管理“零”缺陷。

4. 环境的本质安全

通过安全设施标准化、危险源辨识与控制标准化，达到作业环境的安全可靠。

二、危险源

（一）危险源概述

危险源是指可能造成人员伤害、职业病、财产损失、作业环境破坏、生产中断的根源或状态。

危险源可以是一种环境、一种状态的载体，也可以是可能产生不期望后果的人或物。危险源是自身属性，不可消除，不会因为外界因素而改变，是客观存在的。

危险源的实质是具有潜在危险的因素或部位，是爆发事故的源头，是能量、危险物质集中的核心，是能量传出来或爆发的地方。危险源存在于确定的系统中。

危险源的潜在危险性是指一旦触发事故，可能带来的危害程度或损失大小，或者说危险源可能释放的能量强度或危险物质量的大小。

危险源存在的条件是指危险源所处的物理、化学状态和约束条件状态。例如，物质的压力、温度，化学稳定性，盛装压力容器的坚固性，周围环境障碍物等情况。

触发因素：虽然不属于危险源的固有属性，但它是危险源转化为事故的外因，而且每一类型的危险源都有相应的敏感触发因素。如易燃易爆物质，热能是其敏感的触发因素，又如压力容器，压力升高是其敏感触发因素。因此，一定的危险源总是与相应的触发因素相关联。在触发因素的作用下，危险源转化为危险状态，继而转化为事故。

（二）危险有害因素

危险有害因素是危险源固有的因素。

危险因素是指能对人造成伤亡或对物造成突发性损害的因素。

有害因素是指能影响人的身体健康、导致疾病或对物造成慢性损害的因素。

通常情况下，两者不加以区分，统称为危险有害因素。应当指出的是危险有害因素是潜在的可能性因素，如果失去控制而成为现实存在，则会成为隐患或事故。

（三）危险源与事故隐患

根据危险有害因素的大小，将危险源分为一般危险源和重大危险源。水利水电工程施工重大危险源是指可能导致人员死亡、严重伤害、财产严重损失、环境严重破坏或这些情况组合的根源或状态。

系统安全理论认为，事故隐患泛指生产系统中可导致事故发生的人的不安全行为、物的不安全状态和管理上的缺陷。

事故隐患是由外界因素如人、物、环境等导致的，是可以消除的。事故的预防，从某种意义上讲，就是事故隐患的控制和消除。

事故隐患是指作业场所、设备及设施的不安全状态，人的不安全行为和管理上的缺陷。

它的实质是有危险的、不安全的、有缺陷的状态，这种状态可在人或物上表现出来，如人走路不稳、路面太滑都是导致摔倒致伤的隐患；也可在管理的程序、内容或方式上表现出来，如检查不到位、制度的不健全、人员培训不到位等。

《安全生产事故隐患排查治理暂行规定》（安监总局16号令）将安全生产事故隐患定义为生产经营单位违反安全生产法律法规、规章、标准、规程和安全生产管理制度的规定，或者因其他因素在生产经营活动中存在可能导致事故发生的物的危险状态、人的不安全行为和管理上的缺陷。

根据危害程度和整改难易程度的大小，事故隐患又可分为一般事故隐患和重大事故隐患。

一般事故隐患危害整改难度较小，发现后能够立即整改排除的隐患。

重大事故隐患危害整改难度较大，应当全部或者局部停产停业，并经过一段时间整改治理方能排除的隐患，或者因外部因素影响致使生产经营单位自身难以排除的隐患。

重大事故隐患是可能导致重大人身伤亡或者重大经济损失的事故隐患。所以，加强对重大事故隐患的控制管理，对于预防重特大安全事故具有重要的意义。

※【知识链接】

根据《水利工程生产安全事故重大隐患判定标准导则》（征求意见稿）：重大隐患是指危害或整改难度较大，需要全部或者局部暂定施工或停止运行，且消除事故隐患所需的时间，运行管理工程在180天以上，建设工程在30天以上。

（四）危险源和事故隐患之间的联系

一般来说，危险源可能存在事故隐患，也可能不存在事故隐患，对于存在事故隐患的危险源一定要及时整改和治理，否则随时都可能导致事故。

实际工作中，对事故隐患的排查和治理总是与一定的危险源联系在一起，因为没有危险的隐患也就谈不上要去控制它。而对危险源的控制，实际就是防止其出现事故隐患或消除其存在的事故隐患。所以，两者之间存在很大的联系。

危险源控制有效就不会形成隐患，也就不会发生事故。但是，如果出现不安全的状态或行为，危险源就处于失控的状态，也就是形成了隐患。隐患是引发能量意外释放的条件，是发生事故的直接原因。因此，危险源包含事故风险的根源和控制状态，危险源不一定是隐患，而隐患必然是危险源。危险源属自然常态，隐患属不正常状态。

危险源客观存在一定的危险有害因素，是可能导致事故发生的根源或状态。当控制危险源的安全措施失效或缺失时，在触发因素的作用下，这些危险有害因素就会发展成为事故隐患，如不进行有效的隐患排查与控制，就很容易发生事故。

（五）水利施工现场危险源特征

水利施工现场安全事故的危险源主要有如下特征：

客观实在性。施工生产活动中的危险源是客观存在的，它不以人的主观意识为转移。无论人们是否愿意承认，它都会实实在在地存在，而一旦具备主观条件，它就会由潜在的危险性发生质的变化而转变为安全事故。

高度的不确定性。由于水利施工项目具有规模大、工期长、系统复杂等特点，加之危险源自身也随着施工现场条件的变化而呈现不同的特征，这使得对各种危险源在施工过程中的发展变化规律难以做到精确的把握与预测，导致危险隐患产生不同程度的不确定性。这种不确定性很难用常规性方法进行识别，其后的发展和可能涉及的影响也很难用一定量化的计算方法来加以指导。尤其是事故一旦发生，处理不妥可能会造成危险事态的扩大甚至产生更加严重的后果。

隐蔽性。危险源在施工生产过程中存在的状态具有一定的隐蔽性。造成这一现象主要有两方面的原因：一是因为危险源在施工过程中没有明显地暴露在表面，而是潜伏在施工过程中的各个环节中，具有较强的潜在性；二是并不是所有危险源都一定会导致事故的发生，但是，只要有潜在危险源的存在，就不能彻底排除发生安全事故的可能性。

突发性。不仅危险源的存在状态具有隐蔽性，而且引发危险源安全事故的触发因素也具有很强的随机性。实际上，任何一种系统都具有因果连锁的内部特性，较小的危险源也有可能诱发重大的危险隐患从而造成重大的安全事故。同时，这种隐蔽性使得危险源从潜在到爆发的这一过程具有很大的不可预见性，可预警的时间非常短，突发性极强。

复杂多变性。危险源的复杂性是由实际施工作业情况的复杂性决定的。每次作业即使任务相同，但由于施工的技术人员、作业的施工地点、使用的机械工具、所采取的施工方法以及工序有所不同，可能存在的危险源也会不同。一般地，相同的危险源也有可能存在于不同的施工阶段、工序和作业过程中。

连带性。即危险源的连锁反应。一个系统内的各个危险源之间并不是孤立存在的，假设某个危险源引发产生安全事故，这些安全事故很可能又是其他危险源的触发因素，造成危险源的连锁反应。

第三节　安全管理相关基础理论

一、多米诺骨牌理论

骨牌玩法，源于中国宋代。当时的骨牌由牛骨、象牙制作。现在流行的推倒骨牌玩法是由意大利传教士多米诺从中国引进并创造的。现在的骨牌大多是木制或合成塑料制品。

在多米诺骨牌系列中，一颗骨牌被碰倒了，则将发生连锁反应，其余的几颗骨牌将相继被碰倒。

在一个相互联系的系统中，一个很小的初始能量就可能产生一连串的递增性的连锁反应。

该理论告诉大家，一个最小的力量能够引起的或许只是察觉不到的渐变。但是，它所引发的渐变却可能诱发的是翻天覆地的变化。

二、海因里希事故因果连锁理论

海因里希，美国著名安全工程师。1936年首次提出事故因果连锁理论，用来阐述导致伤亡事故各种因素间及各因素与伤害间的关系。

1. 海因里希事故因果连锁理论的内容

伤亡事故的发生不是一个孤立的事件，是5个相互作用的因素按一定顺序、互为因果、依次发生的结果，即伤亡事故与5个因素相互之间具有连锁关系。

2. 事故因果连锁过程中的5个相互作用的因素

（1）M——遗传及社会环境。遗传及社会环境是造成人的缺点的原因。

遗传因素可能使人具有鲁莽、固执、粗心、贪婪、易过激、神经质、暴躁、轻率等性格上的先天缺陷、缺点，对于安全来说属于不良的性格。

社会环境可能妨碍人的安全素质教育、培养、训练，使人缺乏安全生产知识和技能，助长不良性格等后天不足的发展。

遗传及社会环境因素是因果链上最基本的因素。

（2）P——人的缺点。人的缺点，是产生人的不安全行为，或造成机、物、环境的不安全状态，或导致管理失误（错误或缺陷）的直接原因。

（3）H——人的不安全行为，或机、物、环境的不安全状态，或管理失误（错误或缺陷）。人的不安全行为，或机、物、环境的不安全状态，或管理失误（错误或缺陷），是指那些曾经引起过事故，可能再次引起事故的行为或状态，它们是造成事故的直接原因。人的不安全行为，或机、物、环境的不安全状态等是造成事故的主要原因。

（4）D——事故。事故是由于物体、物质、人或环境的作用或反作用，使人员受到或可能受到伤害的、出乎意料的、失去控制的事件。

（5）A——伤亡。即直接由事故产生的人身伤亡。

3. 伤亡事故连锁构成

（1）人员伤亡的发生，是事故的结果。

（2）事故发生的原因，是由于人的不安全行为，或机、物、环境的不安全状态，或管理失误（错误或缺陷）。

（3）人的不安全行为，或机、物、环境的不安全状态，或管理失误（错误或缺陷），是由人的缺点造成的。

（4）人的缺点，是由先天的遗传因素，或不良社会环境诱发的。

4. 海因里希事故因果连锁理论要点

（1）伤亡事故就像一组多米诺骨牌，5 个相互作用的因素可以用 5 块多米诺骨牌来形象地描述，如果第一块骨牌倒下（即第一个原因出现），则发生连锁反应，后面的骨牌会相继被碰倒（相继发生）。

（2）事故发生的顺序。人本身—按人的意志进行动作—潜在危险—发生事故—伤亡。

事故发生的最初原因是人本身的素质，即生理、心理上的缺陷，或知识、意识、技能方面的问题。按这种人的意志进行动作，将出现管理、设计、制造、操作、维护等错误。

潜在危险，由个人的动作引起人的不安全行为，或机、物、环境的不安全状态，或管理失误（错误或缺陷）。发生事故，则是在一定条件下，由这些潜在危险引起的。伤亡、伤害，则是事故发生的后果。

（3）如果移去因果连锁中的任意一块骨牌，则连锁被破坏，事故过程被中止。企业安全工作的中心就是要移去中间的骨牌（H），即防止人的不安全行为，消除机、物、环境的不安全状态，避免管理失误（错误或缺陷），中断事故连锁的进程，进而避免事故的发生，达到控制事故的目的。

（4）通过改善社会环境，造就一个人人重视安全的社会环境和企业环境，使人具有更强的安全意识，加强培训，使人具有较好的安全技能，或者加强应急抢救措施，也能在不同程度上起到移去事故连锁中的某一骨牌的作用（或效果），使事故得到预防和控制。

海因里希把造成人的不安全行为，机、物、环境的不安全状态，管理失误（错误或缺陷）的主要原因归结为 4 个方面：

不正确的态度，个别员工忽视安全，甚至故意采取不安全行为；

物料堆放杂乱，作业空间狭小，设备、工具缺陷等；以及操作规程不合适、没有安全规程；其他妨碍贯彻安全规程的事物。

针对这 4 个方面的原因，海因里希提出了避免产生人的不安全行为，机、物、环境的不安全状态，管理失误（错误或缺陷）的 4 种对策：工程技术方面的改进；说服教育；人事调整；惩戒。

后人在此基础上经过创新发展，提出了安全管理 3E 原则：

※【知识链接】

安全管理 3E 原则：造成人的不安全行为，机、物、环境的不安全状态，管理失误（错误或缺陷）的主要原因可归纳为 4 个方面。即：技术原因；教育原因；身体和态度的原因；管理的原因。针对这 4 个方面的原因，可以采取三种防止对策，即工程技术对策，教育对策和法制对策。① 1E——工程技术对策，运用工程技术手段消除生产工艺、生产设施、机械设备等不安全因素，改善作业环境条件，完善防护与报警装置，实现生产条件的安全和卫生；② 2E——教育对策，提供各种层次的、各种形式和内容的教育培训，使员工牢固树立"安全第一"的思想，掌握安全生产所必需的知识和技能；③ 3E——法制对策，利用法律法规、规程、标准以及规章制度等必要的强制手段约束人们的行为，从而达到消除不重视安全以及"三违"等现象的目的。

一般来讲，在选择安全对策时，应该首先考虑工程技术措施，然后是教育培训。

实际工作中，应该针对不安全行为、不安全状态、管理失误（错误或缺陷）的产生原因，灵活地采取对策。即使在采取了工程技术措施，减少、控制了不安全因素的情况下，仍然要通过教育培训和法制手段来规范人的行为，避免不安全行为和管理失误（错误或缺陷）的发生。

三、博德事故因果连锁理论

博德事故因果连锁理论也称现代事故因果连锁理论，或管理失误论。

该理论是在海因里希事故因果连锁理论的基础上提出的。伤亡事故的发生也是5个相互作用的因素按一定顺序互为因果依次发生的结果，即伤亡事故与5个因素相互之间具有连锁关系。

1. 管理失误（错误或缺陷）——事故根本原因

管理失误（错误或缺陷），主要是控制不足。事故因果连锁中最重要的因素是安全管理。安全管理中的控制是指损失控制，包括对人的不安全行为，机、物、环境的不安全状态的控制。它是安全生产管理工作的核心。在安全管理中，安全管理系统要随着生产的发展变化而不断调整完善。只有这样，才能防止事故的发生。

安全管理系统要素包括：企业领导者制定的安全政策、决策、生产及安全的目标、安全生产责任制，安全管理人员的配备，责任与职权范围的划分及考核评价，员工的选择、教育培训、安排、指导及监督，企业资源的利用，信息传递，机械、设备、装置的设计、制造、采购、维修、保养，材料的采购、使用，操作规程，各种事故隐患、环境危害、危险源的检测、监测以及及时治理等。

2. 个人原因与工作条件——事故的间接原因

这方面的原因是由于管理失误（错误或缺陷）造成的。为了从根本上预防事故，必须查明事故的间接原因，并采取针对性对策。

个人原因包括生理或心理上的问题、缺乏安全知识或技能、行为动机不正确等因素。

工作条件方面的原因包括：安全操作规程不健全或执行不到位，机械、设备、装置、材料不合格或存在异常以及错误的使用方法，作业环境恶劣等。

3. 不安全行为和不安全状态——事故的直接原因

人的不安全行为、机、物、环境的不安全状态是事故的直接原因。这种原因是安全管理中必须重点加以追究和立即整改的原因。直接原因只是一种表面现象，其背后的深层次原因就是管理上的失误（错误或缺陷）。

4. 事故

事故是最终导致人员身体损伤、死亡，财物损失，不希望的事件。

这里的事故被看作是人体或物体与超过其承受阈值的能量接触，或人体与妨碍正常生理活动的物质的接触。因此，防止事故就是防止接触。

可以通过对装置、材料、工艺等的改进来防止能量的释放，或者通过训练提高操作者识别和回避危险的能力，佩带个人防护用具等来防止接触。

5. 伤亡——损失

伤亡，包括了死亡、工伤、职业病，以及对人员精神方面、神经方面或全身性的不利影响。人员伤害及财物损坏统称为损失。

在许多情况下，可以采取恰当的措施，使事故造成的损失最大限度地减小。例如，对受伤人员进行迅速正确的抢救，对设备进行抢修以及平时对有关人员进行应急训练等。

博德事故因果连锁理论的要点如下：

（1）事故根本原因是管理失误（错误或缺陷）。管理失误（错误或缺陷）是导致间接原因存在的原因，间接原因的存在又导致直接原因的存在，最终导致事故发生。

（2）事故的间接原因包括个人因素与工作条件。

（3）事故的直接原因是人的不安全行为，或机、物、环境的不安全状态。

（4）尽管遗传因素和人员成长的社会环境对人员的行为有一定的影响，却不是影响人员行为的主要因素。

※【知识链接】

冰山理论

造成死亡事故与严重伤害、未遂事件、不安全行为形成一个像冰山一样的三角形，一个暴露出来的严重事故必定有成千上万的不安全行为掩藏其后，就像浮在水面的冰山只是冰山整体的一小部分，而冰山隐藏在水下看不见的部分，却庞大得多。

海因里希法则

海因里希法则是美国著名安全工程师海因里希提出的 300 ： 29 ： 1 法则。这个法则意思是说，当一个企业有 300 个隐患或违章，必然要发生 29 起轻伤或故障，在这 29 起轻伤事故或故障当中，必然包含一起重伤、死亡或重大事故。

这一法则完全可以用于企业的安全管理上，即在一件重大的事故背后必有29件“轻度”

的事故，还有300个潜在的隐患。可怕的是对潜在性事故毫无觉察，或是麻木不仁，结果导致无法挽回的损失。了解海因里希法则的目的，是通过对事故成因的分析，让人们少走弯路，把事故消灭在萌芽状态。

法则的警示：

（1）要消除一起重大伤亡事故，必须提前防控29起轻伤事故或轻度故障，治理300个事故隐患或违章。在安全生产中，哪怕提前治理了299个事故隐患或违章，但只要有一个被忽视，就有可能诱发重大伤亡事故。

（2）事故的发生都是有原因的，都是事故隐患或违章的量的积累结果，都是多种不安全因素长期作用的结果和多个安全漏洞的叠加。如果总是存在隐患或违章行为，事故终究是会发生的。侥幸和麻痹是事故发生的根源。要想避免一起重大事故，就必须及时发现、消灭事故隐患或违章，控制轻伤事故或轻度故障。

（3）伤亡事故虽有偶然性，但是个人不安全行为，机、物、环境的不安全状态，管理失误（错误或缺陷）在事故发生之前已暴露过许多次，如果在事故发生之前，抓住时机，及时治理和消除，许多重大伤亡事故是完全可以避免的。

（4）再好的技术，再完美的规章，在实际操作层面，也无法取代人自身的素质和责任心。

（5）安全生产是可以控制的，安全事故是可以有效预防和避免的。

法则的启示：

（1）在安全管理中，要把工作重点从“事后处理”和“事后问责”转移到“事前预防”和“事中监督”上来。

（2）要及时根除管理的缺陷和责任的缺失。必须强调安全责任制，努力提高管理者自身素质。注重抓好各项规章制度的落实，规范执行操作规程。

（3）既要抓好宏观和总体安全，更要抓小、抓早、抓细节、抓过程。一旦发现事故隐患，要及时报告、及时排除和治理。

（4）解决问题要举一反三，不能只是就事论事。在处理事故时，不仅要重视对事故本身进行总结，“有针对性”地开展安全大检查，更要对同类问题的事故隐患、苗头、征兆进行排查处理。

法则的应用：

应用海因里希法则培养个人的良好习惯。培养员工的良好习惯，不是一蹴而就的，要经过艰苦的努力才能成功。培养一个良好习惯，必须经过29次重大改进或纠正，每次改进和纠正之后，需要做300次重复动作。

也就是说，为了培养员工一个良好的安全习惯，需要进行多次反复的改进和完善，而每一次改进和完善之后，又要经过无数次重复动作训练和严格认真地落实。

PDCA循环

PDCA模式，也叫戴明模式：计划（Plan），执行（Do）、检查（Check）和行动（Action）。

即规划出管理活动要达到的目的和遵循的原则；实现目标并在实施过程中体现以上原则；检查和发现问题，及时采取纠正措施，保证实施与实现过程不会偏离原有目标和原则；实现过程与结果的改进提高。

木桶原理

水桶看着挺高，但是有一块木板很短，那么只能装一半不到的水。此理连着生产，可知安全重要。要最大限度地增加木桶容量，发挥木桶的效用，就必须着力解决好“短木板”。

木桶原理的启示：

（1）安全生产工作中要牢固树立安全生产无小事的理念，把工作的重点放在“短木板”的补短上，注重查找工作中的薄弱环节，注重从细微之处发现问题，从点滴工作入手，从小事做起，抓大不放小，抓小以促大，堵塞安全生产工作漏洞，实现长效安全。

（2）对“三违”现象和行为要及时制止纠正，筑牢安全生产的职业素质防线。要重视抓好能力建设，对技术技能差的职工，要重点补课，以筑牢班组安全生产的技术能力防线。要重视抓好设备和工艺流程的硬件建设，对跑冒滴漏现象和安全生产隐患，要果断地在第一时间内彻底解决，筑牢安全生产的物质基础防线。要加强制度机制建设，对职工的安全工作表现，定期进行检查考核，对表现突出的要及时表扬和奖励，发生安全生产事故的要严肃追究责任，做到不回避，不手软，不搞下不为例，筑牢安全生产的制度防线。

（3）安全生产中存在的思想、纪律、能力、设施等“短木板”现象，虽然只表现在个别人、个别时间和个别地方，且带有偶然性，但它们的存在如同定时炸弹随时威胁着职工的生命和国家财产安全，直接影响到企业的整体安全工作水平。对这样的安全生产的“短木板”能修补的要立即修补，不能修补的必须果断更新。只有如此，才会促使“短木板”变长，使安全生产的“木桶”的存水量达到最大值，将安全生产提高到新水平。

第二章　水利施工企业安全管理

结合水利施工企业特点，本章主要从企业层面，对企业安全管理责任界定、安全生产目标管理、管理机构设置与管理人员配备、安全管理规章制度制定、责任制和岗位职责落实、安全生产检查与教育培训、费用管理、企业安全文化建设等内容进行了系统梳理和阐述，提出了企业安全生产管理的相关规定、基本要求、主要方法及注意事项，为水利施工企业组织开展安全生产管理活动提供指导与参考。

第一节　企业安全管理责任

安全生产管理责任是因生产经营活动而产生的责任，是企业责任的一种，同时也蕴含于其他企业责任之中。简单来讲，安全生产管理责任是指企业必须为其在生产经营过程中所发生的安全问题承担管理责任，主要包括安全生产经济责任、安全生产法律责任、安全生产道德责任和安全生产生态责任。安全生产管理责任不是一种单纯的责任，而是一系列过程责任的总和，其内涵蕴含于各种企业责任之中。企业只有在承担安全生产管理责任的前提下，才能更好地承担其他责任和义务。

落实安全生产管理责任的意义主要有两点：一是落实我国安全生产方针和有关安全生产法律法规和政策的具体落实；二是通过明确责任使各类人员真正重视安全生产工作，对预防事故和减少损失、进行事故调查和处理、建立和谐社会等均具有重要作用。

水利施工企业是水利工程安全生产管理最主要的责任主体之一，是我国水利工程建设安全生产管理体系中最重要的组成部分。根据《建设工程安全生产管理条例》《水利工程建设安全生产管理规定》等的规定，水利施工企业主要承担以下安全管理责任：

资质与许可证管理。水利施工企业从事水利工程的新建、扩建、改建、加固和拆除等活动，应当具备国家规定的注册资本、专业技术人员、技术装备和安全生产等条件，依法取得相应等级的资质证书，并在其资质等级许可的范围内承揽工程。水利施工企业应当依法取得安全生产许可证后，方可从事水利工程施工活动。

目标责任制与规章制度管理。水利施工企业单位主要负责人依法对本单位的安全生产工作全面负责。水利施工企业应当建立健全安全生产责任制度和安全生产教育培训制度，制定安全生产规章制度和操作规程，保证本单位建立和完善安全生产条件所需资金的投入，对所承担的水利工程进行定期和专项安全检查，并做好安全检查记录。

水利施工企业的项目负责人应当由取得相应执业资格的人员担任，对水利工程建设项目的安全施工负责，落实安全生产责任制度、安全生产规章制度和操作规程，确保安全生产费用的有效使用，并根据工程的特点组织制定安全施工措施，消除安全事故隐患，及时、如实报告生产安全事故。

总承包管理。水利工程实行施工总承包，由总承包单位对施工现场的安全生产负总责。总承包单位应当自行完成建设工程主体结构的施工。总承包单位依法将建设工程分包给其他单位的，分包合同中应当明确各自的安全生产方面的权利、义务。总承包单位和分包单位对分包工程的安全生产承担连带责任。分包单位应当服从总承包单位的安全生产管理，分包单位不服从管理导致生产安全事故的，由分包单位承担主要责任。

安全生产费用管理。水利施工企业在工程报价中应当包含工程施工的安全作业环境及安全施工措施所需费用。对列入建设工程概算的上述费用，应当用于施工安全防护用具及设施的采购和更新、安全施工措施的落实、安全生产条件的改善，不得挪作他用。

管理机构与人员管理。水利施工企业应当设立安全生产管理机构，按照国家有关规定配备专职安全生产管理人员。施工现场必须有专职安全生产管理人员，专职安全生产管理人员负责对安全生产进行现场监督检查。发现安全事故隐患，应当及时向项目负责人和安全生产管理机构报告；对违章指挥、违章操作的，应当立即制止。

隐患排查治理与度汛安全管理。水利施工企业是事故隐患排查、治理和防控的责任主体，应当建立健全事故隐患排查治理相关规章制度，逐级建立并落实从主要负责人到每个从业人员的隐患排查治理和监控责任体系，组织做好隐患治理工作。

水利施工企业在建设有度汛要求的水利工程时，应当根据项目法人编制的工程度汛方案、措施制定相应的度汛方案，报项目法人批准；涉及防汛调度或者影响其他工程、设施度汛安全的，由项目法人报有管辖权的防汛指挥机构批准。

特种人员管理。水利施工企业聘用的垂直运输机械作业人员、安装拆卸工、爆破作业人员、起重信号工、登高架设作业人员等特种作业人员，必须按照国家有关规定经过专门的安全作业培训，并取得特种作业操作资格证书后，方可上岗作业。

安全技术管理。水利施工企业应当在施工组织设计中编制安全技术措施和施工现场临时用电方案，对达到一定规模的危险性较大的工程应当编制专项施工方案，并附具安全验算结果，经企业技术负责人签字以及总监理工程师核签后实施，由专职安全生产管理人员进行现场监督。必要时，企业还应当组织专家进行专项论证、审查。

设施设备管理。水利施工企业在使用施工起重机械和整体提升脚手架、模板等自升式架设设施前，应当组织有关单位进行验收，也可以委托具有相应资质的检验检测机构进行验收；使用承租的机械设备和施工机具及配件的，由施工总承包单位、分包单位、出租单位和安装单位共同进行验收，验收合格的方可使用。

教育培训管理。水利施工企业的主要负责人、项目负责人、专职安全生产管理人员应当经水行政主管部门安全生产考核合格后方可任职。企业应当对管理人员和作业人员每年至少进行一次安全生产教育培训，其教育培训情况记入个人工作档案。安全生产教育培训考核不合格的人员，不得上岗。在采用新技术、新工艺、新设备、新材料时，应当对作业人员进行相应的安全生产教育培训。

应急与事故管理。水利施工企业应当根据水利工程施工的特点和范围，对施工现场易发生重大事故的部位、环节进行监控，制定施工现场生产安全事故应急救援预案。实行施工总承包的，由总承包单位统一组织编制水利工程建设生产安全事故应急救援预案，工程总承包单位和分包单位按照应急预案，各自建立应急救援组织或者配备应急救援人员，配备救援器材、设备，并定期组织演练。

水利施工企业发生生产安全事故，应当按照国家有关伤亡事故报告和调查处理的规定及时、如实地向负责安全生产监督管理的部门以及水行政主管部门或者流域管理机构报告；特种设备发生事故的，还应当同时向特种设备安全监督管理部门报告。实行施工总承包的，由总承包单位负责上报事故。发生生产安全事故后，企业应当采取措施防止事故扩大，保护事故现场。需要移动现场物品时，应当做出标记和书面记录，妥善保管有关证物。

第二节　安全生产目标管理

安全目标管理是目标管理在安全管理方面的重要应用，是指企业从上到下围绕企业安全生产总目标，层层分解，确定行动方针，安排安全工作进度，制定实施有效的组织措施，并对安全成果严格考核的一种管理制度。安全目标管理是企业安全生产管理的重要环节，是根据企业安全生产工作目标来控制企业安全生产的一种民主的科学有效的管理方法，是我国施工企业实行安全管理的一项重要内容。

安全目标管理的实施过程分为 4 个阶段，即目标的制定、目标的分解、目标的实施与目标的评价考核。

※【知识链接】

目标管理理论是由现代管理大师彼得·德鲁克根据目标设置理论提出的目标激励方案，是在泰罗的科学管理和行为科学管理理论的基础上，形成的一套管理制度，其基础是目标理论中的目标设置理论。目标管理是参与管理的一种基本形式，强调自我控制，责任明确，分工合理，主张效益优先，通过组织群体共同参与具体的、可行的、能够客观衡量的目标来达到最终目的。

一、安全生产目标的制定

水利施工企业应建立安全生产目标管理制度，制定包括人员伤亡、机械设备安全、交通安全等控制目标，安全生产隐患治理目标，以及环境与职业健康目标等在内的安全生产总目标和年度目标，做好目标具体指标的制定、分解、实施、考核等环节工作。实施具体项目的施工单位应根据相关法律法规和施工合同约定，结合本工程项目安全生产实际，组织制定项目安全生产总体目标和年度目标。

1. 目标制定原则

水利施工企业应结合企业生产经营特点，科学分析，按如下原则制定：

（1）突出重点，分清主次。安全生产目标制定不能面面俱到，应突出事故伤亡率、财产损失额、隐患治理率等重要指标，同时注意次要目标对重点目标的有效配合。

（2）安全目标具有综合性、先进性和适用性。制定的安全管理目标，既要保证上级下达指标的完成，又要考虑企业各部门、各项目部及每个职工的承担能力，使各方都能接受并努力完成。一般来说，制定的目标要略高于实际的能力与水平，使之经过努力可以完成，但不能高不可攀、不切实际，也不能低而不费力，容易达到。

（3）目标的预期结果具体化、定量化。利于同期比较，易于检查、评价与考核。

（4）坚持目标与保证目标实现措施的统一性。为使目标管理更具有科学性、针对性和有效性，在制定目标时必须有保证目标实现的措施，使措施为目标服务。

2. 目标制定依据

安全生产目标应尽可能量化，便于考核。目标制定时应考虑下列因素：

（1）国家的有关法律法规、规章、制度和标准的规定及合同约定。

（2）水利行业安全生产监督管理部门的要求。

（3）水利行业安全技术水平和项目特点。

（4）本企业中长期安全生产管理规划和本企业的经济技术条件与安全生产工作现状。

（5）采用的工艺与设施设备状况等。

3. 目标主要内容

安全生产目标应经单位主要负责人审批，并以文件的形式发布，安全生产目标应主要包括但不限于下列内容：

（1）生产安全事故控制目标。

（2）安全生产投入目标。

（3）安全生产教育培训目标。

（4）安全生产事故隐患排查治理目标。

（5）重大危险源监控目标。

（6）应急管理目标。

（7）文明施工管理目标。

（8）人员、机械、设备、交通、消防、环境和职业健康等方面的安全管理控制指标等。

二、安全生产目标的分解与实施

水利施工企业应制定安全生产目标管理计划，其主要内容应包括安全生产目标值、保证措施、完成时间和责任人等。水利施工企业应加强内部目标管理，实行分级管理，应逐级分解到各管理层、职能部门及相关人员，逐级签订安全生产目标责任书。

水利施工企业针对具体项目的安全生产目标管理计划，应经监理单位审核，项目法人同意，由项目法人与施工单位签订安全生产目标责任书。工程建设情况发生重大变化，致使目标管理难以按计划实施的，应及时报告，并根据实际情况，调整目标管理计划，并重新备案或报批。

1. 安全生产目标的实施保障

安全生产目标是由上而下层层分解，实施保障是由下而上层层保证。水利水电施工企业各级组织和人员应采取以下措施保障安全生产目标的落实：

（1）宣传教育。应落实宣传教育的具体内容、时间安排、参加人员，采取有效的措施切实增强各级主体的责任意识，使安全生产目标深入人心。

（2）监督检查。企业应当对安全生产目标的落实情况进行有效的监督、指导、协调和控制，责任制的各级主体应定期深入下级部门，了解和检查目标完成情况，及时纠偏、调整安全生产目标实施计划，交换工作意见，并进行必要的具体指导。

（3）自我管理。安全目标的实施还需要依靠各级组织和员工的自我管理、自我控制，各部门各级人员的共同努力和协作配合，通过有效的协调消除各阶段、各部门间的矛盾，保证目标按计划顺利进行。

（4）考核评比。安全生产目标的实施必须与经济挂钩，企业应当在检查的基础上定期组织目标达标考核和安全评比活动，奖优惩劣，提高员工参与安全管理的积极性。

2. 安全生产目标管理过程的注意事项

水利施工企业在安全目标管理过程中应当重点注意以下几点：

（1）要加强各级人员对安全目标管理的认识。企业管理层尤其是主要负责人对安全目标管理要有深刻的认识，要深入调查研究，结合本单位实际情况，制定企业的总目标，并参加全过程的管理，负责对目标实施进行指挥、协调；要加强对中层和基层干部的思想教育，提高他们对安全目标管理重要性的认识和组织协调能力，这是总目标实现的重要保证；还要加强对员工的宣传教育，普及安全目标管理的基本知识与方法，充分发挥员工在目标管理中的作用。

（2）企业要有完善系统的安全基础工作。企业安全基础工作的水平，直接关系着安全目标制定的科学性、先进性和客观性。制定可行的目标管理指标和保证措施，需要企业有完善的安全管理基础资料和监测数据。

（3）安全目标管理需要全员参与。安全目标管理是以目标责任者为主的自主管理，是通过目标的层层分解、措施的层层落实来实现的。将目标落实到每个人身上，渗透到每个环节，使每个员工在安全管理上都承担一定目标责任。因此，必须充分发动群众，将企业的全体员工科学地组织起来，实行全员、全过程、全方位参与，才能保证安全目标的有效实施。

（4）安全目标管理需要责、权、利相结合。实施安全目标管理时要明确员工在目标管理中的职责，没有职责的责任制只是流于形式。同时，要根据目标责任大小和完成任务的需要赋予他们在日常管理上的权力，还要给予他们应得的利益，责、权、利的有机结合才能调动广大员工的积极性。

（5）安全目标管理要与其他安全管理方法相结合。安全目标管理是综合性很强的科学管理方法，是企业安全管理的“纲”，是一定时期内企业安全管理的集中体现。在实现安全目标过程中，要依靠和发挥各种安全管理方法的作用，如制定安全技术措施计划、开展安全教育和安全检查等。只有两者有机结合，才能使企业的安全管理工作做得更好。

三、安全生产目标的评价与考核

安全生产目标评价与考核是对实际取得的目标成果做出的客观评价，对达到目标的应给予奖励，对未达到目标的应给予惩罚，从而进一步调动全体员工追求更高目标的积极性。通过考评还可以总结经验和教训，发挥优势，解决存在的问题，明确前进的方向，为改进下个周期安全生产目标管理提供依据，打下基础。

水利施工企业应制订安全生产目标考核管理办法，至少每季度一次，对本单位安全生产目标的完成情况进行自查和评估，涉及施工项目的自查报告应当报监理单位和项目法人备案。水利施工企业至少在年中和年终对安全生产目标完成情况进行考核，并根据考核结果，按照考核管理办法进行奖惩。

第三节　安全生产管理机构与人员配备

《安全生产法》第十九条对生产经营单位安全生产管理机构的设置和安全生产管理人员的配备原则做出了明确规定：“矿山、建筑施工企业和危险物品的生产、经营、储存单位，应当设置安全生产管理机构或者配备专职安全生产管理人员。”《建设工程安全生产管理条例》第二十三条也对施工企业设立安全生产管理机构和配备专职安全生产管理人员做出了明确规定：“施工单位应当设置安全生产管理机构，配备专职安全生产管理人员。”

一、安全生产管理机构设置及职责

安全生产管理机构是企业中专门负责安全生产监督管理的内设机构，水利施工企业应当成立安全生产领导小组，设置安全生产管理机构，在企业主要负责人的领导下开展本企业的安全生产管理工作。

1. 安全生产领导小组

水利施工企业安全生产领导小组（或安全生产管理委员会）由企业主要负责人、分管安全生产的副总经理、技术负责人、相关部门主要负责人等组成，至少每季度召开一次会议，总结分析本单位的安全生产情况，评估本单位存在的风险，研究解决安全生产工作中的重大问题，决策企业安全生产的重大事项，并形成会议纪要，及时通报相关各方。

水利施工企业安全生产领导小组应主要履行下列职责：

（1）贯彻国家有关法律法规、规章、制度和标准，建立、完善施工安全管理制度。

（2）组织制订安全生产目标管理计划，建立健全项目安全生产责任制。

（3）部署安全生产管理工作，决定安全生产重大事项，协调解决安全生产重大问题。

（4）组织编制施工组织设计、专项施工方案、安全技术措施计划、事故应急救援预案和安全生产费用使用计划等。

（5）组织安全生产绩效考核等。

2. 安全生产管理部门

水利施工企业安全管理部门一般由分管安全生产的企业副总经理直接分管，承担企业安全生产管理日常工作。安全生产管理机构应定期召开例会，通报企业安全生产情况，分析存在的问题，提出解决方案和建议，会议应形成会议纪要，及时通报相关各方。

水利施工企业安全生产管理部门应主要履行下列职责：

（1）贯彻国家有关法律法规、规章、制度和标准。

（2）组织或参与拟订安全生产规章制度、操作规程和生产安全事故应急救援预案，制定安全生产费用使用计划，编制施工组织设计、专项施工方案、安全技术措施计划，检查安全技术交底工作。

（3）组织重大危险源监控和生产安全事故隐患排查治理，提出改进安全生产管理的建议。

（4）负责安全生产教育培训和管理工作，如实记录安全生产教育和培训情况。

（5）组织事故应急救援预案的演练工作。

（6）组织或参与安全防护设施、设施设备、危险性较大的单项工程验收。

（7）制止和纠正违章指挥、违章作业和违反劳动纪律的行为。

（8）负责项目安全生产管理资料的收集、整理、归档，按时上报各种安全生产报表和材料。

（9）统计、分析和报告生产安全事故，配合事故的调查和处理等。

二、安全生产管理人员配备及职责

安全生产管理人员是指在企业中从事安全生产管理工作的专职或兼职人员。水利施工企业专职安全生产管理人员是指经水行政主管部门安全生产考核合格取得安全生产考核合格证书，并在水利施工企业及其项目从事安全生产管理工作的专职人员。

1. 人员配备

根据《建筑施工企业安全生产管理机构设置及专职安全生产管理人员配备办法》（建质〔2008〕91号）的规定，施工企业安全生产管理机构专职安全生产管理人员的配备应满足下列要求，并应根据企业经营规模、设备管理和生产需要予以增加：

（1）建筑施工总承包资质序列企业：特级资质企业不少于6人；一级资质企业不少于4人；二级和二级以下资质企业不少于3人。

（2）建筑施工专业承包资质序列企业：一级资质企业不少于3人；二级和二级以下资质企业不少于2人。

（3）建筑施工劳务分包资质序列企业：不少于2人。

（4）建筑施工企业的分公司、区域公司等较大的分支机构应依据实际生产情况配备不少于2人的专职安全生产管理人员。

2. 人员职责

水利施工企业专职安全生产管理人员在施工现场检查过程中具有以下职责。

（1）查阅在建项目安全生产有关资料，核实有关情况。

（2）检查危险性较大工程安全专项施工方案落实情况。

（3）监督项目专职安全生产管理人员履责情况。

（4）监督作业人员安全防护用品的配备及使用情况。

（5）对发现的安全生产违章违规行为或安全隐患，有权当场予以纠正或做出处理决定。

（6）对不符合安全生产条件的设施、设备、器材，有权当场做出查封的处理决定。

（7）对施工现场存在的重大安全隐患有权越级报告或直接向建设主管部门报告。

（8）企业明确的其他安全生产管理职责。

三、施工现场管理机构设置及人员配备

1. 项目安全生产领导小组

水利施工企业应当在水利工程项目实施时组建安全生产领导小组，安全生产领导小组由项目经理、项目技术负责人、专职安全生产管理人员、班组长等组成。项目安全生产领导小组具有以下职责：

（1）贯彻落实国家有关安全生产法律法规和标准。

（2）组织制定项目安全生产管理制度并监督实施。

（3）编制项目生产安全事故应急救援预案并组织演练。

（4）保证项目安全生产费用的有效使用。

（5）组织编制危险性较大工程安全专项施工方案。

（6）开展项目安全教育培训。

（7）组织实施项目安全检查和隐患排查。

（8）建立项目安全生产管理档案。

（9）及时、如实报告安全生产事故。

2. 项目负责人

施工现场的项目负责人应由取得相应执业资格的人员担任，对水利工程项目的安全施工负责，落实安全生产责任制度、安全生产规章制度和安全操作规程，确保安全生产费用的有效使用，并根据工程特点组织制定安全施工措施，消除安全事故隐患，及时、如实报告安全生产事故。

3. 项目专职安全生产管理人员

施工现场的项目专职安全生产管理人员负责对项目安全生产进行现场监督检查，发现安全事故隐患并及时向项目负责人和安全生产管理机构报告；对违章指挥、违章操作立即制止。项目专职安全生产管理人员具有以下主要职责：

（1）负责施工现场安全生产日常检查并做好检查记录。

（2）现场监督危险性较大工程安全专项施工方案实施情况。

（3）对作业人员违规违章行为有权予以纠正或查处。

（4）对施工现场存在的安全隐患有权责令立即整改。

（5）对于发现的重大安全隐患，有权向企业安全生产管理机构报告。

（6）依法报告生产安全事故情况。

水利施工企业应当实行项目专职安全生产管理人员委派制度，受委派的专职安全生产管理人员应当定期将项目安全生产管理情况报告企业安全生产管理机构。

施工单位应每周由项目部负责人主持召开一次安全生产例会，分析现场安全生产形势，研究解决安全生产问题。各部门负责人、各班组长、分包单位现场负责人等人员参加会议。会议应形成详细记录，并形成会议纪要。

参照《建筑施工企业安全生产管理机构设置及专职安全生产管理人员配备办法》（建质〔2008〕91 号）的规定，项目专职安全生产管理人员配备应当满足下列要求：

（1）总承包建筑工程、装修工程按照建筑面积配备，其中，1 万平方米以下的工程不少于 1 人；1 万～5 万平方米的工程不少于 2 人；5 万平方米及以上的工程不少于 3 人，且按专业配备专职安全生产管理人员。总承包土木工程、线路管道、设备安装工程按照工程合同价配备，其中，5000万元以下的工程不少于1人；5000万～1亿元的工程不少于2人；1亿元及以上的工程不少于3人，且按专业配备专职安全生产管理人员。

（2）专业分包单位应当配置至少1人，并根据所承担的分部分项工程的工程量和施工危险程度增加。劳务分包单位施工人员在50人以下的，应当配备1名专职安全生产管理人员；50～200人的，应当配备2名专职安全生产管理人员；200人及以上的，应当配备3名及以上专职安全生产管理人员，并根据所承担的分部分项工程施工危险实际情况增加，且不得少于工程施工人员总人数的5%。

（3）采用新技术、新工艺、新材料或致害因素多、施工作业难度大的工程项目，项目专职安全生产管理人员的数量应当根据施工实际情况，增加配备。

（4）施工作业班组可以设置兼职安全巡查员，对本班组的作业场所进行安全监督检查。

※【知识链接】

水利施工企业安全生产组织体系建设

水利施工企业应当建立完整的安全生产组织体系，包括管理层、相关职能部门及专职安全生产管理机构、相关岗位及专兼职安全管理人员等，并应明确各自的安全生产责任。

第四节　安全生产规章制度

一、安全生产规章制度

安全生产规章制度是指水利施工企业依据国家有关法律法规、国家和行业标准，结合水利工程施工安全生产实际，以企业名义颁发的有关安全生产的规范性文件。一般包括规程、标准、规定、措施、办法、制度、指导意见等。

安全生产规章制度是水利施工企业贯彻国家有关安全生产法律法规、国家和行业标准，贯彻国家安全生产方针政策的行动指南，是水利施工企业有效防范安全风险，保障从业人员安全健康、财产安全、公共安全，加强安全生产管理的重要措施。

（一）建立健全安全生产规章制度的必要性

建立健全安全生产规章制度是水利施工企业的法定责任。企业是安全生产的责任主体，《安全生产法》第四条规定“生产经营单位必须遵守本法和其他有关安全生产的法律法规，加强安全生产管理，建立、健全安全生产责任制度，完善安全生产条件，确保安全生产。”《突发事件应对法》第二十二条规定：“所有单位应当建立健全安全管理制度，定期检查本单位各项安全防范措施的落实情况，及时消除事故隐患。”因此，建立健全安全生产规章制度是国家有关安全生产法律法规明确的生产经营位的法定责任。

建立健全安全生产规章制度是水利施工企业安全生产的重要保障。安全风险来自生产经营过程，只要生产经营活动在进行，安全风险就客观存在。客观上需要企业对施工过程中的机械设备、人员操作进行系统分析、评价，制定出一系列的操作规程和安全控制措施，以保障生产经营工作有序、安全地运行，将安全风险降到最低。

建立健全安全生产规章制度是水利施工企业保护从业人员安全与健康的重要手段。国家有关保护从业人员安全与健康的法律法规、国家和行业标准的具体实施，只有通过企业的安全生产规章制度才能体现出来，才能使从业人员明确自己的权利和义务。同时，也为从业人员遵章守纪提供了标准和依据。

（二）安全生产规章制度建设的依据与原则

安全生产规章制度是以安全生产法律法规、国家和行业标准、地方政府的法规和标准为依据。水利施工企业安全生产规章制度是一系列法律法规在企业生产经营过程具体贯彻落实的体现。

安全生产规章制度建设必须按照“安全第一，预防为主，综合治理”的要求，坚持主要负责人负责、系统性、规范化和标准化等原则。安全第一，要求企业必须把安全生产放在各项工作的首位，正确处理安全生产与工程进度、经济效益的关系；预防为主，就是要求企业的安全生产管理工作以危险有害因素的辨识、评价和控制为基础，建立安全生产规章制度，通过制度的实施达到规范人员行为，消除不安全状态，实现安全生产的目标；综合治理，就是要求在管理上综合采取组织措施、技术措施，落实责任，各负其责，齐抓共管。

主要负责人负责的原则。《中华人民共和国安全生产法》规定“建立、健全本单位安全生产责任制，组织制定本单安全生产规章制度和操作规程，是生产经营单位的主要负责人的职责”。安全生产规章制度的建设和实施，涉及生产经营单位的各个环节和全体人员，只有主要负责人负责，才能有效调动和使用企业的所有资源，才能协调好各方关系，规章制度的落实才能够得到保证。

系统性原则。安全风险来自生产经营活动过程之中，因此，安全生产规章制度的建设应按照安全系统工程的原理，涵盖生产经营的全过程、全员、全方位。

规范化和标准化原则。施工企业安全生产规章制度的建设应实现规范化和标准化管理，以确保安全生产规章制度建设的严密、完整、有序，建立完整的安全生产规章制度体系，建立安全生产规章制度起草、审核、发布、教育培训、执行、反馈、持续改进的组织管理程序，做到目的明确、流程清晰、具有可操作性。

（三）水利施工企业安全生产规章制度体系

目前，我国还没有明确的安全生产规章制度分类标准。从广义上讲，安全生产规章制度应包括安全管理和安全技术两个方面的内容。在长期的安全生产实践过程中，许多水利施工企业按照自身的习惯和传统，形成了具有行业特色的安全生产规章制度体系。

1. 综合安全管理制度

综合安全管理制度包括但不限于安全生产目标管理制度、安全生产责任制度、安全生产考核奖惩制度、安全管理定期例行工作制度、安全设施和费用管理制度、安全技术措施审查制度、技术交底制度、分包（供）方管理制度、重大危险源管理制度、危险物品使用管理制度、危险性较大的单项工程管理制度、隐患排查和治理制度、事故调查报告处理制度、应急管理制度、消防安全管理制度、社会治安管理制度、安全生产档案管理制度等。

2. 人员安全管理制度

人员安全管理制度包括但不限于安全教育培训制度、人身意外伤害保险管理制度、劳保用品发放使用和管理制度、安全工器具使用管理制度、用工管理制度、特种作业及特殊危险作业管理制度、岗位安全规范、职业健康管理制度、现场作业安全管理制度等。

3. 设施设备安全管理制度

设施设备安全管理制度包括但不限于生产设备设施安全管理制度、定期巡视检查制度、定期检测检验制度、定期维护检修制度、安全操作规程。

4. 环境安全管理制度

环境安全管理制度包括但不限于安全标准管理制度、作业环境管理制度、职业卫生与健康管理制度等。

（四）安全生产规章制度的管理

安全生产规章制度的管理，主要需要通过如下环节进行。

1. 起草。一般由企业安全生产管理部门或相关职能部门负责起草，起草前应对目的、适用范围、主管部门、解释部门及实施日期等给予明确，同时还应做好相关资料的准备和收集工作。

规章制度编制应做到目的明确、条理清楚、结构严谨、用词准确、文字简明、标点符号正确。水利施工企业安全生产规章制度应至少包含：（1）适用范围；（2）具体内容和要求；（3）责任人（部门）的职责与权限；（4）基本工作程序及标准；（5）考核与奖惩措施。

2. 会签或公开征求意见。起草的规章制度，应通过正式渠道征得相关职能部门或员工的意见和建议，以利于规章制度颁布后的贯彻落实。当意见不能取得一致时，应由安全生产领导小组组织讨论，统一认识，达成一致。

3. 审核。制度签发前，应进行审核。一是由企业负责法律事务的部门进行合规性审查；二是专业技术性较强的规章制度应邀请相关专家进行评审；三是安全奖惩等涉及全员性的制度，应经过职工代表大会或职工代表审议。

4. 签发。技术规程、安全操作规程等技术性较强的安全生产规章制度，一般由企业主管生产的领导或总工程师签发，涉及全局性的综合管理制度应由企业的主要负责人签发。

5. 发布。应采用固定的方式进行发布，如红头文件式、内部办公网络等。发布的范围应涵盖应执行的部门、人员，有些特殊的制度还须正式送达相关人员，并由接收人员签字。

6. 培训。新颁布的安全生产规章制度、修订的安全生产规章制度，应组织进行培训，安全操作规程类规章制度还应组织相关人员进行考试。

7. 反馈。应定期检查安全生产规章制度执行中存在的问题，建立信息反馈渠道，及时掌握安全生产规章制度的执行效果。

8. 持续改进。水利施工企业应将适用的安全生产法律法规、规章制度、标准清单和企业安全生产管理制度、安全操作规程（手册）分门别类印制成册或制订电子文档配发给单位各部门和各岗位，组织全体从业人员学习，并做好学习记录。企业安全生产管理部门应每年至少一次组织对本单位执行安全生产法律法规、规章制度、标准清单和企业安全管理制度、安全操作规程（手册）情况进行检查评估，评估报告应当报企业法人和企业安全生产领导小组审阅。对安全操作规程，除每年进行审查和修订外，每 3 ~ 5 年应进行一次全面修订，并重新发布。企业应根据检查评估结论，对本单位制定的安全生产管理制度实行动态管理，及时进行修订、备案和重新编印。

二、安全生产责任制

《安全生产法》明确规定：生产经营单位必须建立、健全安全生产责任制。

安全生产责任制主要是指企业的各级领导、职能部门和在一定岗位上的劳动者个人对安全生产工作应负责任的一种制度，也是企业的一项基本管理制度。安全生产责任制度的实施是对已有安全生产制度的再落实管理，无论是政府还是企业，在实施安全生产责任制之前要考虑实施的环境、实施的对象，选择不同的方法，应用不同的方式，对具体的安全生产过程进行全方位、全过程的分解，确定不同生产行为过程的负责人，制定清晰明确的责任制度和责任评价制度，保障安全生产主体责任的落实，是所有安全生产规章制度的核心。

1. 安全生产责任制的制定原则

水利施工企业应建立健全以主要负责人为核心的安全生产责任制，明确各级负责人、各职能部门和各岗位的责任人员、责任范围和考核标准。安全生产责任制的制定应当遵循以下原则：

（1）法制性原则。企业安全生产责任制度的建立要遵循国家安全生产方面的法律法规，同时也要遵循一些地方性的安全生产法律法规。

（2）科学性原则。科学性原则就是在制定企业安全生产责任制度时，要有根有据，使制定的制度与本企业、本项目、本工序的生产实际相符合，而不是简单地仅凭自己的经验体会去制订。

（3）民主性原则。责任制度是规范劳动者行为，并为行为负责。企业安全生产责任制度的内容要从企业实际出发，广泛听取劳动者意见，集思广益、综合分析，能反映全体劳动者的客观意愿。企业责任制度要本着公开的精神，使得全体劳动者都知道规章制度，特别是应清晰知道自己所承担的责任，这是民主原则的重要体现，也是实现民主的有效方式和途径。

（4）有效性原则。包括两个方面：一是制度本身能对防止事故有效；二是制度执行有效。要保证制度的有效性必须做到内容规定明确，与实际相符，制度具有操作性。

2. 安全生产责任制的制定程序

水利施工企业安全生产责任制的制定一般参照以下程序：

（1）确定主体责任制度管理机构。水利施工企业应当设立专门的安全生产管理部门负责安全生产责任制的制定和管理工作。

（2）资料收集和分析。将企业生产活动进行资料的收集和分析工作，确定安全生产任务和安全生产目标。

（3）安全生产责任制度的编写。成立编写组，根据安全生产任务和安全生产目标，提出主体责任制度的整体架构，确定责任清单，编写制度初稿。

（4）讨论修改与审议审定。安全生产责任制度应当经充分讨论，也可聘请外部专家进行专题咨询和评审，讨论由企业安全生产管理部门组织，讨论修改后应提交企业安全生产领导小组审议或提交企业董事会、总经理办公会议等决策机构审定。审定后应当及时发布。

安全生产责任制度的建立程序主要体现在制度编写前准备、制度编写和制度执行反馈、修改、等环节，而对于具体的细节问题，企业可根据实际进行调整，以期达到最佳效果。

水利施工企业在编写责任制度时还应注意以下几点：

首先要明确岗位职责，在什么岗位应该有哪些工作内容，然后再根据作业内容融入与之有关联的安全生产责任。

要概括国家、地方的法律法规、行业和企业标准。

有制度必须有检查，有检查必须有结果，有结果必须有奖惩。

责任人必须签字并签署日期，要让责任人了解自己承担的是什么角色，应该承担什么责任和义务。

最重要最困难的是落实责任制。

3. 安全生产责任制体系

水利施工企业应当建立完整的安全生产责任制体系，范围覆盖本企业所有组织、管理部门和岗位，纵向到底，横向到边，其主要包括两个方面：一是纵向方面，应涵盖各级人员；二是横向方面，应涵盖各职能部门。

各级人员主要包括公司总经理、分管安全生产工作副总经理、总工程师（技术负责人）、工程项目部经理、工长、施工员、专职安全管理人员、工程项目技术负责人、工程项目安全管理人员、班组长、操作人员等。各级部门主要包括工程管理部门、财务部门、安全生产管理部门、人力资源管理部门、质检部门、生产技术管理部门、机械设备管理部门、消防保卫管理部门、工会、分包单位等。

4. 安全生产责任制的执行与考评

水利施工企业建立安全生产责任制的同时，要结合企业实际建立健全各项配套制度，特别要发挥工会的监督作用，保证安全生产责任制真正得到落实。要建立安全生产监督检查制度，强化日常的监督检查工作；要建立有效的考评奖惩制度，对责任制落实情况进行考核与奖惩；要建立严格的责任追究制度，完善问责机制，确保责任制的真正落实到位。

水利施工企业安全生产责任制应以文件形式印发，企业安全管理部门应每季度对安全生产责任制落实情况进行检查、考核，记录在案；应定期组织对相关安全生产责任制的适宜性进行评估，根据评估结论，及时更新和调整责任制内容，保证安全生产责任制的及时有效性。更新后的安全生产责任制应按规定进行备案，并以文件形式重新印发。

三、安全管理人员安全管理职责

1. 企业主要负责人

水利施工企业主要负责人是安全生产第一责任人，对全企业的安全生产工作全面负责，必须保证本企业安全生产和企业员工在工作中的安全、健康和生产过程的顺利进行。水利施工企业主要负责人应履行下列安全管理职责：

（1）贯彻执行国家法律法规、规章、制度和标准，建立健全安全生产责任制，组织制定安全生产管理制度、安全生产目标计划、生产安全事故应急救援预案。

（2）保证安全生产费用的足额投入和有效使用。

（3）组织安全教育和培训；依法为从业人员办理保险。

（4）组织编制、落实安全技术措施和专项施工方案。

（5）组织危险性较大的单项工程、重大事故隐患治理和特种设备验收。

（6）组织事故应急救援演练。

（7）组织安全生产检查，制定隐患整改措施并监督落实。

（8）及时、如实报告安全生产事故，组织生产安全事故现场保护和抢救工作，组织、配合事故的调查等。

2. 企业技术负责人

水利施工企业技术负责人主要负责项目施工安全技术管理工作，其应履行下列安全管理职责：

（1）组织施工组织设计、专项工程施工方案、重大事故隐患治理方案的编制和审查。

（2）参与制定安全生产管理规章制度和安全生产目标管理计划。

（3）组织工程安全技术交底。

（4）组织事故隐患排查、治理。

（5）组织项目施工安全重大危险源的识别、控制和管理。

（6）参与或配合安全生产事故的调查等。

3. 项目负责人

水利施工企业项目负责人是施工现场安全生产的第一责任人，对施工现场的安全生产全面负责。水利施工企业项目负责人主要有下列安全生产职责：

（1）依据项目规模特点，建立安全生产管理体系，制定本项目安全生产管理具体办法和要求，按有关规定配备专职安全管理人员，落实安全生产管理责任，并组织监督、检查安全管理工作实施情况。

（2）组织制定具体的施工现场安全施工费用计划，确保安全生产费用的有效使用。

（3）负责组织项目主管、安全副经理、总工程师、安监人员落实施工组织设计、施工方案及其安全技术措施，监督单元工程施工中安全施工措施的实施。

（4）项目开工前，对施工现场形象进行规划、管理，达到安全文明工地标准。

（5）负责组织对本项目全体人员进行安全生产法律法规、规章制度以及安全防护知识与技能的培训教育。

（6）负责组织项目各专业人员进行危险源辨识，做好预防预控，制定文明安全施工计划并贯彻执行；负责组织安全生产和文明施工定期与不定期检查，评估安全管理绩效，研究分析并及时解决存在的问题；同时，接受上级机关对施工现场安全文明施工的检查，对检查中发现的事故隐患和提出的问题，定人、定时间、定措施予以整改，及时反馈整改意见，并采取预防措施避免重复发生。

（7）负责组织制定安全文明施工方面的奖惩制度，并组织实施。

（8）负责组织监督分包单位在其资质等级许可的范围内承揽业务，并根据有关规定以及合同约定对其实施安全管理。

（9）组织制定安全生产事故的应急救援预案。

（10）及时、如实报告生产安全事故，组织抢救，做好现场保护工作，积极配合有关部门调查事故原因，提出预防事故重复发生和防止事故危害扩延的措施。

4. 专职安全生产管理人员

水利施工企业专职安全生产管理人员应履行下列安全管理职责：

（1）组织或参与到制定安全生产各项规章制度、操作规程和安全生产事故应急救援预案当中。

（2）协助企业主要负责人签订安全生产目标责任书，并进行考核。

（3）参与编制施工组织设计和专项施工方案，制定并监督落实重大危险源安全管理和重大事故隐患治理措施。

（4）协助项目负责人开展安全教育培训、考核。

（5）负责安全生产日常检查，建立安全生产管理台账。

（6）制止和纠正违章指挥、冒险作业和违反劳动纪律的行为。

（7）编制安全生产费用使用计划并监督落实。

（8）参与或监督班前安全活动和安全技术交底。

（9）参与事故应急救援演练。

（10）参与安全设施设备、危险性较大的单项工程、重大事故隐患治理验收。

（11）及时报告安全生产事故，配合调查处理。

（12）负责安全生产管理资料收集、整理和归档等。

5. 班组长

班组长应履行下列安全管理职责：

（1）执行国家法律法规、规章、制度、标准和安全操作规程，掌握班组人员的健康状况。

（2）组织学习安全操作规程，监督个人劳动保护用品的正确使用。

（3）负责安全技术交底和班前教育。

（4）检查作业现场安全生产状况，及时发现纠正问题。

（5）组织实施安全防护、危险源管理和事故隐患治理等。

四、企业安全操作规程管理

1. 企业安全操作规程的编制

根据《水利水电施工企业安全生产标准化评审标准（试行）》（水安监〔2013〕189号）的要求，水利施工企业应根据国家安全生产方针政策法规及本企业的安全生产规章制度，结合岗位、工种特点，引用或编制齐全、完善、适用的岗位安全操作规程，发放到相关班组、岗位，并对员工进行培训和考核。

安全操作规程一般应包括下列内容：

（1）操作必须遵循的程序和方法。

（2）操作过程中有可能出现的危及安全的异常现象及紧急处理方法。

（3）操作过程中应经常检查的部位、部件及检查验证是否处于安全稳定状态的方法。

（4）对作业人员无法处理的问题的报告方法。

（5）禁止作业人员出现的不安全行为。

（6）非本岗人员禁止出现的不安全行为。

（7）停止作业后的维护和保养方法等。

2. 企业安全操作规程的执行

安全操作规程是保护从业人员安全与健康的重要手段，也为从业人员遵章守纪、规范操作提供标准和依据。安全操作规程的执行主要落实在宣传贯彻、严格执行、评估修订、监督检查等环节。

（1）加强宣传贯彻。水利施工企业必须加大对安全操作规程的宣传力度，通过大力宣传贯彻和教育培训，使员工掌握安全操作规程的要领，熟悉规程的各项规定。

（2）重在落实与执行。安全操作规程一旦编制下发，就要始终保持规程的严肃性，保证正确的规定和指令安排得到有效执行。

（3）注重监督检查与评估修订。水利施工企业应当定期对安全操作规程的执行情况进行监督检查与评估，并根据检查反馈的问题和评估情况，及时修订规程，确保有效性和适用性。

第五节　安全生产检查

安全生产检查是水利施工企业安全生产管理的重要内容，其工作重点是有效辨识安全生产管理工作中存在的问题、漏洞，检查生产现场安全防护设施、作业环境是否存在不安全状态，现场作业人员的行为是否符合安全规范，以及设备、系统运行状况是否符合现场规程的要求等。通过安全检查，不断堵塞管理漏洞，改善劳动作业环境，规范作业人员行为，保证设备系统安全与可靠运行，最终实现安全生产的目的。

一、安全生产检查的类型

1. 安全生产定期检查

定期检查一般是由水利施工企业统一组织实施，通过有计划、有组织、有目的的形式来实现。检查周期的确定应根据企业的规模、性质以及地区气候、地理环境等决定。定期检查具有组织规模大、检查范围广、有深度、能及时发现并解决问题等特点，可与重大危险源评估、现状安全评价等工作结合开展。

2. 经常性安全生产检查

经常性检查是由水利施工企业的安全生产管理部门组织进行的日常检查，包括交接班检查、班中检查、特殊检查等几种形式。包括企业领导、安全生产管理部门和专职安全管理人员对施工作业情况的巡视或抽查等，经常性检查一般应制定检查路线、检查项目、检查标准，并设置专用的检查记录本。

3. 季节性及节假日前后安全生产检查

由水利施工企业统一组织，检查内容和范围则根据季节变化，按事故发生的规律对易发的潜在危险，突出重点进行检查。检查内容主要包括冬季防冻保温、防火、防煤气中毒，夏季防暑降温、防汛、防雷电等检查。近几年，国家对五一、十一、元旦、春节等重要的节假日和社会影响较大的重要会议、重要活动等均会提出明确的检查要求，水利施工企业应当特别重视。

4. 安全生产专业（项）检查

安全生产专业（项）检查是对某个专业（项）问题或在施工中存在的普遍性安全问题进行的单项定性或定量检查，内容包括对危险性较大的在用设备、设施，作业场所环境条件的管理性或监督性定量检测检验等。专业（项）检查具有较强的针对性和专业要求，有时需要结合专业机构或专家咨询进行，用于检查难度较大的项目。

5. 综合性安全生产检查

综合性安全生产检查一般是由上级主管部门或地方政府负有安全生产监督管理职责的部门组织的对施工企业或施工项目开展的安全检查，其检查方式、内容由检查组织部门根据检查目的具体确定。

6. 职工代表不定期对安全生产的巡查

根据《中华人民共和国工会法》和《中华人民共和国安全生产法》相关规定，生产经营单位的工会应定期或不定期组织职工代表进行安全生产检查，这体现了安全生产管理群防群治的基本理念，巡查往往被大多数水利施工企业所忽视。职工代表不定期巡查国家安全生产方针、法规的贯彻执行情况，各级人员安全生产责任制和规章制度的落实情况，从业人员安全生产权利的保障情况，生产现场的安全状况等。

二、安全生产检查内容

安全生产检查包括检查软件系统和硬件系统两部分。软件系统主要是查思想、查意识、查制度、查管理、查事故处理、查隐患、查整改。硬件系统主要是查生产设备、查辅助设施、查安全设施、查作业环境。

安全生产检查对象确定应本着突出重点的原则进行。对于危险性大、易发事故、事故危害大的生产系统、部位、装置、设备等应加强检查。一般应重点检查：

1. 易造成重大损失的易燃易爆危险物品、剧毒品、锅炉、压力容器、起重设备、运输设备、冶炼设备、电气设备、冲压机械、高处作业和易发生工伤、火灾、爆炸等事故的设备、工种、场所及其作业人员。

2. 易造成职业中毒或职业病的尘毒产生点及岗位作业人员。

3. 直接管理的重要危险点和有害点的部门及其负责人。

对非矿山企业，国家有关规定要求强制性检查的项目有：锅炉、压力容器、压力管道、高压医用氧舱、起重机、电梯、自动扶梯、施工升降机、简易升降机、防爆电器、厂内机动车辆、客运索道、游艺机及游乐设施等；作业场所的粉尘、噪声、振动、辐射、高温低温、有毒物质的浓度等。对矿山企业要求强制性检查的项目有：矿井风量、风质、风速及井下温度、湿度、噪声；瓦斯、粉尘；矿山放射性物质及其他有毒有害物质；露天矿山边坡；尾矿坝；提升、运输、装载、通风、排水、瓦斯抽放、压缩空气和起重设备；各种防爆电器、电器安全保护装置；矿灯、钢丝绳等；瓦斯、粉尘及其他有毒有害物质检测仪器、仪表；自救器；救护设备；安全帽；防尘口罩或面罩；防护服、防护鞋；防噪声耳塞、耳罩。

水利施工企业安全生产检查应当包括以下内容：

（1）检查企业安全生产责任制制订及落实情况。

（2）检查项目经理部是否定期组织内部安全检查、召开内部安全工作会议。

（3）检查企业内部安全检查的记录是否齐全、有效。

（4）检查企业安全文明施工责任区域管理情况，包括：施工区域封闭管理情况；施工区域标志情况（责任人、危险源、控制措施）；施工区域电源箱按行业安全标准配置情况；施工区域安全标志牌挂设情况；施工区域存在事故隐患、违章违规、安全设施不完善情况；施工区域防护设施齐全有效情况；施工区域文明施工情况等。

（5）检查企业各种使用中和库存的工器具是否经过检验并标识。

（6）检查企业各种使用中的中小型机械是否定期进行了检查，对发现的问题是否进行整改，记录是否齐全。

（7）检查施工区域作业人员是否按规程要求正确施工，是否按要求正确使用个人安全防护品。

（8）检查随机抽查施工人员是否进行过入场教育。

（9）检查施工项目在施工前是否编制了安全技术措施。

（10）检查作业前是否进行全员交底。

（11）检查企业所属作业人员对作业内容是否了解有哪些是危险源和如何进行预防。

（12）检查施工作业过程中，是否按交底内容和安全技术措施的要求进行。

（13）各类废弃物是否分类，处理是否符合当地法规要求，污水处理是否符合当地法规要求，是否制定并执行防污染措施。

三、常用安全生产检查方法

1. 常规检查法

常规检查法是由安全管理人员作为检查工作的主体，到作业场所现场，通过感官或辅助一定的简单工具、仪表等，对作业人员的行为、作业场所的环境条件、生产设备设施等进行的定性检查。安全检查人员通过这一手段，及时发现现场存在的安全隐患并采取措施予以消除，纠正施工人员的不安全行为。常规检查法主要依靠安全检查人员的经验和能力，检查的结果直接受安全检查人员个人素质的影响。

2. 安全检查表法

为使安全检查工作更加规范，将个人的行为对检查结果的影响减少到最小，常采用安全检查表法。安全检查表一般由水利施工企业安全生产管理部门制定，提交企业安全生产领导小组讨论确定。安全检查表一般包括检查项目、检查内容、检查标准、检查结果及评价等内容。

安全检查表应符合国家有关法律法规、水利施工企业现行有效的有关标准、规程、管理制度的要求，结合企业安全管理文化、理念、反事故技术措施和安全措施计划、季节性、地理、气候特点等。

3. 仪器检查及数据分析法

随着科技进步，水利施工企业的安全生产管理手段也在不断改进，有些企业投入了在线监测监控设施，对施工项目进行在线监视和系统记录，利用大数据分析设备、系统的运行状况和变化趋势，实行动态监控。对没有在线数据检测系统的机器、设备、系统，则借助仪器检查法来进行定量化的检验与测量。仪器检查及数据分析法将成为安全常态化管理的新趋势。

四、安全生产检查工作程序

1. 安全检查准备

（1）确定检查对象、目的、任务。

（2）查阅、掌握有关法规、标准、规程的要求。

（3）了解检查对象的工艺流程、生产情况、可能出现危险和危害的情况。

（4）制定检查计划，安排检查内容、方法、步骤。

（5）编写安全检查表或检查提纲。

（6）准备必要的检测工具、仪器、书写表格或记录本。

（7）挑选和训练检查人员并进行必要的分工等。

2. 安全检查实施

安全检查实施就是通过访谈、查阅文件和记录、现场观察、仪器测量的方式获取信息。

（1）访谈。通过与有关人员谈话来检查安全意识和规章制度执行情况等。

（2）查阅文件和记录。检查设计文件作业规程、安全措施、责任制度、操作规程等是否齐全有效；查阅相应记录，判断上述文件是否被执行。

（3）现场观察。对作业现场的生产设备、安全防护设施、作业环境、人员操作等进行观察，寻找不安全因素、事故隐患、事故征兆等。

（4）仪器测量。利用一定的检测检验仪器设备，对在用的设施、设备、器材状况及作业环境条件等进行测量，以发现隐患。

3. 综合分析后提出检查结论和意见

经现场检查和数据分析后，检查人员应对检查情况进行综合分析，提出检查结论和意见。施工企业自行组织的各类安全检查，应由企业安全管理部门会同有关部门对检查结果进行综合分析；对于上级主管部门或地方政府负有安全生产监督管理职责的部门组织的安全检查，应经过统一研究得出检查意见或结论。

五、整改落实与反馈

针对检查发现的问题，水利施工企业应根据问题性质的不同，提出立即整改、限期整改等措施要求，制定整改计划并积极落实整改。水利施工企业自行组织的安全检查，由企业安全管理部门会同有关部门共同制定整改措施计划并组织实施。对于上级主管部门或地方政府负有安全生产监督管理职责的部门组织的安全检查，检查组应提出书面的整改要求，由施工企业制定整改措施计划。

水利施工企业自行组织的安全检查，在整改措施计划完成后，企业安全管理部门应组织有关人员进行验收。对于上级主管部门或地方政府负有安全生产监督职责的部门组织的安全检查，在整改措施完成后，应及时上报整改完成情况，申请复查或验收。

对安全检查中经常发现的问题或反复发现的问题，水利施工企业应从规章制度的健全和完善、从业人员的安全教育培训、设备系统的更新改造、加强现场检查和监督等环节入手，做到持续改进，不断提高安全生产管理水平，防范安全生产事故的发生。

※【知识链接】

PCDA 计划循环法

PDCA 计划循环法，是美国管理学专家戴明首先提出来的，又称为“戴明循环管理法”。20 世纪 50 年代初传入日本，70 年代后期传入中国，开始运用于全面质量管理，现已推广运用到全面计划管理，它适用于各行各业的计划管理和质量管理，并逐步推广应用到安全生产管理。PDCA 是英文 Plan（计划）、Do（执行）、Check（检查）、Act（改进）四个英文单词的第一个字母的缩写。它的基本原理是：任何一项工作，首先有个设想，根据设想提出一个计划；然后按计划规定去执行、检查和总结；最后通过工作循环，一步一步地提高水平，把工作越做越好。

第六节　安全教育培训

加强对水利工程施工企业从业人员的安全教育培训，提高从业人员对作业风险的辨识、控制、处置和避险自救能力，提高从业人员安全意识和综合素质，是防止产生不安全行为，减少人为失误的重要途径。《安全生产法》第二十条规定："生产经营单位的主要负责人和安全生产管理人员必须具备与本单位所从事的生产经营活动相应的安全生产知识和管理能力。危险物品的生产、经营、储存单位以及矿山、建筑施工单位的主要负责人和安全生产管理人员，应当由有关主管部门对其安全生产知识和管理能力考核合格后方可任职。"第二十一条规定："生产经营单位应当对从业人员进行安全生产教育和培训，保证从业人员具备必要的安全生产知识，熟悉有关的安全生产规章制度和安全操作规程，掌握本岗位的安全操作技能。未经安全生产教育和培训合格的从业人员，不得上岗作业。"第二十二条规定："生产经营单位采用新工艺、新技术、新材料或者使用新设备，必须了解、掌握其安全技术特性，采取有效的安全防护措施，并对从业人员进行专门的安全教育和培训。"第二十三条规定："生产经营单位的特种作业人员必须按照国家有关规定经专门的安全作业培训，取得特种作业操作资格证书，方可上岗作业。特种作业人员的范围由国务院负责，安全生产监督管理的部门会同国务院有关部门确定。"第三十六条规定："生产经营单位应当教育和督促从业人员严格执行本单位的安全生产规章制度和安全操作规程，并向从业人员如实告知作业场所和工作岗位存在的危险因素、防范措施以及事故应急措施。"第五十条规定："从业人员应当接受安全生产教育和培训，掌握本职工作所需的安全生产知识，提高安全生产技能，增强事故预防和应急处理能力。"

为确保《中华人民共和国安全生产法》关于安全生产教育培训的要求得到有效贯彻，原国家安全生产监督管理局（国家煤矿安全监察局）陆续颁布了一系列政策、规章。如《关于生产经营单位主要负责人、安全生产管理人员及其他从业人员安全生产培训考核工作的意见》（安监管人字〔2002〕123号）、《关于特种作业人员安全技术培训考核工作的意见》（〔2002〕124号）、《安全生产培训管理办法》（国家安监局令第20号）。2006年，国家安全监管总局发布了《生产经营单位安全培训规定》（国家安监总局令第3号），对各类人员的安全培训内容、培训时间、考核以及安全培训机构的资质管理等做出了具体规定。

为保障安全教育培训工作的落实，水利施工企业应当建立安全生产教育培训制度，明确安全生产教育培训的对象与内容、组织与管理、检查与考核等要求，定期对从业人员进行安全生产教育和培训，保证从业人员具备必要的安全生产知识，熟悉安全生产有关法律法规、规章、制度和标准，掌握本岗位的安全操作技能。

一、安全管理人员的安全教育培训

水利施工企业的主要负责人、项目负责人、专职安全生产管理人员必须取得省级以上水行政主管部门颁发的安全生产考核合格证书，方可参与水利工程投标，从事施工管理工作。水利施工企业的主要负责人、项目负责人、专职安全生产管理人员应具备与本企业所从事的生产经营活动相适应的安全生产知识、管理能力与资格，每年按规定进行再培训。根据水利部水利行业标准《水利水电工程施工安全管理导则》（SL 721-2015）的规定，水利施工企业的主要负责人、项目负责人每年接受安全生产教育培训的时间不得少于30学时，专职安全生产管理人员每年接受安全生产教育培训的时间不得少于40学时，其他安全生产管理人员每年接受安全生产教育培训的时间不得少于20学时。《水利水电工程施工企业主要负责人、项目负责人和专职安全生产管理人员安全生产考核管理办法》（水利部水安监〔2011〕374号）第十六条规定："安全生产管理三类人员在考核合格证书的每一个有效期内，应当至少参加一次由原发证机关组织的，不低于8学时的安全生产继续教育；发证机关应及时对安全生产继续教育情况进行建档、备案。"

（一）企业主要负责人的安全教育培训

1. 初次培训的主要内容

（1）国家安全生产方针、政策和有关安全生产的法律法规、规章及标准。

（2）安全生产管理基本知识、安全生产技术、安全生产专业知识。

（3）重大危险源管理、重大事故防范、应急管理和救援组织以及事故调查处理的有关规定。

（4）职业危害及其预防措施。

（5）国内外先进的安全生产管理经验。

（6）典型事故和应急救援案例分析。

（7）其他需要培训的内容。

2. 再培训内容

对已经取得上岗资格证书的企业主要负责人，应定期进行再培训。再培训的主要内容是新知识、新技术和新颁布的政策、法规；有关安全生产的法律法规、规章、规程、标准和政策；安全生产的新技术、新知识；安全生产管理经验；典型事故案例。

（二）安全生产管理人员的安全教育培训

1. 初次培训的主要内容

（1）国家安全生产方针、政策和有关安全生产的法律法规、规章及标准。

（2）安全生产管理、安全生产技术、职业卫生等知识。

（3）伤亡事故统计、报告及职业危害防范、调查处理方法。

（4）危险源管理、专项方案及应急预案编制、应急管理、事故管理知识。

（5）国内外先进的安全生产管理经验。

（6）典型事故和应急救援案例分析。

（7）其他需要培训的内容。

2. 再培训的主要内容

对已经取得上岗资格证书的专职安全生产管理人员，应定期进行再培训。再培训的主要内容是新知识、新技术和新颁布的政策、法规；有关安全生产的法律法规、规章、规程、标准和政策；安全生产的新技术、新知识；安全生产管理经验；典型事故案例。

二、其他从业人员、相关方的安全教育培训

（一）特种作业人员安全教育培训

特种作业是指容易发生事故，对操作者本人、他人的安全健康及设备、设施的安全可能造成重大危害的作业。直接从事特种作业的从业人员称为特种作业人员，特种作业的范围包括电工作业、焊接与热切割作业、高处作业、制冷与空调作业及安全监管总局认定的其他作业。

根据《特种作业人员安全技术培训考核管理规定》（国家安全生产监督管理总局第30号令），特种作业人员必须经专门的安全技术培训并考核合格，取得《中华人民共和国特种作业操作证》后，方可上岗作业。特种作业人员的安全技术培训、考核、发证、复审工作实行“统一监管、分级实施、教考分离”的原则。特种作业人员应当接受与其所从事的特种作业相应的安全技术理论培训和实际操作培训。跨省（自治区、直辖市）从业的特种作业人员，可以在户籍所在地或者从业所在地参加培训。

从事特种作业人员安全技术培训的机构（统称培训机构），必须按照有关规定取得安全生产培训资质证书后，方可从事特种作业人员的安全技术培训。培训机构应当按照安全监管总局、煤矿安监局制定的特种作业人员培训大纲进行特种作业人员的安全技术培训。

特种作业操作证有效期为6年，在全国范围内有效。特种作业操作证由安全监管总局统一式样、标准及编号。特种作业操作证每3年复审1次。特种作业人员在特种作业操作证有效期内，连续从事本工种10年以上，严格遵守有关安全生产法律法规的，经原考核发证机关或者从业所在地考核发证机关同意，特种作业操作证的复审时间可以延长至每6年1次。

特种作业操作证申请复审或者延期复审前，特种作业人员应当参加必要的安全培训并考试合格。安全培训时间不少于8学时，主要培训法律法规、标准、事故案例和有关新工艺、新技术、新装备等知识。再复审、延期复审仍不合格，或者未按期复审的，特种作业操作证失效。

特种作业人员离岗3个月以上重新上岗的，应经实际操作考核合格。

根据住房和城乡建设部《关于印发〈建筑施工特种作业人员管理规定〉的通知》（建质〔2008〕75号）的规定，建筑施工特种作业人员（包括建筑电工、建筑架子工、建筑起重信号司索工、建筑起重机械司机、建筑起重机械安装拆卸工、高处作业吊篮安装拆卸工等）必须经建设主管部门考核合格，取得建筑施工特种作业人员操作资格证书，方可上岗从事相应作业。特种作业资格证书有效期为2年；有效期满需要延期的，建筑施工特种

作业人员应当于期满前 3 个月内向原考核发证机关申请办理延期复核手续；延期复核合格的，资格证书有效期延期 2 年。

建筑施工特种作业人员应当参加年度安全教育培训或者继续教育，每年不得少于 24 小时。

（二）新员工三级安全教育

三级安全教育是指公司、项目、班组的安全教育，是我国多年积累、总结并形成的一套行之有效的安全教育培训方法，一般由企业的安全、教育、劳动、技术等部门配合组织进行。

公司级安全生产教育培训是新人入职教育的一个重要内容，其重点是国家和地方有关安全生产法律法规、规章、制度、标准、企业安全管理制度和劳动纪律、从业人员安全生产权利和义务等；教育培训的时间不得少于 15 学时。

项目级安全生产教育培训是在从业人员工作岗位、工作内容基本确定后进行，由项目或公司部门一级组织，培训重点是工地安全生产管理制度、安全职责和劳动纪律、个人防护用品的使用和维护、现场作业环境特点、不安全因素的识别和处理、事故防范等；教育培训的时间不得少于 15 学时。

班组级安全生产教育培训是在从业人员工作岗位确定后，由班组组织，除班组长、班组技术员、安全员对其进行安全教育培训外，自我学习是重点。我国传统的师父带徒弟的方式，也是搞好班组安全教育培训的一种重要方法。进入班组的新从业人员，都应有具体的跟班学习、实习期，实习期间不得安排单独上岗作业。实习期满，通过安全规程、业务技能考试合格方可独立上岗作业。班组安全教育培训的重点是本工种的安全操作规程和技能、劳动纪律、安全作业与职业卫生要求、作业质量与安全标准、岗位之间的衔接配合注意事项、危险点识别、事故防范和紧急避险方法等；教育培训时间不得少于 20 学时。

新员工工作一段时间后，为加深其对三级安全教育的感性和理性认识，也为了使其适应现场变化，必须进行安全继续教育，培训内容可从原来的三级安全教育内容中有重点地选择，并进行考核，不合格者不得上岗。

（三）转岗或离岗安全教育

从业人员调整工作岗位后，由于岗位工作特点、要求不同，应重新进行新岗位安全教育培训，并经考试合格后方可上岗作业。

由于工作需要或其他原因离开岗位 1 年后，重新上岗作业应重新进行安全教育培训，经考试合格后，方可上岗作业。一般情况下，作业岗位安全风险较大，技能要求较高的岗位，时间间隔可缩短，由企业自行规定。

调整工作岗位和离岗后重新上岗的安全教育培训工作，原则上应由班组级组织。

待岗、转岗的职工，上岗前必须经过安全生产教育培训，培训时间不得少于 20 学时。

（四）“五新”教育培训

在新工艺、新技术、新材料、新设备、新流程投入使用前，应对有关管理、操作人员进行有针对性的安全技术和操作技能培训。

（五）岗位安全教育培训

水利施工企业应每年对全体从业人员进行安全生产教育培训，培训时间不得少于20学时。岗位安全教育培训，是指对连续在水利施工企业相关岗位工作的从业人员的安全培训，主要包括日常安全教育培训、定期安全考试和专题安全教育培训3个方面。

日常安全教育培训工作，主要以部门、班组为单位组织开展，重点是安全操作规程的学习培训、安全生产规章制度的学习培训、作业岗位安全风险辨识培训、事故案例教育等。日常安全教育培训工作形式多样，内容丰富，如班前会、班后会、安全日活动等。

定期安全考试，是指水利施工企业组织的定期进行安全工作规程、规章制度、事故案例的学习和培训，学习培训的方式较为灵活，但考试统一组织。定期安全考试不合格者，应下岗接受培训，考试合格后方可上岗作业。

专题安全教育培训，是指针对某一具体问题进行专门的培训工作，针对性强，效果比较突出，通常开展的内容有“三新”安全教育培训、法律法规及规章制度培训、事故案例培训、安全知识竞赛比武等。

在安全生产的具体实践过程中，水利施工企业还可采取其他许多宣传教育培训方式方法，如警句、格言上墙活动，利用电视、报纸、橱窗等进行安全教育，利用漫画解释安全生产规章制度，在曾经发生过生产安全事故的现场点设置警示牌，组织事故回顾展览等。

水利施工企业还应以国家组织开展的“全国安全生产月”活动为契机，结合企业的性质与安全生产实际，开展内容丰富、灵活多样、具有针对性的各种安全教育培训活动，提高各级人员的安全生产意识和综合素质。

三、安全教育培训组织管理

水利施工企业每年至少应对管理人员和作业人员进行一次安全生产教育培训，并经考试确认其能力符合岗位要求，其教育培训情况记入个人工作档案。安全生产教育培训考核不合格的人员不得上岗。水利施工企业应及时统计、汇总从业人员的安全生产教育培训和资格认定等相关记录，定期对从业人员持证上岗情况进行审核、检查。

水利施工企业应将安全生产教育培训工作纳入本单位年度工作计划，并保证安全生产教育培训工作所需的费用。企业安排从业人员进行安全生产教育培训期间，应支付工资和必要的费用。

第七节　安全生产费用

一、安全生产投入的法律法规依据与责任主体

《安全生产法》第十条规定："生产经营单位应当具备的安全生产条件所必需的资金投入，由生产经营单位的决策机构、主要负责人或者个人经营的投资人予以保证，并对由于安全生产所必需的资金投入不足导致的后果承担责任。"

《建设工程安全生产管理条例》第二十一条规定："施工单位主要负责人应保证本单位安全生产条件所需资金的投入。"第二十二条规定："施工单位对列入建设工程概算的安全作业环境及安全施工措施所需费用，应当用于施工安全防护用具及设施的采购和更新、安全施工措施的落实、安全生产条件的改善，不得挪作他用。"

《国务院关于进一步加强安全生产工作的决定》（国发〔2004〕2号）明确："建立企业提取安全费用制度。"为保证安全生产所需资金投入，形成企业安全生产投入的长效机制，借鉴煤矿提取安全费用的经验，在条件成熟后，逐步建立对高危行业生产企业提取安全费用制度。企业安全费用的提取，要根据地区和行业的特点，分别确定提取标准，由企业自行提取，专户储存，专项用于安全生产《企业安全生产标准化基本规范》（AQ/T 9006-2010）提到，企业应建立安全生产投入保障制度，完善和改进安全生产条件，按规定提取安全费用，专项用于安全生产，并建立安全费用台账。

《水利工程建设安全生产管理规定》第十八条第一款规定："施工单位主要负责人应保证本单位建立和完善安全生产条件所需资金的投入。"第二款规定："施工单位的项目负责人应确保安全生产费用的有效使用。"第十九条规定："施工单位在工程报价中应当包含工程施工的安全作业环境及安全施工措施所需费用。对列入建设工程概算的上述费用，应当用于施工安全防护用具及设施的采购和更新、安全施工措施的落实、安全生产条件的改善，不得挪作他用。"

2012年2月14日，国家财政部、安全生产监督管理总局联合印发《企业安全生产费用提取和使用管理办法》（财企〔2012〕16号），进一步规范了煤矿、非煤矿山、危险化学品、烟花爆竹、建筑施工、道路交通等行业生产经营单位安全生产费用提取、使用、监督制度，对建立企业安全生产投入长效机制、加强安全生产费用管理、保障企业安全生产资金投入、维护企业、职工以及社会公共利益发挥了重要作用。

水利施工企业必须安排适当的资金，用于企业改善安全设施，进行安全教育培训，更新安全技术装备、器材、仪器、仪表及其他安全生产设备设施，以保证企业达到法律法规、标准规定的安全生产条件，并对于由安全生产所必需的资金投入不足导致的后果承担责任。

安全生产投入资金具体由谁来保证，应根据企业的性质而定。一般来说，股份制企业、合资企业等安全生产投入资金由董事会予以保证；一般国有企业由厂长或者经理予以保证；个体工商户等个体经济组织由投资人予以保证。上述保证人承担由于安全生产所必需的资金投入不足而导致事故后果的法律责任。

企业安全生产投入是一项长期性的工作，安全生产设施的投入必须有一个治本的总体规划，有计划、有步骤、有重点地进行，要克服盲目无序投入的现象。因此，企业要切实加强安全生产投入资金的管理，要制定安全生产费用提取和使用计划，并纳入企业全面预算当中。

二、安全生产费用的提取

水利工程施工企业安全生产费用提取标准为建筑安装工程造价的2.0%，提取的安全费用列入工程造价，施工企业在竞标时不得删减，不得列入标外管理。总包单位应当将安全费用按比例直接支付分包单位并监督使用，分包单位不再重复提取。

《浙江省水利水电工程设计概（预）算编制规定（2010）补充文件》规定：项目安全施工费包括文明施工费和施工安全费两项，安全施工费提取按设计提供的本工程文明施工措施和标准化工地建设内容、施工安全作业环境和安全防护措施等列项计算，并不小于按费率计算的安全施工费；当设计未提供具体安全文明施工的项目和费用时，安全施工费按建筑安装工作量的2%计取；在工程招标阶段，安全施工费不得低于规定费率计取，不得作为竞争性费用，且实行标外管理。

水利施工企业在上述标准基础上，根据安全生产实际需要，可适当提高安全费用提取标准。

三、安全生产费用的使用

水利工程施工企业应当制定安全费用管理制度，明确安全费用使用、管理的程序、职责及权限等，按规定及时、足额使用。安全生产费用应当按照以下范围使用：

（1）完善、改造和维护安全防护设施设备支出（不含“三同时”要求初期投入的安全设施），包括施工现场临时用电系统、洞口、临边、机械设备、高处作业防护、交叉作业防护、防火、防爆、防尘、防毒、防雷、防台风、防地质灾害、地下工程有害气体监测、通风、临时安全防护等设施设备支出。

（2）配备、维护、保养应急救援器材、设备支出和应急演练支出。

（3）开展重大危险源和事故隐患评估、监控和整改支出。

（4）安全生产检查、评价（不包括新建、改建、扩建项目安全评价）、咨询和标准化建设支出。

（5）配备和更新现场作业人员安全防护用品支出。

（6）安全生产宣传、教育、培训支出。

（7）安全生产适用的新技术、新标准、新工艺、新装备的推广应用支出。

（8）安全设施及特种设备检测、检验支出。

（9）安全生产信息化建设及相关设备支出。

（10）其他与安全生产相关的支出。

项目安全施工费则主要包括施工现场文明施工费和施工安全费两部分：

1. 文明施工费

文明施工费指施工现场文明施工所需要的各项费用。一般包括：

（1）“六牌一图”（概况、名单、安全、文明、消防、重大危险源标示牌，总平面图）。

（2）现场标牌设置（安全警示标志、文明标识、宣传标语等）。

（3）临时围护设施（围墙、围挡、彩条布围栏等）。

（4）场容场貌整洁（清扫、清洗、绿化等）。

（5）现场地面整治。

2. 施工安全费

施工安全费指施工现场安全施工所需要的各项费用，一般包括：

（1）现场安全作业环境和安全防护措施及用具、装备。包括安全网、高处作业临边防护栏杆、深基坑（槽）临边护栏、通道井架升降机防护棚、洞口水平隔离防护、施工用电安全措施、起重设备防护措施、防台措施等。

（2）特殊安全作业防护用品、救生设施、防毒面具、有毒气体检测仪器等。

（3）安全设施及特种设备的监测、监控，如起重设备安全检测、监控，基坑支护变形监测，钢管及扣件检测，现场远程视频监控系统。

（4）安全生产适用的新技术、新标准、新工艺、新装备的推广应用。

（5）安全警示，包括安全警示标志、警示灯等。

（6）安全保卫，包括门楼、岗亭、值班设施等。

（7）消防设施，包括灭火器、消防水泵、水枪、水带、消防箱、消防立管、防雷装置等消防器材和设施。

（8）安全生产检查，如检查、会议、台账资料等所需费用。

（9）安全措施方案编制。重大危险源和事故隐患分析、评估、监控和整改。

（10）应急演练，应急救援器材配备、维护、保养。

（11）安全文明标准化工地建设的申报、检查、验收、资料整编等费用。

（12）安全生产教育、培训，包括师资、教材、设施、建档等所需费用。

水利施工企业应当将安全费用优先用于满足安全生产监督管理部门及行业主管部门对企业安全生产提出的整改措施或者达到安全生产标准所需的支出。

水利施工企业提取的安全费用应当专户核算，按规定范围安排使用，不得挤占、挪用。

年度结余资金结转下年度使用，当年计提安全费用不足的，超出部分按正常成本费用渠道列支。主要承担安全管理责任的集团公司经过履行内部决策程序，可以对所属企业提取的安全费用按照一定比例集中管理，统筹使用。

四、安全生产费用的管理

（1）水利施工企业应当制定安全生产费用保障制度，明确提取、使用、管理的程序、职责及权限，按规定提取和使用安全费用。

（2）水利施工企业应当加强安全费用管理，编制年度安全费用提取和使用计划，纳入企业财务预算。企业年度安全费用使用计划和上一年安全费用的提取、使用情况应按照管理权限报同级财政部门、安全生产监督管理部门和行业主管部门备案。企业应当每半年组织财务、安全管理等相关专家对安全生产费用使用落实情况进行专项检查，及时发现问题及时落实整改。

（3）水利施工企业提取的安全费用应专项支出专门核算，实行月度统计、年度汇总制度，应当建立安全费用使用台账，动态反映安全生产费用使用情况。

（4）水利施工企业在建设项目开工前应编制项目安全生产措施计划和安全生产费用使用计划，经监理单位审核，报项目法人同意后执行。

（5）总承包单位实行分包的，分包合同中应明确分包工程的安全生产费用，总承包单位对安全生产费用的使用负总责，分包单位对所分包工程的安全生产负直接责任，总承包单位应定期监督检查评价分包单位施工现场安全生产费用使用情况。

第八节　安全文化建设

安全文化作为安全生产的第一要素，是安全生产的核心，也是安全生产的灵魂。企业安全文化指企业为了安全生产所创造的文化，是安全价值观和安全行为准则的总和，是保护员工身心健康、尊重员工生命、实现员工价值的文化，是得到企业每个员工自觉接受、认同并自觉遵守的共同安全价值观。企业安全文化体现为每一个人、每一个单位、每一个群体对安全的态度、思维及采取的行为方式。特别在当前市场经济发展的社会主义初级阶段，探索新的应对方法树立新的理念，是非常必要的。

据调查统计分析，80% 的事故都是由人的不安全因素而引发的，只要提高劳动者的科技文化素质是可以避免的。因此，不难理解，可以利用文化的力量，利用文化的导向、凝聚、辐射和同化等功能，引导全体企业员工采用科学的方法从事安全生产活动。利用文化的约束功能，通过形成有效的规章制度的约束，引导员工严格遵守安全规章制度，通过道德规范的约束，创造团结友爱、相互信任、共同保障安全的和睦气氛，形成凝聚力和信任力。利用文化的激励功能，使每个人都能明白自己的存在和行为的价值，实现自我价值。

一、企业安全文化的定义与内容

根据英国安全健康委员会下的定义，企业安全文化是指个人和集体的价值观、态度、能力和行为方式的综合产物。《企业安全文化建设导则》（AQ/T 9004—2008）也给出了企业安全文化的定义：被企业组织的员工群体所共享的安全价值观、态度、道德和行为规范的统一体。企业安全文化是企业在长期安全生产和经营活动中，逐步形成的，或有意识塑造的为全体员工接受、遵循的，具有企业特色的安全价值观、安全思想和意识、安全作风和态度，安全管理机制及行为规范，安全生产和奋斗目标，为保护员工身心安全与健康而创造的安全、舒适的生产和生活环境和条件，是企业安全物质因素和安全精神因素的总和。

由此可见，安全文化的内容十分丰富，主要包括以下层次：

第一层次，是处于表层的安全行为文化和安全物质文化，如企业的安全文明生产环境与秩序。

第二层次，是处于中间层的安全制度文化，包括企业内部的组织机构、管理网络、部门分工和安全生产法规与制度建设等。

第三层次，是处于深层的安全观念文化。

必须引起注意的是，企业安全文化的形成与企业文化、企业主要负责人的思维方式和行为方式密切相关。

二、企业安全文化的基本特征与主要功能

（一）基本特征

良好的企业安全文化是指企业的安全生产观念、安全生产管理、安全生产行为等文化都能够得到良好的体现，整个企业的安全文化氛围和谐良好，具有以下特征：

（1）企业安全文化与企业文化目标是基本一致的，着重于“以人为本”的基本理念，注重人性化管理。企业安全文化对员工有很强的作用，能影响员工的思维，改变员工的行为。

（2）更强调企业的安全形象、安全奋斗目标、安全激励精神、安全价值观和安全生产及产品安全质量、企业安全风貌及信誉效应等，是企业凝聚力的体现，对员工有很强的吸引力和无形的约束作用，能激发员工强烈的责任感。

（3）企业层面的决策层、领导层、执行层等要具有先进的安全生产观念文化、安全生产管理文化、安全生产行为文化。企业下属的部门层面要具有良好的安全生产观念文化、安全生产管理文化、安全生产行为文化及安全生产物态文化。

（二）主要功能

（1）导向功能。企业安全文化所提出的价值观为企业的安全管理决策活动提供了为企业大多数职工所认同的价值取向，它们能将价值观内化为个人的价值观，将企业目标“内化”为自己的行为目标，使个体的目标、价值观、理想与企业的目标、价值观、理想有了一致性和同一性。

（2）凝聚功能。当企业安全文化所提出的价值观被企业职工内化为个体的价值观和具体目标后就会产生一种积极而强大的群体意识，将每个职工紧密地联系在一起，形成了强大的凝聚力和向心力。

（3）激励功能。企业安全文化所提出的价值观向员工展示了工作的意义，员工在理解工作的意义后，会产生更大的工作动力，这一点已为大量的心理学研究所证实。一方面用企业的宏观理想和目标激励职工奋发向上；另一方面也为职工个体指明了成功的标准，使其有了具体的奋斗目标。

（4）辐射和同化功能。企业安全文化一旦在一定的群体中形成，便会对周围群体产生强大的影响作用，迅速向周边辐射。企业安全文化还会保持一个企业稳定的、独特的风格和活力，同化一批又一批新员工，使他们接受这种文化并继续保持与传播，使企业安全文化的生命力得以持久。

三、企业安全文化建设模式

（一）安全承诺

水利施工企业应建立包括安全价值观、安全愿景、安全使命和安全目标等在内的安全生产承诺。安全承诺应符合下列要求：①切合企业特点和实际，反映共同安全志向；②明确安全问题在组织内部具有最高优先权；③声明所有与企业安全有关的重要活动都必须追求卓越；④含义清晰明了，并被全体员工和相关方所知晓和理解。

企业的领导者应对安全承诺做出有形的表率，应让各级管理者和员工切身感受到领导者对安全承诺的实践。领导者应做到：①提供安全工作的领导力，坚持保守决策，以有形的方式表达对安全的关注；②在安全生产上真正投入时间和资源；③制定安全发展的战略规划以推动安全承诺的实施：④接受培训，在与企业相关的安全事务上具有必要的能力；⑤授权组织的各级管理者和员工参与安全生产工作，积极质疑安全问题；⑥安排对安全实践或实施过程的定期审查；⑦与相关方进行沟通和合作。

企业的各级管理者应对安全承诺的实施起到示范和推进作用，形成严谨的制度化工作方法，营造有益于安全的工作氛围，培育重视安全的工作态度。各级管理者应做到：清晰界定全体员工的岗位安全责任；确保所有与安全相关的活动均采用了安全的工作方法；确保全体员工充分理解并胜任所承担的工作；鼓励和肯定员工在安全方面的良好态度，注重从差错中学习和获益；在追求卓越的安全绩效、质疑安全问题方面以身作则；接受培训，在推进和辅导员工改进安全绩效上具有必要的能力；保持与相关方的交流合作，促进组织部门之间的沟通与协作。

企业的员工应充分理解和接受企业的安全承诺，并结合岗位工作任务实践这种安全承诺。每个员工应做到：在本职工作上始终采取安全的方法；对任何与安全相关的工作保持质疑的态度；对任何安全异常和事件保持警觉并主动报告；接受培训，在岗位工作中具有改进安全绩效的能力；和管理者进行必要的沟通。

（二）行为规范与程序

水利施工企业内部的行为规范是企业安全承诺的具体体现和安全文化建设的基础要求。企业应确保拥有能够达到和维持安全绩效的管理系统，建立清晰界定的组织结构和安全职责体系，有效控制全体员工的行为。企业行为规范的建立和执行应做到：体现企业的安全承诺；明确各级各岗位人员在安全生产工作中的职责与权限；细化有关安全生产的各项规章制度和操作程序；行为规范的执行者参与规范系统的建立，熟知自己在组织中的安全角色和责任；由正式文件予以发布；引导员工理解和接受建立行为规范的必要性，知晓由于不遵守规范所引发的潜在不利后果；通过各级管理者或被授权者观测员工行为，实施有效监控和缺陷纠正；广泛听取员工意见，建立持续改进机制。

程序是行为规范的重要组成部分。企业应建立必要的程序，以实现对与安全相关的所有活动进行有效控制的目的。程序的建立和执行应做到：识别并说明主要的风险，简单易懂，便于实际操作；程序的使用者（必要时包括承包商）参与程序的制定和改进过程，并应清楚理解不遵守程序可导致的潜在不利后果；由正式文件予以发布；通过强化培训，向员工阐明在程序中给出特殊要求的原因；对程序的有效执行保持警觉，即使在生产经营压力很大时，也不能容忍走捷径和违反程序；鼓励员工对程序的执行保持质疑的态度，必要时采取更加保守的行动并寻求帮助。

（三）安全行为激励

企业在审查和评估自身安全绩效时，除使用事故发生率等消极指标外，还应使用指在对安全绩效给予直接认可的积极指标。员工应该受到鼓励，在任何时间和地点，挑战所遇到的潜在不安全实践，并识别所存在的安全缺陷。对员工所识别的安全缺陷，企业应给予及时处理和反馈。

企业应建立员工安全绩效评估系统，建立将安全绩效与工作业绩相结合的奖励制度。对待员工的差错，应避免过多关注错误本身，而应以吸取经验教训为目的。应仔细权衡惩罚措施，避免因处罚而导致员工隐瞒错误。企业宜在组织内部树立安全榜样或典范，发挥安全行为和安全态度的示范作用。

（四）安全信息传播与沟通

企业应建立安全信息传播系统，综合利用各种传播途径和方式，提高传播效果。企业应优化安全信息的传播内容，将组织内部有关安全的经验、实践和概念作为传播内容的组成部分。企业应就安全事项建立良好的沟通程序，确保企业与政府监管机构和相关方、各级管理者与员工、员工相互之间的沟通。沟通应满足以下要求：一是确认有关安全事项的信息已经发送，并被接受方所接收和理解；二是涉及安全事件的沟通信息应真实、开放；三是每个员工都应认识到沟通对安全的重要性，从他人处获取信息和向他人传递信息。

（五）自主学习与改进

企业应建立有效的安全学习模式，实现动态发展的安全学习过程，保证安全绩效的持续改进。企业应建立正式的岗位适任资格评估和培训系统，确保全体员工充分胜任所承担的工作。应制定人员聘任和选拔程序，保证员工具有岗位适任要求的初始条件；安排必要的培训及定期复训，评估培训效果；培训内容除有关安全知识和技能外，还应包括对严格遵守安全规范的理解，以及个人安全职责的重要意义和因理解偏差或缺乏严谨而产生失误的后果；除借助外部培训机构外，应选拔、训练和聘任内部培训教师，使其成为企业安全文化建设过程的知识和信息传播者。

企业应将与安全相关的任何事件，尤其是人员失误或组织错误事件，当作能够从中汲取经验教训的宝贵机会，从而改进行为规范和程序，获得新的知识和能力。应鼓励员工对安全问题予以关注，进行团队协作，利用既有知识和能力加强辨识和分析，从而进一步改进，对改进措施提出建议，并在可控条件下授权员工自主改进。经验教训、改进机会和改进过程的信息宜编写到企业内部培训课程或宣传教育活动的内容中，使员工广泛知晓。

（六）安全事务参与

全体员工都应认识到自己负有对自身和同事安全做出贡献的重要责任。员工对安全事务的参与是落实这种责任的最佳途径。企业组织应根据自身的特点和需要确定员工参与的形式。员工参与的方式可包括但不局限于以下类型：一是建立在信任和免责备基础上的微小差错员工报告机制；二是成立员工安全改进小组，给予必要的授权、辅导和交流；三是定期召开有员工代表参加的安全会议，讨论安全绩效和改进行动；四是开展岗位风险预见性分析和不安全行为或不安全状态的自查自评活动。

所有承包商对企业的安全绩效改进均可做出贡献。企业应建立让承包商参与安全事务和改进过程的机制，将与承包商有关的政策纳入安全文化建设的范畴；应加强与承包商的沟通和交流，必要时给予培训，使承包商清楚企业的要求和标准；应让承包商参与工作准备、风险分析和经验反馈等活动；倾听承包商对企业生产经营过程中所存在的安全改进机会的意见。

（七）审核与评估

企业应对自身安全文化建设情况进行定期全面审核，审核内容包括：领导者应定期组织各级管理者评审企业安全文化建设过程的有效性和安全绩效结果；领导者应根据审核结果确定并落实整改不符合、不安全实践和安全缺陷的优先次序，并识别新的改进机会；必要时，应鼓励相关方实施这些优先次序和改进机会，以确保其安全绩效与企业协调一致。在安全文化建设过程中及审核时，应采用有效的安全文化评估方法，关注安全绩效下滑的前兆，及时控制和改进。

四、企业安全文化建设规划

根据《水利水电施工企业安全生产标准化评审标准（试行）》（水安监〔2013〕189号）的规定，水利施工企业应当制定企业安全生产文化建设规划和计划。企业安全文化建设规划主要包括企业安全文化建设现状分析、安全文化建设目标、实施安全文化建设的各项措施、评估和总结实施成效等内容。

（一）现状分析

通过现场环境布置调研、资料查阅、行为观察、问卷调查、职工沟通等方式对安全文化建设现状进行评估，分析企业当前安全文化建设存在的问题和不足，提出解决办法。

（二）制定建设目标

在安全文化建设现状分析的基础上，结合企业实际情况及未来的战略规划，制定安全文化建设总体目标，明确不同阶段具体的工作任务与工作目标。

（三）具体实施措施

根据安全文化建设目标，有针对性地提出实施安全文化建设的各项措施和工作方法，并提出保障措施（包括组织保障、制度保障、人员保障、经费保障、宣传保障等）。

（四）评估与总结

企业应对安全文化建设情况进行深入解析和全面评估，总结安全文化建设的先进经验，提出可进一步提升的方面，实现安全文化建设的持续完善和改进。

水利施工企业安全文化应当由企业主负责人组织制定本企业安全文化建设规划和阶段性实施计划。

五、企业安全文化建设评价

安全文化评价的目的是了解企业安全文化现状或企业安全文化建设效果，采用系统化测评行为，得出定性或定量的分析结论。《企业安全文化建设评价准则》（AQ/T 9005-2009）给出了企业安全文化评价的要素、指标、减分指标、计算方法等。

（一）评价指标

1. **基础特征**

企业状态特征、企业文化特征、企业形象特征、企业员工特征、企业技术特征、监管环境、经营环境、文化环境。

2. **安全承诺**

安全承诺内容、安全承诺表述、安全承诺传播、安全承诺认同。

3. **安全管理**

安全权责、管理机构、制度执行、管理效果。

4. **安全环境**

安全指引、安全防护、环境感受。

5. **安全培训与学习**

重要性体现、充分性体现、有效性体现。

6. **安全信息传播**

信息资源、信息系统、效能体现。

7. **安全行为激励**

激励机制、激励方式、激励效果。

8. **安全事务参与**

安全会议与活动、安全报告、安全建议、沟通交流。

9. **决策层行为**

公开承诺、责任履行、自我完善。

10. **管理层行为**

责任履行、指导下属、自我完善。

11. **员工层行为**

安全态度、知识技能、行为习惯、团队合作。

（二）减分指标

死亡事故、重伤事故、违章记录。

（三）评价程序

1. 建立评价组织机构与评价实施机构

企业开展安全文化评价工作时，首先应成立评价组织机构，并由其确定评价工作的实施机构。实施评价时，由评价组织机构负责确定评价工作人员并成立评价工作组。必要时可选聘有关咨询专家或咨询专家组。咨询专家（组）的工作任务和工作要求由评价组织机构明确。

评价工作人员应具备以下基本条件：熟悉企业安全文化评价相关业务，有较强的综合分析判断能力与沟通能力；具有较丰富的企业安全文化建设与实施专业知识；坚持原则、秉公办事。评价项目负责人应有丰富的企业安全文化建设经验，熟悉评价指标及评价模型。

2. 制定《评价工作实施方案》

评价实施机构应参照本标准制定《评价工作实施方案》。方案中应包括所用评价方法、评价样本、访谈提纲、测评问卷、实施计划等内容，并应报送评价组织机构批准。

3. 下达《评价通知书》

在实施评价前，由评价组织机构向选定的样本单位下达《评价通知书》。《评价通知书》中应当明确：评价的目的、用途、要求，应提供的资料及对所提供资料应负的责任，以及其他需要在《评价通知书》中明确的事项。

4. 调研、收集与核实基础资料

资料收集可以采取访谈、问卷调查、召开座谈会、专家现场观测、查阅有关资料和档案等形式进行。评价人员要对评价基础数据和基础资料进行认真检查、整理，确保评价基础资料的系统性和完整性。评价工作人员应对接触的资料内容履行保密义务。

5. 数据统计分析

对调研结构和基础数据核实无误后，可借助相关统计软件进行数据统计，然后根据本标准建立的数学模型和实际选用的调研分析方法，对统计数据进行分析。

6. 撰写评价报告并反馈意见

统计分析完成后，评价工作组应该按照规范的格式，撰写《企业安全文化建设评价报告》，报告评价结果。评价报告提出后，应反馈相关部门征求意见并作必要修改与完善。

7. 评价工作总结

评价项目完成后，评价工作组要进行评价工作总结，将工作背景、实施过程、存在的问题和建议等形成书面报告，报送评价组织机构，并建立好评价工作档案。

第九节　各级组织和岗位安全生产职责

以某企业各级组织和岗位安全生产职责为例。

一、各级管理人员安全生产职责

（一）企业主要负责人

（1）贯彻执行国家和地方有关安全生产的方针政策和法规、规范。

（2）掌握本企业安全生产动态，定期研究安全工作。

（3）组织制定安全工作目标、规划实施计划。

（4）组织制定和完善各项安全生产规章制度及奖惩办法。

（5）建立健全安全生产责任制，并领导、组织考核工作。

（6）建立健全安全生产管理体系，保证安全生产投入。

（7）督促、检查安全生产工作，及时消除生产安全事故隐患。

（8）组织制定并实施生产安全事故应急救援预案。

（9）及时、如实报告生产安全事故；配合事故调查，监督防范措施的制定和落实，防止事故重复发生。

（二）企业主管安全生产负责人

（1）组织落实安全生产责任制和安全生产管理制度，对安全生产工作负直接领导责任。

（2）组织实施安全工作规划及实施计划，实现安全目标。

（3）领导、组织安全生产宣传教育工作。

（4）确定安全生产考核指标。

（5）领导、组织安全生产检查。

（6）领导、组织对分包（供）方的安全生产主体资格考核与审查。

（7）认真听取、采纳安全生产的合理化建议，保证安全生产管理体系的正常运转。

（8）发生生产安全事故时，组织实施生产安全事故应急救援。

（三）企业技术负责人（总工程师）

（1）贯彻执行国家和上级的安全生产方针、政策，在本企业施工安全生产中负技术领导责任。

（2）审批施工组织设计和专项施工方案（措施）时，审查其安全技术措施，做出决定性意见。

（3）领导开展安全技术攻关活动，并组织技术鉴定和验收。

（4）新材料、新技术、新工艺、新设备使用前，组织审查其使用和实施过程中的安全性，组织编制或审定相应的操作规程。

（5）参加生产安全事故的调查和分析，从技术上分析事故原因，制定整改防范措施。

（四）企业总会计师

（1）组织落实本企业财务工作的安全生产责任制，认真执行安全生产奖惩规定。

（2）组织编制年度财务计划的同时，编制安全生产费用投入计划，保证经费到位和合理开支。

（3）监督、检查安全生产费用的使用情况。

（五）项目经理

（1）对承包项目工程生产经营过程中的安全生产负全面领导责任。

（2）贯彻落实安全生产方针、政策、法规和各项规章制度，结合项目工程特点及施工全过程的情况，制定本项目工程各项安全生产管理办法或提出要求，并监督其实施。

（3）在组织项目工程业务承包，聘用业务人员时，必须本着安全工作只能加强的原则，根据工程特点确定安全工作的管理体制和人员，并明确各业务承包人的安全责任和考核指标，支持、指导安全管理人员的工作。

（4）健全和完善用工管理手续，录用外包队必须及时向有关部门申报，严格执行用工制度与管理，适时组织上岗安全教育，要对外包队的健康与安全负责，加强劳动保护工作。

（5）组织落实施工组织设计中的安全技术措施，组织并监督项目工程施工中安全技术交底制度和设备、设施验收制度的实施。

（6）领导、组织施工现场定期的安全生产检查，发现施工生产中的不安全的问题，组织制定措施，及时解决。对上级提出的安全生产与管理方面的问题，要定时、定人、定措施予以解决。

（7）发生事故，要做好现场保护与抢救工作，及时上报。组织、配合事故的调查，认真落实制定的防范措施，吸取事故教训。

（六）项目技术负责人

（1）对项目工程生产经营中的安全生产负技术责任。

（2）贯彻、落实安全生产方针、政策、严格执行安全技术规程、规范、标准，结合项目工程特点，主持项目工程的安全技术交底。

（3）参加或组织编制施工组织设计。编制、审查施工方案时，要制定、审查安全技术措施，保证其可行性与针对性，并随时检查、监督、落实。

（4）主持制定技术措施计划和季节性施工方案的同时，制定相应的安全技术措施并监督执行，及时解决执行中出现的问题。

（5）项目工程采用新材料、新技术、新工艺、新设备，要及时上报，经批准后方可实施，同时要组织上岗人员的安全技术培训、教育，认真执行相应的安全技术措施与安全操作工艺、要求，预防施工中因化学物品引起的火灾、中毒或其他新工艺实施中可能造成的事故。

（6）主持安全防护设施和设备的验收，发现设备、设施的不正常情况后及时采取措施，严格控制不符合标准要求的防护设备、设施投入使用。

（7）参加安全生产检查，对施工中存在的不安全因素，从技术方面提出整改意见和办法并予以消除。

（8）参加、配合因工伤亡及重大未遂事故的调查，从技术上分析事故原因，提出防范措施、意见。

（七）分包单位负责人

（1）认真执行安全生产的各项法规、规定、规章制度及安全操作规程，合理安排人员进行工作，对人员在生产中的安全和健康负责。

（2）按制度严格履行各项劳务用工手续，做好人员的岗位安全培训。经常组织学习安全操作规程，监督人员遵守劳动、安全纪律，做到不违章指挥，制止违章作业。

（3）必须保持人员的相对稳定。人员变更，须事先向有关部门申报，批准后新来人员应按规定办理各种手续，并经入场和上岗安全教育后方准上岗。

（4）根据上级的交底向各工种进行详细的书面安全交底，针对当天任务、作业环境等情况，做好班前安全讲话，监督其执行情况，发现问题，及时纠正、解决。

（5）定期和不定期组织、检查人员作业现场安全生产状况，发现问题，及时纠正，重大隐患应立即上报有关领导。

（6）发生因工伤亡及未遂事故，保护好现场，做好伤者抢救工作，并立即上报有关部门。

（八）项目专职安全生产管理人员

（1）负责施工现场安全生产日常检查并做好检查记录。

（2）现场监督危险性较大工程安全专项施工方案实施情况。

（3）对作业人员违规违章行为有权予以纠正或查处。

（4）对施工现场存在的安全隐患有权责令立即整改。

（5）对于发现的重大安全隐患，有权向企业安全生产管理机构报告。

（6）依法报告生产安全事故情况。

（九）班组长

（1）严格执行安全生产规章制度，拒绝违章指挥，杜绝违章作业。合理安排班组人员工作，对本班组人员在生产中的安全和健康负责。

（2）经常组织班组人员学习安全技术操作规程，监督班组人员正确使用防护用品。

（3）认真落实安全技术交底，做好班前讲话。

（4）经常检查班组作业现场安全生产状况，发现问题及时解决并上报有关领导。

（5）认真做好新工人的岗位教育。

（6）发生因工伤亡及未遂事故，保护好现场，立即上报有关领导。

二、企业职能部门安全生产职责

（一）安全管理部门

（1）宣传和贯彻国家有关安全生产法律法规和标准。

（2）编制并适时更新安全生产管理制度并监督实施。

（3）组织或参与企业生产安全事故应急救援预案的编制及演练。

（4）组织开展安全教育培训与交流。

（5）协调配备项目专职安全生产管理人员。

（6）制定企业安全生产检查计划并组织实施。

（7）监督在建项目安全生产费用的使用。

（8）参与危险性较大工程安全专项施工方案专家论证会。

（9）通报在建项目违规违章查处情况。

（10）组织开展安全生产评优评先表彰工作。

（11）建立企业在建项目安全生产管理档案。

（12）考核评价分包企业安全生产业绩及项目安全生产管理情况。

（13）参加生产安全事故的调查和处理工作。

（二）工程管理部门

（1）在计划、布置、检查、总结、评比生产工作时进行安全管理工作，对改善劳动条件、预防伤亡事故的项目必须视同生产任务，纳入生产计划时应优先安排。

（2）在检查生产计划实施情况时，要检查安全措施项目的执行情况，对施工中重要安全防护设施、设备的实施工作要纳入计划，列为正式工序，给予时间保证。

（3）协调配置安全生产所需的各项资源。

（4）在生产任务与安全保障发生矛盾时，必须优先解决安全工作的实施。

（5）参加安全生产检查和生产安全事故的调查、处理。

（三）技术管理部门

（1）贯彻执行国家和上级有关安全技术及安全操作规程或规定，保证施工生产中安全技术措施的制定和实施。

（2）在编制和审查施工组织设计和专项施工方案的过程中，要在每个环节中贯穿安全技术措施，对确定后的方案，若有变更应及时组织修订。

（3）检查施工组织设计和施工方案中安全措施的实施情况，对施工中涉及安全方面的技术性问题，提出解决办法。

（4）按规定组织危险性较大的部分项目工程的专项施工方案编制专家的论证工作。

（5）组织安全防护设备、设施的安全验收。

（6）新技术、新材料、新工艺使用前，制定相应的安全技术措施和安全操作规程；对改善劳动条件，减轻笨重体力劳动、消除噪声等方面的治理进行研究解决。

（7）参加生产安全事故和重大未遂事故中技术性问题的调查，分析事故技术原因，从技术上提出防范措施。

（四）设施设备管理部门

（1）负责本企业机械动力设施设备的安全管理、监督检查。

（2）对相关特种作业人员定期培训、考核。

（3）参与组织编制机械设备施工组织设计，参与机械设备施工方案的会审。

（4）分析生产安全事故涉及设备原因，提出防范措施。

（五）劳务管理部门

（1）对职工（含外包队工）进行定期的教育考核，将安全技术知识列为工人培训、考工、评级内容之一，对招收新工人（含外包队工）要组织入厂教育和资格审查，保证提供的人员具有一定的安全生产素质。

（2）严格执行国家、地方特种作业人员上岗作业的有关规定，适时组织特种作业人员的培训工作，并向安全部门或主管领导通报情况。

（3）认真落实国家和地方有关劳动保护的法规，严格执行有关人员的劳动保护待遇，并监督实施情况。

（4）参加生产安全事故的调查，从用工方面分析事故原因，认真执行对事故责任者的处理意见。

（六）物资管理部门

（1）贯彻执行国家或有关行业的技术标准、规范，制定物资管理制度和易燃易爆、剧毒物品的采购、发放、使用、管理制度，并监督执行。

（2）确保购置（租赁）的各类安全物资、劳动保护用品符合国家或有关行业的技术标准、规范的要求。

（3）组织开展安全物资抽样试验、检修工作。

（4）参加安全生产检查。

（七）人力资源部门

（1）审查安全管理人员资格，足额配备安全管理人员，开发、培养安全管理力量。

（2）将安全教育纳入职工培训教育计划，配合开展安全教育培训。

（3）落实特殊岗位人员的劳动保护待遇。

（4）负责职工和建设工程施工人员的工伤保险工作。

（5）依法实行工时、休息、休假制度，对女职工和未成年职工实行特殊劳动保护。

（6）参加工伤生产安全事故的调查，认真执行对事故责任者的处理。

（八）财务管理部门

（1）及时提取安全技术措施经费、劳动保护经费及其他安全生产所需经费，保证专款专用。

（2）协助安全主管部门办理安全奖、罚款手续。

（九）保卫消防部门

（1）贯彻执行国家及地方有关消防保卫的法规、规定。

（2）制定消防保卫工作计划和消防安全管理制度，并监督检查执行情况。

（3）参加施工组织设计、方案的审核，提出具体建议并监督实施。

（4）组织开展消防安全教育，会同有关部门对特种作业人员进行消防安全考核。

（5）组织开展消防安全检查，排除火灾隐患。

（6）负责调查火灾事故的原因，提出处理意见。

（十）行政卫生部门

（1）对职工进行体格普查和对特种作业人员身体定期进行检查。

（2）监测有毒有害作业场所的尘毒浓度，做好职业病预防工作。

（3）正确使用防暑降温费用，保证清凉饮料的供应与卫生。

（4）负责本企业食堂（含现场临时食堂）的饮食卫生工作。

（5）督促施工现场救护队组建，组织救护队成员的业务培训工作。

（6）负责流行性疾病和食物中毒事故的调查与处理，提出防范措施。

第三章　水利水电工程建设项目安全管理

本章简单介绍了建设项目安全管理的主要内容、一般方法，主要介绍了水利水电工程建设项目安全策划的目的、基本要求及内容，危险源辨识、评价与控制，参建各方项目安全管理，现场安全文明施工管理等内容，对水利水电工程建设项目全过程、全方位的安全管理具有很强的现实指导意义。

为了进一步深入贯彻执行《关于进一步加强企业安全生产工作的通知》（国发〔2010〕23号）的精神，减少和杜绝水利水电工程建设重大安全事故的发生，落实水利工程项目法人安全生产责任制，保障国家财产和劳动者安全，确保建设项目顺利实施，必须进一步加强水利水电工程建设项目安全管理工作，切实做到项目安全管理工作的层层推进和高效实施。

第一节　建设项目安全管理概述

一、建设项目安全管理

建设项目安全管理是指在建设项目实施过程中，组织安全生产的全部管理活动，即通过对建设过程中不安全因素进行控制或消除，减少或杜绝事故。水利水电工程建设项目安全管理属于项目管理的范畴，按照现代项目管理理论，建设项目安全管理主要内容有安全策划、安全组织、安全评价与控制。

（一）安全策划

安全策划是有效开展建设项目安全管理的依据与前提。水利水电工程建设安全策划是在项目实施前，根据水利水电工程建设安全生产有关法律法规、标准规范和项目总体安全生产目标的要求，以危险源的控制为基础，对建设项目范围中的各项安全工作做出合理的安排，确定安全工作范围及安全控制措施，并对安全管理所需的资源做出规划。

所有建设项目的安全管理都要从安全策划开始，从系统、科学、经济的角度出发，做好周密的策划，进而使整个项目的安全管理工作做到最佳安排。

（二）安全组织

安全组织是水利水电工程建设项目安全管理的基础，水利水电工程建设项目安全管理的过程实际上就是安全组织机构，按照安全策划、安全生产目标合理地安排人力、物力、财力的过程。安全组织的建立、运行和调整是水利水电工程建设项目安全管理的基础，如果没有高效率的安全组织机构，没有良好的安全管理运行机制和协调机制，就难以实现项目安全管理的目标。

（三）安全评价与控制

安全评价与控制是指实现策划、跟踪、控制的封闭循环过程，水利水电工程建设项目安全评价和控制主要是根据安全策划和目标的要求，分析评价现场实际的安全情况，并采取纠正措施。在水利水电工程建设安全管理中，由于主观和客观条件的变化，往往会偏离策划轨迹的情况发生，这就需要通过跟踪项目工程建设实施过程，及时发现偏差、评估偏差，并按照系统控制的原理，根据工程项目安全控制的实际情况，采取有效的控制措施调整策划内容，以消除或缩小偏差。

二、建设项目安全管理一般方法

（一）安全生产目标管理法

目标管理是指以目标为导向，以人为中心，以成果为标准，而使组织和个人取得最佳业绩的现代管理方法，其亦称为“成果管理”。安全生产目标管理是目标管理在安全生产管理方面的应用，它主要是指在一定的时期内（通常为一年），根据企业安全生产总目标，从上到下地确定安全工作目标，并为达到这一目标制定一系列对策、措施，开展一系列的计划、组织、协调、指导、激励和控制活动。

依据安全生产目标管理的要求，水利水电工程建设安全生产总目标必须逐级、逐项分解，使安全生产总目标分解落实到每个部门和岗位。在目标实施阶段，要充分信任基层人员，实行权力下放和民主协商，使下级人员进行自我控制，独立自主地完成各自的任务，实现各自的目标。成果评价和奖励时，必须严格按照每个岗位和个人的目标任务完成情况和实际成果大小来进行，以激励其工作热情，发挥其主动性和创造性。

1. 安全生产目标管理特点

安全生产目标管理法是一种激励性的安全管理方法，主要具有下列特点：

（1）安全生产目标管理重视人的作用，目标的实现者同时也是目标制定的参与者，人人可以参加目标制定并保证目标的实现，参与目标管理的人员便能够对自己负责。因此，安全生产目标管理是一种民主的、自我控制的管理制度，也是一种把个人需求与企业安全生产目标结合起来的管理制度。

（2）安全生产目标管理主要表现形式为目标锁链与目标体系，根据企业安全生产的使命确定一定时期内企业安全生产总目标，然后对总目标进行分解，由此决定上、下级的责任和分目标，形成一个有层次的目标锁链与目标体系。同时，这些目标也是组织检查、评估和奖励每个单位和个人贡献的标准。

2. 安全生产目标管理作用

（1）安全生产目标管理能够使企业各级领导及从业人员明确需要重点防范的生产安全事故和安全生产工作的努力方向，有利于统一思想、统一调动企业的管理和技术资源。

（2）安全生产目标是企业向社会及从业人员做出的承诺，是履行社会责任的一种重要行为，安全生产目标管理可以使企业的各职能部门和各级人员，更加自觉地履行安全生产责任，落实各项安全生产工作。

（二）全面管理

全面管理，也称为“四全”管理，是指水利水电工程建设安全管理应该是全过程、全方位、全员参与、全天候的管理。

1. 全过程安全管理

水利水电工程建设全过程安全管理是指从签订施工合同，进行施工组织设计、现场平面布置等施工准备工作开始，到施工的各个阶段，直至工程收尾、竣工、交付使用的全过程，都进行安全管理。也就是说，全过程安全管理就是贯穿各项工作始终，形成纵向一条线的安全管理方式。

建设项目施工过程是一个动态的过程，涉及很多变化的因素，事故隐患也不断变化、随时可出现，极易发生事故。因此，必须加强全过程管理，对所有生产过程进行安全预控、安全检查、监控，及时消除事故隐患。

2. 全方位安全管理

水利水电工程建设全方位安全管理，是对整个建设项目所有的工作内容都要进行管理。首先，水利水电工程由各个单项工程构成，只有实现各分项工程的安全生产，才能保证整个水利水电工程的安全生产。其次，整个建设项目安全管理的对象主要包括人、机、环境和管理因素，具体工作内容包括安全教育培训、日常检查、工作例会等多个方面，因此，必须对这些管理内容进行有针对性的管理和控制，只有做好每一个环节，最终才能保证整个建设项目的安全生产。

3. 全员参与安全管理

从目标管理的观点来看，无论是管理者还是作业人员，每个岗位都承担着相应的安全生产职责，一旦确定了安全生产方针和安全生产目标，就应组织和动员全体员工参与到安全生产活动中，充分发挥每个角色的作用。

4. **全天候安全管理**

全天候安全管理，就是在一年365天，一天24小时，不管什么天气、不管什么环境，每时每刻都要注意安全，要求现场作业人员时时刻刻要把安全放在第一位。

（三）循环管理

循环管理是按照戴明理论策划（P）、实施（D）、检查（C）、改进（A）4个阶段不断循环进行管理的方法。其中，循环管理方法应用到水利水电工程建设项目安全管理，其4个阶段又可细分为8个步骤。

（1）分析安全现状，找出存在的主要安全问题。

（2）分析各种影响因素，找出安全问题的形成原因。

（3）确认造成安全问题形成的主要原因。

（4）针对安全问题形成的主要原因，制定安全措施和实施计划。

（5）按照安全措施实施计划，贯彻落实安全措施。

（6）检查验证并评估安全措施的实施效果。

（7）巩固措施，把成功的经验和方法加以肯定，形成标准。

（8）把遗留的问题，转入下一轮循环继续解决。

在水利水电工程建设项目安全管理过程中，循环管理方法的应用具有下列特点：

（1）大环套小环，小环保大环，推动大循环。整个建设项目就是一个大循环，各个施工区域相当于一个小循环，再到各施工队伍对应更小的循环，直到任务具体落实到每个员工，形成一个最小的循环。上一级的PDCA循环是下一级PDCA循环的依据；下一级的PDCA循环是上一级PDCA循环的组成部分和实现保证。通过各个小循环的不停转动，推动上一级循环乃至整个工程的大循环不停转动，把各项安全工作有机地联系起来，彼此协同，互相促进。

（2）爬楼梯。PDCA循环的4个阶段周而复始地运转，每转一次都有新的内容和目标，经过一次循环，就解决一批问题，安全管理水平就有了新的提高。

（3）循环的关键在于改进阶段。改进阶段就是总结经验，巩固成果，纠正错误，从而能够不断提高进步。为此，就必须把成功的经验纳入标准，定为规程，使之标准化、制度化，以便在下一个循环中执行，巩固成绩。吸取失败的教训，则引以为戒，避免再犯错误。

第二节　安全策划

一、安全策划的目的

水利水电工程建设项目安全策划主要是指通过识别和评价工程施工生产中危险源和环境因素，确定安全生产目标，并规定必要的控制措施、资源和活动顺序要求，编制工程施工安全计划（也称为安全生产保证计划或安全保证计划），并组织实施，以实现安全生产目标的活动。

水利水电工程建设安全策划的目的是加强施工阶段的安全管理和程序管理，规范员工行为，使其严格工艺操作纪律，最终达到提高工程施工安全，实现安全生产目标。

水利水电工程建设安全策划的作用是规划、确定安全生产目标、安全组织机构及职责，提出危险源管理、职业健康管理、事故及应急管理等过程控制要求，编制安全管理措施和安全技术措施，配置必要的资源，确保安全生产目标的实现。

二、安全策划的基本要求

（一）安全策划的依据

进行水利水电工程建设项目安全策划的依据包括下列内容：

（1）安全生产法律法规、标准规范及其他要求。

（2）上级主管单位有关工程安全生产规定。

（3）本工程危险源辨识、评价和控制情况。

（4）本工程的特点及资源条件，包括技术水平、管理水平、财力、物力、员工素质等。

（5）其他水利水电工程安全工作经验和教训。

（6）国内外安全文明施工的先进经验。

（二）安全策划的时间要求

1. 在施工前完成策划

为了确保安全策划内容的全面性、针对性、可行性和可操作性，安全策划应结合工程建设项目的具体情况，依据适用的安全生产法律法规、标准规范及其他要求，结合施工现场危险源辨识、评价和控制的结果，在施工前完成策划，才能充分发挥安全策划对安全工作的指导和约束作用。

2. 策划与施工组织设计同步进行

水利水电工程建设项目安全策划是施工组织设计的重要组成部分，为防止总体与局部脱节，要求两者同步策划，同时经上级部门或单位审核确认，并形成书面记录，以保证相互协调。

三、安全策划的内容

（一）安全生产目标

安全生产目标是水利水电工程建设项目安全生产方面要达到的核心目的和预期结果，是安全生产工作的努力方向，也是进行安全生产绩效考核的依据。

1. 安全生产目标制定时应考虑的因素

（1）上级机构的整体安全生产方针和目标。

（2）危险源辨识、评价和控制的结果。

（3）适用的安全生产法律法规、标准规范和其他要求。

（4）可以选择的技术方案。

（5）财务、运行和经营上的要求。

（6）相关方的意见等。

2. 安全生产目标的内容

（1）人员伤亡、机械设备安全、交通安全、火灾事故等各类事故控制目标。

（2）安全生产隐患治理目标。

（3）安全生产管理目标。

（4）其他。

3. 安全生产目标制定的要求

（1）目标指标必须具体、明确。

（2）目标指标必须是可衡量的。

（3）目标指标必须是可实现的。

（4）目标指标必须与实际相符。

（5）目标指标必须有时间表。

（6）必要时，可结合一些动词，如减少、避免、降低等。

（二）安全组织机构及职责

水利水电工程建设项目应建立安全生产组织机构，明确安全生产组织机构及参建各方的职责和权限，确保各项安全生产工作有序开展。

安全生产组织机构一般包括项目安全生产委员会及办公室、安全生产管理机构、防汛领导小组、应急领导小组等。

1. **安全生产委员会**

项目安全生产委员会应由项目法人主要负责人、其他领导班子成员和部门负责人以及参建单位现场负责人组成，由项目法人主要负责人担任主任。安全生产委员会主要包括下列职责：

（1）负责贯彻执行国家有关安全生产法律法规、标准规范及其他要求。

（2）研究制定工程建设安全管理整体规划，发布现场各参建单位必须遵守的、统一的安全管理工作规定、安全生产总目标，并组织实施。

（3）研究解决工程建设的重大安全生产问题。

（4）明确项目安全生产投入。

（5）协调重大、特大生产安全事故应急救援工作。

（6）组织安全生产委员会专题会议。

（7）完成上级主管部门或单位交办的其他安全生产工作。

2. **安全生产委员会办公室**

安全生产委员会下设办公室，作为日常办事机构，负责执行和实施安全生产委员会的决定、决议和制度，负责工程建设过程的安全生产文明施工的全面监督和控制。安全生产委员会办公室一般设在项目法人安全主管部门，下配备专职安全管理人员，办公室主任由项目法人安全主管部门主任担任。

安全生产委员会办公室主要包括下列职责：

（1）负责处理安全文明施工有关日常管理事务。

（2）负责安全生产委员会组织的安全检查考核评比工作。

（3）组织召开安全生产委员会会议和重要的安全生产活动。

（4）负责监督参建单位对安全生产委员会决议的执行、落实情况。

（5）负责项目安全事故、事件的统计、汇总与上报，协助有关部门开展生产安全事故的调查处理，并组织协调重大、特别重大事故应急救援工作。

（6）承办安全生产委员会交办的其他工作。

3. **安全生产管理机构**

安全生产管理机构主要包括下列职责：

（1）落实有关安全生产法律法规、标准规范及其他要求。

（2）编制并适时更新安全生产规章制度。

（3）组织制定项目年度安全生产目标和安全工作计划，并组织实施。

（4）组织开展全员安全教育培训及项目安全检查活动。

（5）监督检查参建单位安全生产措施的落实情况。

（6）组织并督促检查事故隐患排查与整改。

（7）参与或主持事故调查、分析和处理工作。

（8）其他安全生产工作。

4. 参建各方安全职责

项目法人、监理单位、施工企业等应根据项目特点、安全生产目标及各自的角色、分工，明确其安全职责。具体内容见本章第四节。

（三）危险源识别、评价和控制

在水利水电工程建设项目开工前，项目法人应组织参建单位全面辨识、评价现场的危险源，制定控制措施，并编制《危险源辨识、评价和控制手册》，给出土石方工程、基础处理工程、砂石料生产、混凝土工程、砌石工程、堤防工程、渠道、水闸与泵站工程、水工建筑工程、金属结构制作、闸门安装、启闭机安装、电气设备安装工程等各阶段危险源及可能导致的事故，确定其风险级别，给出控制措施及责任人。在工程建设过程中，项目法人应根据本工程实际情况，及时更新本项目危险源信息。

（四）安全管理措施

安全管理措施的策划内容应包括安全生产规章制度、安全生产投入、安全教育培训、安全检查等方面。

1. 安全生产规章制度

建立健全安全生产规章制度是实现项目科学管理、保证工程建设安全、有序进行的重要手段。

安全策划应根据相关法规要求和上级单位安全生产规章制度建立的相关要求，明确参建各方应建立的安全生产规章制度，明确安全生产规章制度修编、更新、贯彻落实的要求。

参建各方主要建立下列安全生产规章制度：

（1）安全生产责任制。

（2）安全生产考核制度。

（3）安全生产教育培训制度。

（4）安全生产会议制度。

（5）安全检查及整改制度。

（6）危险性较大工程安全施工组织方案审批制度。

（7）安全文明施工奖惩制度。

（8）特种作业人员管理制度。

（9）消防安全管理制度。

（10）机械设备管理制度。

（11）民用爆炸物品管理制度。

（12）文明施工管理制度。

（13）事故调查处理制度。

（14）环境管理制度。

（15）职业健康管理制度。

（16）安全生产应急救援预案管理制度。

2. 安全生产投入

水利水电工程建设项目要具备法定的安全生产条件，必须有相应的安全生产投入资金保障。

安全策划应明确参建各方安全生产投入相关制度的建立要求，明确工程建设项目安全作业环境及安全施工措施所需费用，细化各阶段安全生产投入计划，提出安全生产费用提取、使用、管理的相关要求，保证专款专用。

3. 安全教育培训

安全教育培训工作是项目安全管理的一项基础工作，是培养员工安全意识、提高员工安全素质的重要手段。

安全教育培训策划应明确安全教育培训管理程序，提出参建各方各类人员安全教育培训要求，明确安全教育培训记录、档案管理要求。

4. 安全检查

安全检查是项目安全生产工作的重要内容，重点是辨识安全生产工作存在的漏洞和死角，检查生产现场安全防护设施、作业环境是否存在不安全状态，现场作业人员的行为是否符合安全规范，以及设备、系统运行状况是否符合现场规程的要求等。

安全策划应明确参建各方安全检查的职责、方式、内容，提出安全检查工作开展要求，包括安全检查的频次、检查人员、问题处理、检查记录等。

（五）安全技术措施

水利水电工程建设安全管理是一个系统的管理过程，必须对施工现场所有的危险源和危险性较大的作业施工项目进行安全控制，包括防火、防毒、防暴、防洪、防雷击、防坍塌、防物体打击、防溜车、防机械伤害、防高空坠落和防交通事故，以及防寒、防暑、防疫和防环境污染等。因此，在进行安全策划时，必须在识别现场危险源的基础上，对现场潜在的风险制定控制措施，包括下列几个方面：

（1）针对危险源和重要环境因素，编制相应的安全技术措施。

（2）对专业性强、危险性大的项目，必须编制专项施工方案，制定详细的安全技术和安全管理措施。

（3）按照爆炸和火灾危险场所的类别、等级、范围，选择电气设备的安全距离及防雷、防静电、防止误操作等设施。

（4）对高处作业、临边作业等危险场所、部位以及冬季、雨季、夏季高温天气、夜间施工等危险期间应采用安全防护设备、安全设施等相关安全措施。

（5）对可能发生的事故做出的应急救援预案，落实抢救、疏散和应急等措施。

（六）职业健康管理

水利水电工程建设过程中存在着大量粉尘、毒物、红外辐射、紫外辐射、噪声、振动及高温等职业危害因素，这些职业危害因素对劳动者的健康损害极大。

安全策划应明确参建各方职业健康管理制度、记录、档案建立的要求，职业危害告知、警示、监护以及职业病危害申报、防治的要求，确保前期预防管理、建设过程中的管理、职业病诊断及病人保障工作有序开展。

（七）文件和档案管理

文件和档案是各项安全工作的有效证据，因此项目法人应强化项目文件和档案管理。

安全策划应明确参建各方应保存的文件和档案的类别、各类安全报表的上报流程及时间要求等，提出文件和档案管理的要求。

（八）事故及应急管理

安全策划应明确参建各方事故报告及调查处理制度、应急管理制度建立要求，明确事故报告、调查和处理的职责、流程、管理要求，明确应急组织机构和队伍建立、应急物资准备、事故发生后的应急救援要求，并依据《生产经营单位生产安全事故应急预案编制导则》（GB/T 29639—2013），明确参建各方应建立的应急预案，提出应急培训、演练的要求。

（九）安全生产绩效考核

安全生产绩效考核是对项目安全生产工作的评价，是实现安全生产工作持续改进的重要依据。

安全策划应依据上级主管单位的相关要求，明确安全生产绩效考核工作中参建各方的职责，明确安全生产奖励和处罚的依据、项目以及实施程序等。

（十）现场安全文明施工总规划

现场安全文明施工总规划的内容包括施工场区布置、消防安全管理、交通安全管理、环境保护管理、防汛管理、安全防护设施等。

第三节 危险源辨识、评价与控制

水利水电工程建设项目现场安全管理实质就是危险源辨识、评价与控制管理，场地施工危险源，做好事故预防措施，实现安全生产目标。危险源管理主要包括危险源辨识、危险源评价、危险源控制、危险源更新 4 个基本步骤。

一、危险源辨识

危险源辨识是发现、识别系统中的危险源，它是危险源控制的基础，只有正确辨识了危险源，才能有的放矢地采取措施控制危险源。

二、危险源评价

依据危险源辨识结果，采用作业条件危险性评价法（LEC 法）半定量计算每一种危险源所带来的风险，确定危险源等级。

作业条件危险性评价法用与系统风险有关的 3 种因素之积来评价操作人员伤亡风险大小，这 3 种因素是：发生事故可能性（L）、人员暴露于危险环境中的频繁程度（E）和一旦发生事故可能造成的后果（C），详见第五章第二节“作业条件危险性评价法”介绍。

根据工程项目实际，依据《危险化学品重大危险源监督管理暂行规定》（国家安监总局令第 40 号）、《水电水利工程施工重大危险源辨识及评价导则》（DL/T 5724—2012）确定重大危险源等级，详见第四章第七节。

三、危险源控制

对危险源的控制主要有技术控制、个人行为控制和管理控制 3 种方法。

技术控制采用技术措施对危险源进行控制消除、控制、防护、隔离、监控、保留和转移等；

个人行为控制人为失误，减少人的不安全行为加强教育培训，提高人的安全意识、操作技能等；

管理控制通过加强完善管理措施控制危险源建立危险源管理制度和档案、明确责任人和控制措施、定期检查、设置安全警示标志牌等。

四、危险源更新

在下列情况下，各有关单位应及时重新组织危险源的辨识与评价，更新危险源信息：

（1）管理评审有要求时。

（2）当安全生产法律法规、标准规范及其他要求发生变化时（包括新颁发、修订、替代、废止等情况）。

（3）工程现场施工发生重大调整和变化时。

（4）采用新设备、新技术、新工艺、新材料前。

（5）相关方的抱怨明显增多时。

（6）发现危险源辨识有遗漏时。

（7）发生重大及以上生产安全事故后等。

第四节　参建各方项目安全管理

一、项目法人项目安全管理

（一）项目法人的主要职责

项目法人的主要职责包括：

（1）负责贯彻执行国家、行业及上级有关安全工作的方针、政策、法律、法规，协调解决贯彻落实中出现的问题。

（2）组织建立项目安全生产委员会，设置安全生产管理机构，配备专职安全生产管理人员。

（3）负责提出工程建设项目安全生产总目标和年度安全生产目标。

（4）负责工程安全文明施工总体策划，并组织实施，监督施工企业编制实施二次策划。

（5）建立健全和落实工程项目安全管理制度。

（6）按照相关规定提取安全生产投入。

（7）负责组织开展安全生产标准化建设和安全生产标准化达标评级申报、证件申领和换证工作。

（8）负责组织审查工程承包商安全施工资质，监督设计、监理、施工、调试单位履行安全生产职责。

（9）负责组织对危险性施工区域和危险性较大分部分项工程作业前的安全技术交底，并监督相关安全措施的落实。

（10）负责组织项目安全培训管理，监督检查参建单位安全教育培训实施情况。

（11）负责组织开展本工程建设项目危险源辨识与评价，组织隐患排查治理和安全事故应急管理。

（12）开展工程项目的安全检查。

（13）负责向上级单位报送安全统计报表和其他有关安全分析资料。

（14）参加承包单位人身死亡事故和其他重、特大事故的调查处理工作，并承担相应事的故连带责任。

（15）建立项目奖惩机制，开展对全体参建单位的安全检查、评比、考核。

（二）项目法人的主要工作内容

1. 招投标管理

项目法人应对投标单位的安全资质进行审查，对监理单位安全资质审核的主要内容包括投标人的业绩和资信、项目总监理工程师经历及主要监理人员情况、监理规划（大纲）、财务状况。对施工企业安全资质审查的主要内容包括施工方案（或施工组织设计）与工期、安全生产管理机构和安全管理人员配备情况、主要施工设备、安全管理措施、业绩及类似工程经历和资信、财务状况。

招标程序、评标方法、评标工作程序等具体要求可参照《建设工程安全生产管理条例》（国务院令第 393 号）、《水利工程建设项目招标投标管理规定》（水利部令第 14 号）等有关规定。

2. 编制安全生产措施方案

项目法人编制的保证安全生产的措施方案，应当根据有关法律法规、强制性标准和技术规范的要求并结合工程的具体情况编制，应包括下列内容：

（1）项目概况。

（2）编制依据。

（3）安全生产管理机构及相关负责人。

（4）安全生产的有关规章制度制定情况。

（5）安全生产管理人员及特种作业人员持证上岗情况。

（6）生产安全事故的应急救援预案。

（7）工程度汛方案、措施。

（8）其他有关事项。

3. 办理监督手续

项目法人应组织编制保证安全生产的措施方案，并自开工报告批准之日起 15 日内报有管辖权的水行政主管部门、流域管理机构或者其委托的水利工程建设安全生产监督机构备案。建设过程中安全生产的情况发生变化时，应及时对保证安全生产的措施方案进行调整，并报原备案机关。

4. 设置项目安全组织机构

（1）安全生产委员会。项目法人成立由主要负责人、领导班子成员、部门负责人和各参建单位现场负责人组成的安全生产委员会，对工程建设项目参建各方特别是施工企业的安全行为进行沟通、监督和约束。项目法人负责建立健全和落实工程项目安全管理制度，定期主持召开安全生产委员会工作例会。

（2）安全生产管理机构。按规定设置安全生产管理机构，配备专职的安全生产管理人员。

安全生产管理机构就是安全管理工作的具体执行机构，负责对工程建设安全生产进行监督检查，保证项目安全管理工作的顺利推进。

5. 签订安全生产责任书

项目法人在水利水电工程建设项目开工前，应就落实保证安全生产的措施进行全面系统的布置，明确承包单位的安全生产责任。签订安全生产责任书是明确各承包单位责任的有效手段。

施工企业进场后，项目法人应及时与施工企业签订安全生产责任书，项目法人与施工企业签订的合同中有关安全管理要求不能代替安全生产责任书。

安全生产责任书的主要内容包括：甲方（项目法人）和乙方（工程参建方）的名称；承包项目（工作）名称；安全文明施工目标；甲乙双方职责；为实现安全文明施工应采取的措施；考核与奖惩；责任书有效期；甲乙双方主要责任人签字及签字时间。

6. 提供相关资料

项目法人应向施工企业提供施工现场及施工可能影响的毗邻区域内供水、排水、供电、供气、供热、通信、广播电视等地下管线资料，气象和水文观测资料，拟建工程可能影响的相邻建筑物和构筑物、地下工程的有关资料，并保证有关资料的真实、准确、完整，满足有关技术规范的要求。

7. 安全生产费用管理

项目法人在编制工程概算时，应当明确工程建设项目安全作业环境及安全施工措施所需费用，不得调减或挪用。同时，项目法人应监督施工企业安全生产费用的使用情况，确保专款专用。

8. 审批施工组织设计

施工组织设计原则上由施工企业在开工前编制完成，经监理单位审核后，提交至项目法人审批。项目法人应根据现场实际状况，仔细分析施工组织总设计的可操作性和完整性后进行审批，审批之前可提出修改意见，要求施工企业修改，审批之后的施工组织总设计才可由施工企业遵照执行。

9. 安全检查

项目法人应定期组织全面安全检查，检查的主要如下内容：

（1）各参建单位各项安全生产规章制度是否完善，安全管理体系、保证体系和监督体系是否健全，运行是否正常。

（2）各施工项目工作面存在的事故隐患。

（3）各单位预防安全事故的措施是否得当。

（4）各单位各级安全管理和监督部门履行职责的情况。

（5）各单位安全生产投入的情况。

（6）各施工企业文明施工情况。

检查对象应包括设计单位、监理单位、施工企业和项目法人的职能部门。检查应使用安全检查表，发现的隐患和管理漏洞应下发“安全生产监督通知书”，限期整改，整改结果经监理工程师验收签字后，报项目法人安全主管部门备案。

10. 安全会议

安全会议主要是通过召开安全工作会议，及时总结、通报安全情况，贯彻落实上级部门对安全工作的要求，协调解决有关安全生产问题。一般建设工程现场主要有安全生产委员会会议、安全周例会、安全专题会议。

安全生产委员会会议由安全生产委员会主任组织，负责发布现场各参建单位必须遵守的统一的安全健康与环境保护工作的规定，决定工程中的重大安全问题的解决办法，协调各施工企业之间的关系。

安全周例会一般由项目法人组织，各参建单位安全负责人参加，主要是总结一周的安全工作情况，布置下周的安全工作，交流安全管理的经验。

专题会议有较强的针对性，主要是针对重大的安全决议或者安全事件、事故举行的会议，根据具体涉及范围的不同，专题会议可以由安全生产委员会组织，也可以由安全生产管理机构组织。

所有安全工作会议均应形成书面会议纪要，并发布给所有参建单位，以便各参建单位明确并落实会议决议的要求，参加人员和单位要有会议签到和纪要签收记录。

11. 安全档案管理

在项目开工建设期间制定的各种安全生产规章制度、程序文件以及在现场安全管理过程中产生的大量数据记录及资料，都必须归档。如安全会议记录、检查及整改记录、培训记录、三类人员安全资质备案、特种作业人员资质备案、奖惩记录、宣传材料、培训材料、事故报告、事故调查及处理、事故统计等。

二、施工企业项目安全管理

（一）施工企业的主要职责

施工企业主要包括下列职责：

（1）认真贯彻执行国家有关工程建设安全生产的方针、政策、法律、法规。

（2）负责依据工程项目年度安全目标，制定本单位安全生产目标。

（3）服从项目法人、监理单位对安全工作的管理，全面遵守项目法人在发包合同中及施工现场规定的各项条款。

（4）按项目法人安全文明施工总体措施策划的要求，制定并落实项目安全文明施工总体措施策划工作。

（5）建立安全生产管理机构，配置专职安全生产管理人员。

（6）负责适用的安全生产法律法规、标准规范的识别、获取、发布和使用。

（7）建立健全本单位安全生产管理制度体系。

（8）按照相关要求落实安全生产费用，做到专款专用。

（9）组织危险源、环境因素的识别、评价和控制工作。

（10）配合项目法人，或独立进行施工现场安全检查，对所承担的水利工程进行定期和专项安全检查，并做好安全检查记录，及时发现事故隐患，并对隐患进行分级治理及监控。

（11）严格分包单位的施工资质和安全资质审查，严格控制分包范围（主体工程不得分包）；分包工程及分包单位资质，必须报监理单位审查批准，并征得项目法人同意后方可分包工程项目。

（12）将项目法人对分包单位的要求传递给分包单位，并监督分包单位落实总体措施策划及项目法人的要求。

（13）组织各类人员（包括特种作业人员、特种设备作业人员、新员工、换岗或转岗人员等）的安全教育和培训工作。

（14）负责制定本单位安全活动策划方案，开展安全文化活动。

（15）对施工设备进行使用前的验收，组织有资质的检验机构对特种设备进行检验。

（16）建立施工设备台账及管理档案。

（17）负责施工设备的日常维护保养、维修结束后的验收、专项检查。

（18）针对危险作业，编制并落实安全技术措施，执行安全技术交底。

（19）负责本单位的消防安全、交通安全、治安保卫管理。

（20）建立本单位应急预案体系，组织应急培训及演练活动。

（21）按照变更审批、验收程序实施变更管理。

（22）落实项目法人对本单位的安全文明施工考核，并定期组织本单位安全文明施工情况的评价和考核。

（23）承担合同中明确的其他安全工作责任。

（二）施工企业的主要工作内容

1. 资质报审

施工企业应当在依法取得安全生产许可证后，方可从事工程施工活动。施工企业应将主要负责人、项目负责人、专职安全生产管理人员等的相关资质报监理单位、项目法人审核。

2. 确定安全生产目标

施工企业应根据上级的有关规定，确定整个工程建设期、单位工程及年度安全生产目标，并报上级主管部门备案。项目安全生产目标的实施结果，是对施工企业进行安全考核的依据。

3. 设立组织机构

（1）安全生产委员会。施工企业应成立以主要负责人为领导，有领导班子成员及部门负责人参加的安全生产委员会（或安全生产领导小组）。

（2）安全生产管理机构及安全生产管理人员。按规定设置安全生产管理机构，并配备经水行政主管部门安全生产考核合格的专职安全生产管理人员。

4. 建立安全管理制度或体系

为了规范现场施工人员的各种行为，营造环保、安全、文明施工环境，施工企业应制定项目安全生产管理制度或编制项目安全管理体系文件。

施工企业在建设有度汛要求的水利工程时，应根据项目法人编制的工程度汛方案、措施制定相应的度汛方案，报项目法人批准；涉及防汛调度或者影响其他工程、设施度汛安全的，由项目法人报有管辖权的防汛指挥机构批准。

5. 编制安全技术措施和专项施工方案

施工企业应在施工组织设计中编制安全技术措施和施工现场临时用电方案，对下列达到一定规模的危险性较大的工程应编制专项施工方案，并附具安全验算结果，经施工企业技术负责人签字以及总监理工程师核签后实施，由专职安全生产管理人员进行现场监督。

（1）基坑支护与降水工程。

（2）土方和石方开挖工程。

（3）模板工程。

（4）起重吊装工程。

（5）脚手架工程。

（6）拆除、爆破工程。

（7）围堰工程。

（8）其他危险性较大的工程。

对工程中涉及高边坡、深基坑、地下暗挖工程、高大模板工程的专项施工方案，施工企业还应组织专家进行论证、审查。

6. 安全教育培训

（1）安全生产管理人员的培训：安全生产管理人员（包括主要负责人、项目负责人、安全生产管理人员）经水行政主管部门考核合格，并且每年还应进行再培训。

（2）三级安全教育培训：新进场作业人员在上岗前，必须接受三级安全教育培训，即从公司、项目、班组层面对新进场作业人员进行安全教育培训。

（3）“五新”培训：在新工艺、新技术、新材料、新装备、新流程投入使用前，对有关管理、操作人员进行安全技术和操作技能培训。

（4）转岗、离岗人员安全教育培训：作业人员转岗、离岗一年以上重新上岗前，应进行项目部、班组安全教育培训，并经考核合格后上岗作业。

（5）经常性安全教育培训：对在岗的作业人员，施工企业每年应进行不少于12学时的经常性安全生产教育培训。

（6）其他安全教育培训：包括针对外来参观、学习人员进行有关安全规定、可能接触到的危险及应急知识等内容的安全教育培训，针对应急预案、演练等应急知识的培训，针对特种作业人员的培训等。

7. 安全记录

施工企业应制定记录管理制度，明确记录的管理职责及记录的填写、收集、标记、贮存、保护、检索、保留和处置要求，并严格执行。

施工企业应保存的记录包括：安全费用提取使用记录，劳动防护用品采购发放记录，技术文件及其编制、审批、发放记录，事故、事件记录及调查报告，危险源辨识、评价、控制记录，检查、整改记录，职业卫生检查与监护记录，检验、检测、校验记录，设备安全管理记录，安全设施管理记录，应急演练记录，对分包方和供应方监管记录，安全生产会议记录，安全活动记录，安全培训记录，人员资格证书以及安全奖惩记录等。

8. 特种作业人员管理

特种作业人员必须经专门的安全技术培训并考核合格，取得《中华人民共和国特种作业操作证》后，方可上岗作业。特种作业人员离岗6个月以上重新上岗前，还应接受实际操作考核。

特种作业人员是现场管理重点监控对象，实行入场登记管理。特种作业人员必须持证上岗，严禁无证上岗，违章作业。监理单位检查特种作业操作证原件，并将复印件加盖施工企业公章存档并向项目法人报备存档。项目法人监督监理单位和施工企业落实特种作业持证上岗的核查管控情况，发现无证上岗的，项目法人有权要求清退违规作业人员并追究有关单位和人员的管理责任。

9. 事故隐患排查和治理

施工企业应根据项目法人的相关要求做好日常的事故隐患排查工作，安全检查是事故隐患排查的主要实施方式，在检查中发现的事故隐患，应当按照事故隐患的等级进行登记，建立事故隐患汇总登记台账和档案，并按照职责分工实施监控治理。

10. 现场验收

施工企业在使用施工起重机械和整体提升脚手架、模板等自升式架设设施前，应组织有关单位进行验收，也可以委托具有相应资质的检验检测机构进行验收；使用承租的机械设备和施工机具及配件的，由施工总承包单位、分包单位、出租单位和安装单位共同进行验收。验收合格的方可使用。

11. 文明施工

施工企业在工程开工前，将文明施工纳入工程组织设计，建立、健全组织机构及各项文明施工措施，并保证各项制度和措施的有效和落实。

施工企业应做好现场安全标志、标牌、安全设施的设置，确保各类安全标志、安全设施齐全、完善、可靠；合理布置施工厂房和生活用房、风水电管线、通信设施、施工照明灯等；确保施工道路平整、畅通，施工设备设施存放、材料工具摆放整齐、有序；消防器材齐全，消防通道畅通；施工环境整洁、优美。

三、监理单位项目安全管理

（一）监理单位的主要职责

（1）负责制定监理安全管理工作规划和实施细则，建立本单位安全管理制度体系，并监督施工企业安全管理制度建立和执行情况。

（2）负责本单位适用的安全生产法律法规、标准规范的识别、获取、发布和使用。

（3）负责对施工企业安全生产法律法规、标准规范、规章制度、操作规程的执行情况和适用情况进行监督检查。

（4）负责监督施工企业危险源和环境因素评价、控制情况。

（5）监督监督施工企业安全生产费用使用情况。

（6）负责工程项目的日常安全检查，召开安全监督例会，并配合上级单位、项目法人组织的安全检查工作，发现事故隐患，要求施工企业进行整改，并监督整改落实情况。

（7）监督施工企业的安全教育培训工作，监督检查特种作业人员、特种设备作业人员持证上岗情况。

（8）负责制定本单位安全活动策划方案，开展安全文化活动，并监督施工企业安全活动策划及安全活动实施情况。

（9）负责大型施工设备准入管理，进场的施工设备的验证。

（10）建立施工设备台账及管理档案。

（11）组织重要安全防护设施、重大事故隐患整改验收等。

（12）审查施工组织设计中的安全技术措施、专项施工方案和施工临时用电方案，并监督实施。

（13）审核施工企业制定的应急预案。

（14）负责本单位的消防安全、交通安全、治安保卫管理。

（15）按照变更审批、验收程序实施变更管理。

（16）负责对施工企业安全文明施工情况进行评价，提出安全文明施工考核建议。

（二）监理单位的主要工作内容

1. 施工准备阶段的安全审查

施工准备阶段监理单位应对施工企业有关文件、报告和报表进行审查，主要内容包括下列几点：

（1）审查进入水利水电工程建设现场各施工企业的安全生产许可证、资质等级等相关证明文件和三类人员上岗资质，施工企业安全生产管理机构及安全生产管理人员配备情况，安全生产管理制度、操作规程建立情况。

（2）审查正式开工报告所需的文件，根据项目法人划分的审批权限，办理开工指令。

（3）审查施工企业提交的施工组织设计中的安全技术措施和危险性较大工程的专项施工方案及安全文明措施方案。

（4）审查施工企业提交的有关安全教育资料、特种设备检验报告和进场设备验收合格报告。

（5）审查施工企业提交的安全动态、进度计划等统计资料或图表。

（6）参与图纸会审，审核设计变更图纸。

（7）审查工程安全事故处理报告。

（8）审查新工艺、新技术、新材料、新结构的技术鉴定书。

（9）审查施工企业提交的关于工序交接检查、危险性较大工程安全检查报告。

2. 施工实施阶段的安全检查

安全检查是监理人员发现施工企业安全管理问题的主要方式，是了解施工企业安全状况的主要途径，也是监理人员进行安全监控的基础。

安全检查的主要方式包括下列 4 种：

（1）旁站。结合日常监理工作，在施工现场对工程项目的重要部位和关键工序的施工，实施连续性的全过程检查、监督与管理。

（2）巡视。采取定期检查和不定期的巡视检查，对施工现场实施全方位的安全监督。

（3）专项检查。结合工程建设情况，对危险性较大的施工作业或重点部位进行专项检查。

（4）例行检查。按工程建设项目制定的有关规定定期进行安全检查。

3. 事故隐患处理

对于事故隐患的处理，监理人员应根据事故隐患的等级，提出相应的整改要求，并跟踪整改落实情况。

（1）对于检查出的人员违章等能够立即整改排除的一般事故隐患，监理人员应要求相关责任人员立即组织整改排除。

（2）对于无法立即整改的一般事故隐患和重大事故隐患，监理人员应发出事故隐患整改通知单，并进行跟踪复查。

（3）对于重大事故隐患，监理人员还应要求施工企业制定重大事故隐患治理方案，在重大事故隐患治理前采取临时控制措施并制定应急预案。

4. 执行安全生产奖惩

通过执行安全生产协议书中安全生产奖惩制，确保施工过程中的安全，促使施工生产顺利进行。

5. 安全监理记录与报告

建立健全安全监理记录与报告是做好安全监控的重要环节。

监理人员应对工程建设项目现场进行全面了解，掌握安全工作的具体情况，掌握安全工作动态，保存相关安全记录与报告，确保安全监理记录与报告完整齐全、真实可靠。

安全监理记录包括安全检查记录、审查记录等。安全监理报告包括月报、年报、专题报告等。

第五节　现场安全文明施工管理

一、现场布置

水利水电工程建设项目整体场区规划由项目法人进行统筹管理，各承包单位在进场前应充分考察场地实际情况，掌握原有建筑物、构筑物、道路、管线资料，根据项目法人的要求，针对现有条件科学合理地布置施工现场。

（1）现场施工总体规划布置应遵循合理使用场地、有利施工、便于管理等基本原则。分区布置，应满足防洪、防火等安全要求及环境保护要求。

（2）生产、生活、办公区和危险化学品仓库的布置，应遵守下列规定：

1）与工程施工顺序和施工方法相适应。

2）选址地质稳定，不受洪水、滑坡、泥石流、塌方及危石等威胁。

3）交通道路畅通，区域道路宜避免与施工主干线交叉。

4）生产车间，生活、办公房屋，仓库的间距应符合防火安全要求。

5）危险化学品仓库应远离其他区布置。

（3）施工区内起重设施、施工机械、移动式电焊机及工具房、水泵房、空压机房、电工值班房等布置应符合安全、卫生、环境保护要求。

（4)混凝土、砂石料等辅助生产系统和制作加工维修厂、车间的布置,应符合下列要求:

1）单独布置，基础稳固，交通方便、畅通。

2）应设置处理废水、粉尘等污染的设施。

3）应减少因施工生产产生的噪声对生活区、办公区的干扰。

（5）生产区仓库、堆料场布置应符合下列要求：

1）单独设置并靠近所服务的对象区域，进出交通畅通。

2）存放易燃、易爆、有毒等危险物品的仓储场所应符合有关安全的要求。

3）有消防通道和消防设施。

（6）生产区大型施工机械与车辆停放场的布置应与施工生产相适应，要求场地平整、排水畅通、基础稳固，并应满足消防安全要求。

（7）弃渣场布置应满足环境保护、水土保持和安全防护的要求。

二、施工道路及交通

（1）永久性机动车辆道路、桥梁、隧道，应按照《公路工程质量检验评定标准》（JTG F801-2004）的有关规定，并考虑施工运输的安全要求进行设计修建。

（2）施工生产区内机动车辆临时道路应符合下列规定：

1）道路纵坡不宜大于 8%，进入基坑等特殊部位的个别短距离地段最大纵坡不应超过 15%；道路最小转弯半径不应小于 15m；路面宽度不应小于施工车辆宽度的 1.5 倍，且双车道路面宽度不宜窄于 7.0m，单车道不宜窄于 4.0m。单车道应在可视范围内设有会车位置。

2）路基基础及边坡保持稳定。

3）在急弯、陡坡等危险路段及岔路、涵洞口应设有相应警示标志。

4）悬崖陡坡、路边临空边缘除应设有警示标志外还应设有安全墩、挡墙等安全防护设施。

5）路面应经常清扫、维护和保养并应做好排水设施，不应占用有效路面。

（3）交通繁忙的路口和危险地段应有专人指挥或监护。

（4）施工现场的轨道机车道路，应遵守下列规定：

1）基础稳固，边坡保持稳定。

2）纵坡应小于 3%。

3）机车轨道的端部应设有钢轨车挡，其高度不低于机车轮的半径，并设有红色警示灯。

4）机车轨道的外侧应设有宽度不小于 0.6m 的人行通道，人行通道临空高度大于 2.0m 时，边缘应设置防护栏杆。

5）机车轨道、现场公路、人行通道等的交叉路口应设置明显的警示标志或设专人值班监护。

6）设有专用的机车检修轨道。

7）通信联系信号齐全可靠。

（5）施工现场临时性桥梁，应根据桥梁的用途、承重载荷和相应技术规范进行设计修建，并符合下列要求：

1）宽度应不小于施工车辆最大宽度的 1.5 倍。

2）人行道宽度应不小于 1.0m，并应设置防护栏杆。

（6）施工现场架设临时性跨越沟槽的便桥和边坡栈桥，应符合下列要求：

1）基础稳固、平坦畅通。

2）人行便桥、栈桥宽度不应小于 1.2m。

3）手推车便桥、栈桥宽度不应小于 1.5m。

4）机动翻斗车便桥、栈桥，应根据荷载进行设计施工，其最小宽度不应小于 2.5m。

5）设有防护栏杆。

（7）施工现场的各种桥梁、便桥上不应堆放设备及材料等物品，应及时维护、保养，定期进行检查。

（8）施工交通隧道，应符合下列要求：

1）隧道在平面上宜布置为直线。

2）机车交通隧道的高度应满足机车以及装运货物设施总高度的要求，宽度不应小于车体宽度与人行通道宽度之和的 1.2 倍。

3）汽车交通隧道洞内单线路基宽度不应小于 3.0m，双线路基宽度不应小于 5.0m。

4）洞口应有防护设施，洞内不良地质条件洞段应进行支护。

5）长度为 100m 以上的隧道内应设有照明设施。

6）应设有排水沟，排水畅通。

7）隧道内斗车路基的纵坡不宜超过 1.0%。

（9）施工现场工作面、固定生产设备及设施处所等应设置人行通道，并应符合下列要求：

1）基础牢固、通道无障碍、有防滑措施并设置护栏，无积水。

2）宽度不应小于 0.6m。

3）危险地段应设置警示标志或警戒线。

三、封闭管理

（1）施工现场进出口设置大门，并设置门卫值班室。

（2）建立门卫职守管理制度，并配备门卫职守人员。

（3）施工人员进入施工现场佩戴工作卡。

（4）施工现场及各项目部的入口处设置明显的企业名称、工程概况、项目负责人、文明施工纪律等标示牌。

四、消防安全管理

水利水电工程建设现场存在大量的易燃易爆危险物品及场所，如可燃的建筑材料、油库、危化品仓库、宿舍、动火作业场所等。一旦发生火灾，就会带来巨大的财产损失和人身伤亡事故，因此，在项目管理中必须做好消防安全管理。

（一）消防安全管理制度

项目法人、监理单位和施工企业应建立完善的消防安全管理制度，并严格实施。

（二）消防安全检查

施工过程中，施工现场的消防安全负责人应定期组织消防安全管理人员对施工现场的消防安全进行检查。消防安全检查应包括下列主要内容：

（1）可燃物及易燃易爆危险品的管理是否落实。

（2）动火作业的防火措施是否落实。

（3）用火、用电、用气是否存在违章操作，电、气焊及保温防水施工是否符合操作规程。

（4）临时消防设施是否完好有效。

（5）临时消防车道及临时疏散设施是否畅通。

（三）临时消防设施

项目法人安全管理部门要对各参建单位的消防器材的配置、采购、消防器材的摆放、消防器材的检查测试情况、器材的及时更换维护和经费的保证情况予以监督。对不符合的要责令其整改落实，以保障消防设施和器材的有效性。

施工现场临时消防设施应满足下列要求：

（1）施工现场应设置灭火器、临时消防给水系统和临时消防应急照明等临时消防设施。

（2）临时消防设施应与在建工程的施工同步设置。

（3）施工现场在建工程可利用已具备使用条件的永久性消防设施作为临时消防设施。当永久性消防设施无法满足使用要求时，应增设临时消防设施，并应符合《建设工程施工现场消防安全技术规范》（GB 50720—2011）第 5.2-5.4 节的有关规定。

（4）施工现场的消火栓泵应采用专用消防配电线路。专用消防配电线路应自施工现场总配电箱的总断路器上端接入，且应保持不间断供电。

（5）临时消防给水系统的储水池、消火栓泵、室内消防竖管及水泵接合器等，应设有醒目标识。

（四）火灾隐患整改

项目法人、监理单位应对检查中存在的火灾隐患责令其及时消除，并复查整改落实情况。对不能当场改正的火灾隐患应按有关规定，向责任单位提出制定整改方案的要求限期落实整改。

（五）动火作业管理

施工现场用火，应符合下列要求：

（1）动火作业应办理动火作业票，动火作业票的签发人收到动火申请后，应前往现场查验并确认动火作业的防火措施落实后，方可签发动火作业票。

（2）动火操作人员应具有相应资格。

（3）焊接、切割、烘烤或加热等动火作业前，应对作业现场的可燃物进行清理；对于作业现场及其附近无法移走的可燃物，应采用不燃材料对其覆盖或隔离；作业现场应配备灭火器材，并设动火监护人进行现场监护，每个动火作业点均应设置一个监护人。

（4）施工作业安排时，宜将动火作业安排在使用可燃建筑材料的施工作业前进行。确需在使用可燃建筑材料的施工作业之后进行动火作业，应采取可靠的防火措施。

（5）裸露的可燃材料上严禁直接进行动火作业。

（6）五级（含五级）以上风力时，应停止焊接、切割等室外动火作业，否则应采取可靠的挡风措施。

（7）动火作业后，应对现场进行检查，确认无火灾危险后，动火操作人员方可离开。

（8）具有火灾、爆炸危险的场所严禁明火。

（六）防火重点部位或场所

防火重点部位管理，应符合下列要求：

（1）施工企业应建立防火重点部位或场所档案。

（2）施工现场的重点防火部位或场所，应设置防火警示标识。

（3）防火重点部位或场所需动火作业时，严格执行动火审批制度。

五、环境保护管理

水利水电工程建设施工现场环境保护的主要目的在于保障从业人员的健康，保证不发生群体健康事故，同时，避免施工对周围环境造成的污染，达到项目安全管理整体目标。

水利水电工程建设现场在施工过程中主要会产生噪声、废水、固体废弃物、现场粉尘等污染物。参加各方应严格落实环境因素识别及废水、废弃物、噪声等污染物的管理，项目法人应对各参建单位的环境保护管理情况进行统一管理和监督。

（一）总体要求

（1）在工程的施工组织设计中应有防治大气、水土和噪声污染的有效措施。

（2）施工企业应采取有效的职业病防护措施，为作业人员提供必备的防护用品，对从事有职业病危害作业的人员应定期进行体检和培训。

（3）施工现场必须建立环境保护管理和检查制度，并应做好检查记录。

（4）对施工现场作业人员的教育培训、考核应包括环境保护、环境卫生等有关法律法规的内容。

（二）环境因素识别

在开工前，项目法人应组织各参建单位对施工过程中潜在的环境因素进行识别，并进行分析评价，制定控制措施，并编制《施工现场环境因素清单》，同时，各参建单位应根据清单制定的控制措施严格执行。

由于此清单是在项目开工前编制的，在具体施工过程可能与实际不符合，因此，清单内容应视工程实际情况定期进行更新。

（三）粉尘管理

（1）施工现场的主要道路必须进行硬化处理，土方应集中堆放。裸露的场地和集中堆放的土方应采取覆盖、固化或绿化等措施。

（2）拆除建筑物、构筑物时，应采用隔离、洒水等措施。

（3）施工现场土方作业应采取防止扬尘措施。

（4）从事土方、渣土和施工垃圾运输应采用密闭式运输车辆或采取覆盖措施；施工现场出入口处应采取保证车辆清洁的措施。

（5）施工现场的材料和大模板等存放场地必须平整坚实。水泥和其他易飞扬的细颗粒建筑材料应密闭存放或采取覆盖等措施。

（6）施工现场混凝土搅拌场所应采取封闭、降尘措施。

（四）废水管理

为了有效预防和治理水体污染，各参建单位必须对施工现场的废水排放进行控制检查，以实现节能降耗和保护环境的目的。废水管理的范围包括雨水的管理、施工污水的管理、生活废水的管理。

（1）施工现场污水排放应达到国家标准规定的要求。

（2）在施工现场应针对不同的污水，设置相应的处理设施，如沉淀池、隔油池、化粪池等。

（3）配合污水排放检测单位进行废水水质检测。

（4）保护地下水环境。

（5）对于化学品等有毒材料、油料的储存地，应有严格的隔水层设计，做好渗漏液的收集和处理。

（五）废弃物管理

为了保证工程建设施工现场和办公过程中产生的建筑垃圾和办公废弃物得到有效的控制和处理，施工企业应加强对废弃物的管理，防止或减少废弃物对环境造成的污染和危害。

（1）建筑物内施工垃圾的清运，必须采用相应容器或管道运输，严禁凌空抛掷。

（2）施工现场应设置密闭式垃圾站，施工垃圾、生活垃圾应分类存放，并应及时清运出场。

（六）噪声管理

水利水电工程建设施工现场的噪声源主要包括施工机械的运行、电动工具的操作、模板的支拆和修复与清理及非标准设备制作等，会对周围环境造成一定的影响。

在开工前，项目法人、监理单位应监督施工企业到工程建设项目所在辖区的建设行政主管部门或环保部门进行噪声排放申请，经批准后方可施工。

同时，项目法人、监理单位应监督施工企业编制施工生产中应该控制的噪声源清单，以便监督和管理，同时将噪声源清单报项目法人安全管理部门，并且，监理单位要对施工企业遵守情况进行日常监督检查，对不符合规定的要及时制定有效的纠正措施，并监督施工企业按要求执行。

施工现场噪声管理，应符合下列要求：

（1）施工现场应按照现行国家标准《建筑施工场界环境噪声排放标准》（GB 12523—2011）及《建筑施工场界噪声测量方法》（GB 12524—1990）制定降噪措施，并可由施工企业自行对施工现场的噪声值进行监测和记录。

（2）施工现场的强噪声设备宜设置在远离居民区的一侧，并应采取降低噪声措施。

（3）对因生产工艺要求或其他特殊需要，确需在夜间进行超过噪声标准施工的，施工前建设单位应向有关部门提出申请，经批准后方可进行夜间施工。

（4）运输材料的车辆进入施工现场，严禁鸣笛，装卸材料应做到轻拿轻放。

六、防汛管理

（一）防汛组织与职责

水利水电工程建设项目应成立防洪度汛指挥部，成员包括项目法人、各参建单位及公安武警等单位的负责人，成立由设计、施工、监理等单位参加的工程防汛机构，负责工程安全度汛工作。

各参建单位成立防汛领导小组，下设防汛办公室和抢险突击队，全面负责本单位防洪度汛工作，协助其他单位的抢险救灾工作。领导小组由本单位负责人担任组长，成员包括本单位各部门、各作业队的负责人。

严格执行“防汛工作行政首长负责制”，统一指挥、分级分部门负责。各单位行政正职是本单位防汛工作的第一责任人，单位副职对分管业务范围内的防汛工作负责。各单位工程部门是防汛工作的归口管理部门，技术部门负责编制和审查防汛方案，安全生产管理部门负责防汛工作的监督检查，其他部门对各自业务范围内的防汛工作负责。

防汛指挥部主要职责：

（1）服从地方政府防汛指挥机构的统一领导和指挥。

（2）统一领导和指挥水电工程防洪度汛工作，就重大问题做出决策。

（3）组织编制水利水电工程防洪度汛方案和超标准防汛抢险应急预案。

（4）组织审查各合同项目中的超标洪水应急救援预案和重大防汛方案。

（5）组织和协调重大汛情和险情的抢险救灾工作。

项目法人主要职责：

（1）负责组建水电工程防汛指挥部，配备相应的设施设备。

（2）统筹、监督、检查和协调建设项目防洪度汛工作。

（3）组织制订建设项目防洪度汛方案和超标洪水应急预案。

（4）负责组织和协调公共道路、供电、供水和通信系统的运行维护。

（5）负责接收和传递水情气象信息及重大灾情预报。

（6）配合上级单位防洪度汛检查，组织建设项目防洪度汛检查。

（7）协调解决参建单位之间的问题，督促实施重点防汛项目。

施工企业主要职责：

（1）按照“谁承包，谁负责”的原则，全面负责本单位及承建项目（包括已竣工但未办理竣工验收移交手续的项目）的防洪度汛工作，配合和协助其他单位的防洪度汛工作。

（2）负责组建本单位防洪度汛组织机构和队伍，配备相应的防洪度汛和应急救援的设施、设备和物资。

（3）按照法规、标准、规范和设计要求，编制承包项目的防洪度汛预案和专项方案（措施），报经监理单位批准后实施。

（4）落实汛前和汛期预控措施，制订和实施承包项目的超标洪水、自然灾害等应急预案，开展应急培训和演练。

（5）组织承包项目的防汛安全检查，包括汛前检查、汛期检查和雨后检查，主要包括防洪度汛方案、项目和措施的进展情况，及时整改各类防汛和安全隐患。

（6）组织开展生产生活区泥石流、塌方等自然灾害的排查和治理，组织实施承包项目的抢险救灾工作，协助其他项目的抢险救灾工作。

（7）负责实施所承包项目的施工期安全监测，认真开展生产生活区汛期巡查，遇有险情应立即报告并采取有效措施排险。

（8）负责承包项目的供电、供水和通信系统的运行维护与保障。

（9）接收和传递地方政府的水情气象信息、重大灾情预报，适时发出预警预报并采取应对措施，负责重大汛情和险情的紧急处理。

（10）负责防洪度汛及抢险救灾中本单位伤亡人员的抚恤和善后处理等工作。

（二）防汛措施

项目法人负责与地方政府气象、水利等部门保持联系，通过短信、传真、电话、网络等方式，向建设项目防汛指挥部进行水情和气象预测预报。加强通信设备设施的巡视和维护，保障汛情等信息和调度指令的畅通。并做好汛期水情预报工作，准确提供水文气象信息，预测洪峰流量及到来时间和过程，及时通告各单位。

在汛前和汛期，各参建单位应全面排查高山滚石、山体滑坡、崩塌和泥石流等安全隐患，划定重点防治区并提出防治措施。各单位应梳理重点防汛项目并制订详细进度计划加快实施，对易发生泥石流、塌陷、边坡崩塌、落石等危险区域（处所）进行重点检查监控，抓好边坡支护、河道防护、沟水处理等重点环节的安全防范，及时落实病险工程和隐患点的除险加固，汛前要完成水毁工程和度汛应急工程建设。

各参建单位要认真做好营区、边坡、洞室、渣场、挡墙和围堰等重点部位的安全监测，按时进行监测数据统计分析并提交报告和建议。加强险工险段和重点部位的巡视检查，密切关注生产生活区周边环境变化，及时发现险情并组织抢险，及时向项目法人报送防汛信息。

各参建单位应在汛前组织防汛应急救援演练，主要检验超标洪水、自然灾害等应急预案（措施）的可操作性，检验防汛指挥调度系统的灵敏性和畅通性，检验相关单位协调配合的严密性，检验防汛物资和应急物资的储备是否充足。演练结束后进行总结评审，针对发现的问题修改、完善预案和措施。

防汛期间，在抢险时应安排专人进行安全监视，确保抢险人员的安全。当洪水达到警戒水位时，各级防汛机构和抢险队伍进入警戒状态，昼夜巡视检查并加强观测，将防汛物资运到指定地点，做好人员和设备撤离的准备。当洪水超过警戒水位一定值时，要组织抢险队立即就位，进入抢险状态，同时启动防洪度汛应急预案。

（三）抢险救灾

当遭受重大险情或灾害时，建设项目防汛指挥部应即刻将灾情报告当地政府和项目法人所在的防汛指挥机构，需要时发布有关安全禁令。

发生险情后，责任单位、相关监理单位和项目法人相关部门主要负责人必须及时到达现场，立即启动防洪度汛应急预案，组织、配合抢险工作，并且做好现场证据收集工作。

灾情期间，对要害部位、关键设备、生命线工程、化学危险品库和储罐要加强检查、监护。由于自然灾害造成化学危险品溢出和泄漏，应立即上报有关部门并采取抢护措施。

洪水期间施工运输船舶，如发生主流改道，航标漂流移位、熄灭等情况，应停泊于安全地点。

堤防工程防汛抢险，应遵循前堵后导、强身固脚、减载平压、缓流消浪的原则。

灾后，各单位应做好受灾职工、家属的生活供给及住房安置，医疗防疫及伤亡人员处理，做好水毁工程修复等工作，尽快恢复正常的生产与生活。相关单位应立即组织灾情调查，按国家统计部门的有关要求，会同当地行政部门、保险公司统计、核实灾情，并及时上报，不应虚报、瞒报。

七、安全防护设施

（1）道路、通道、洞、孔、井口、高出平台边缘等设置的安全防护栏杆应由上、中、下三道横杆和栏杆柱组成，高度不应低于1.2m，柱间距应不大于2.0m。栏杆柱应固定牢固、可靠，栏杆底部应设置高度不低于0.2m的挡脚板。

（2）高处临边、临空作业应设置安全网，安全网距工作面的最大高度不应超过3.0m，水平投影宽度应不小于2.0m。安全网应挂设牢固，随工作面升高而升高。

（3）禁止非作业人员进出的变电站、油库、炸药库等场所应设置高度不低于2.0m的围栏或围墙。

第四章　水利水电工程建设安全技术

本章主要介绍了水利水电工程建设中各类常见的安全技术，包括土石方工程安全技术、模板工程安全技术、混凝土工程安全技术、安装工程安全技术、爆破工程安全技术、拆除作业安全技术、脚手架作业安全技术、高处作业安全技术、有限空间作业安全技术、机械安全技术、电气安全技术、防火防爆安全技术、特种设备安全技术、危险化学品安全技术等相关知识，指导现场作业安全管理。

安全技术是水利水电施工企业在长期安全生产工作实践中，吸取事故教训，根据不同作业特点和作业过程的危险性，总结、提炼，甚至用血的代价换来的，是管理人员和作业人员在安全生产工作中的行为准则。在水利水电工程建设过程中，各工种作业都要遵循安全技术操作规程，这样才能有效地控制各类生产安全事故的发生，确保水利水电工程建设的安全生产。

第一节　土石方工程安全技术

土石方工程是水利水电工程建设的主要项目，存在于整个工程的绝大部分建设过程。土石方作业多数是露天作业，受环境、气候的影响较大，再加上施工队伍分多处同时作业，管理十分困难，所以土石方工程施工的安全风险往往较大。

在土石方工程施工过程中，容易发生的伤亡事故主要是坍塌、高处坠落、物体打击、机械伤害、触电等，防止和控制这些事故是水利水电工程建设施工安全工作的重点。

一、影响边坡稳定因素及基坑支护的种类

（一）影响边坡稳定的因素

基坑开挖后，其边坡失稳坍塌的实质是边坡土体中的剪应力大于土的抗剪强度。土体的抗剪强度又是来源于土体的内摩阻力和凝聚力。因此，凡是能影响土体中剪应力、内摩阻力和凝聚力的，都能影响边坡的稳定。

（1）土类别的影响。不同类别的土，其土体的内摩阻力和凝聚力不同。例如砂土的凝聚力为零，只有内摩阻力，靠内摩阻力来保持边坡的稳定平衡；而黏性土则同时存在内

摩阻力和凝聚力。因此，对于不同类别的土能保持其边坡稳定的最大坡度也不同。

（2）土湿化程度的影响。土内含水越多，湿化程度越高，使土壤颗粒之间产生滑润作用越强，内摩阻力和凝聚力均降低，其土的抗剪强度降低，边坡容易失去稳定。同时，含水量增加，使土的自重增加，裂缝中产生静水压力，增加了土体内剪应力。

（3）气候的影响。气候使土质松软或变硬，如冬季冻融又风化，可降低土体抗剪强度。

（4）基坑边坡上面附加荷载或外力的影响，能使土体中剪应力大大增加，甚至超过土体的抗剪强度，使边坡失去稳定而塌方。

（二）土方边坡最陡坡度

为了防止塌方，保证施工安全，当土石方挖到一定深度时，边坡均应做成一定的坡度。

土石方边坡的坡度以其高度 H 与底宽度 B 之比表示，土石方边坡坡度的大小与土质、开挖深度、开挖方法、边坡留置时间的长短、排水情况、附近堆积荷载等有关。开挖的深度越深，留置时间越长，边坡应设计的平缓一些，反之则可陡一些。边坡可以做成斜坡式，亦可做成踏步式。地下水位低于基坑（槽）或管沟底面标高时，挖方深度在 5m 以内，不加支撑的边坡的最陡坡度应符合规定。

（三）挖方直壁不加支撑的允许深度

土质均匀且地下水位低于基坑（槽）或管沟底面标高时，其挖方边坡可做成直立壁不加支撑，挖方深度应根据土质确定，但不宜超过相关规定。

（四）基坑和管沟常用的支护方法

在基坑或管沟开挖时，常因受场地的限制不能放坡，或者为了减少挖填的土石方量，缩短工期以及防止地下水渗入基坑等要求，可采用设置支撑与护壁桩的方法。

二、常见土石方作业安全技术

水利水电工程建设施工中土石方工程量很大，而且施工对象和条件比较复杂，如土质、地下水、气候、开挖深度、施工场地与设备等对于不同的工程都不相同。水利水电工程建设施工现场具有较高风险的土石方作业主要包括土方明挖、土方暗挖、石方明挖、石方暗挖、土石方填筑等。进行这些土石方作业，如果措施不当，如开挖边坡坡度不符合稳定要求，或者组织不合理，容易造成坍塌（塌方）事故、机械伤害事故、爆破飞石伤人事故等。

（一）土方明挖安全技术

（1）人工挖掘土方应符合下列规定：

1）开挖土方的操作人员之间，应保持足够的安全距离，横向间距不小于 2m，纵向间距不小于 3m。

2）开挖应遵循自上而下的原则，不应掏根挖土和反坡挖土。

（2）高边坡作业应符合下列规定：

1）高边坡施工前应制定专项施工安全技术措施，经单位技术负责人审批后再由监理单位审批，对作业人员进行安全技术交底。

2）边坡开挖中如遇地下水涌出，应先排水，后开挖。

3）开挖工作应与装运作业面相互错开，应避免上、下交叉作业。

4）边坡开挖影响交通安全时，应设置警示标志，严禁通行，并派专人进行交通疏导。

5）边坡开挖时，应及时清除松动的土体和浮石，必要时应进行安全支护。

6）高边坡施工处理松渣时，应遵循由里向外、自上而下的原则，严禁采取自下而上的处理方式。严禁站在松渣、危石下方或危石上作业。作业人员应保持一定的安全间距，相互照应。

7）边坡钻孔平台必须搭设稳固，底部生根、杆件绑扎牢固、跳板满铺，临空面设置防护栏杆。高空作业人员必须按要求同时系挂安全带和安全绳。

8）每梯段开挖完成后，应进行一次安全处理，设置马道、边界栏杆、警示标志或封堵等。

9）对断层、裂隙、破碎带等不良地质构造的高边坡，应按设计要求及时采取锚喷或加固支护措施，并在危险部位设置警示标志。

（3）施工过程当中应密切关注作业部位和周边边坡、山体的稳定情况，一旦发现裂痕、滑动、流土等现象，应停止作业，撤出现场作业人员。

（4）滑坡地段的开挖，应从滑坡体两侧向中部自上而下进行，不应全面拉槽开挖，弃土不应堆在滑动区域内。开挖时应有专职人员监护，随时注意滑动体的变化情况。

（5）已开挖的地段，不应顺土方坡面流水，必要时坡顶应设置截水沟。

（6）在靠近建筑物、设备基础、路基、高压铁塔、电杆等构筑物附近挖土时，应采取防坍塌的安全措施。

（7）开挖基坑（槽）时，应根据土壤性质、含水量、土的抗剪强度、挖深等要素，设计安全边坡及马道。

（8）在不良气象条件下，不应进行边坡开挖作业。

（9）当边坡高度大于 5m 时，应在适当高程设置防护栏栅。

（二）土方暗挖安全技术

（1）土方暗挖作业应符合下列规定：

1）应按施工组织设计和安全技术措施规定的开挖顺序进行施工。

2）作业人员到达工作地点时，应首先检查工作面是否处于安全状态，并检查支护是否牢固，如有松动的石、土块或裂缝应先予以清除或支护。

3）工具应安装牢固。

（2）土方暗挖的洞口施工应符合下列规定：

1）应有良好的排水措施。

2）应及时清理洞脸，及时锁口。在洞脸边坡外应设置挡渣墙或积石槽，或在洞口设置钢或木结构防护棚，其顺洞轴方向伸出洞口外长度不应小于 5m。

3）洞口以上边坡和两侧应采用锚喷支护或混凝土永久支护措施。

（3）土方暗挖应遵循“管超前、严注浆、短开挖、强支护、快封闭、勤量测、速反馈”的施工原则。

（4）开挖过程中，如出现整体裂缝或滑动迹象时，应立即停止施工，将人员、设备尽快撤离工作面，视开裂或滑动程度采取不同的应急措施。

（5）土方暗挖的循环应控制在 0.50 ~ 0.75m 内，开挖后应及时喷素混凝土加以封闭，尽快形成拱圈，应在安全受控的情况下，方可进行下一循环的施工。

（6）站在土堆上作业时，应注意土堆的稳定，防止滑坍伤人。

（7）土方暗挖作业面应保持地面平整、无积水、洞壁两侧下边缘应设排水沟。

（8）洞内使用内燃机施工设备，应配有废气净化装置，不应使用汽油发动机施工设备。进洞深度大于洞径 5 倍时，应采取机械通风措施，送风能力应满足施工人员正常呼吸需要 [$3m^3$/（人·min）]，并能满足冲淡、排除燃油发动机和爆破烟尘的需要。

（三）石方明挖安全技术

（1）机械凿岩时，应采用湿式凿岩或装有能够达到国家工业卫生标准的干式捕尘装置，否则不应开钻。

（2）开钻前，应检查工作面附近岩石是否稳定，是否有瞎炮，发现问题应立即处理，否则不应作业。不应在残眼中继续钻孔。

（3）供钻孔用的脚手架，应搭设牢固的栏杆。开钻部位的脚手板应铺满绑牢，板厚应不小于 5cm。

（4）开挖作业开工前应将设计边线外至少 10m 内的浮石、杂物清除干净，必要时坡顶应设截水沟，并设置安全防护栏。

（5）对开挖部位设计开口线以外的坡面、岸坡和坑槽开挖，应进行安全处理后再作业。

（6）对开挖深度较大的坡（壁）面，每下降 5m，应进行一次清坡、测量、检查。对断层、裂隙、破碎带等不良地质构造，应按设计要求及时进行加固或防护，应避免在形成高边坡后进行处理。

（7）进行撬挖作业时应符合下列规定：

1）严禁站在石块滑落的方向撬挖或上下层同时撬挖。

2）在撬挖作业的下方严禁通行，并应有专人监护。

3）撬挖人员应保持适当间距。在悬崖、35° 以上陡坡上作业应系好安全绳、佩戴安全带，严禁多人共用一根安全绳。撬挖作业宜在白天进行。

（四）石方暗挖安全技术

（1）洞室开挖作业应遵守下列规定：

洞室开挖的洞口边坡上不应存在浮石、危石及倒悬石。

作业施工环境和条件相对较差时，施工前应制定全方位的安全技术措施，并对作业人员进行洞口削坡，应按照明挖要求进行。不应上下同时作业，并应做好坡面、马道加固及排水等。进洞前，应对洞脸岩体进行察看，确认稳定或采取可靠措施后方可开挖洞口。

洞口应设置防护棚。其顺洞轴方向的长度，可依据实际地形、地质和洞型断面选定，不宜小自洞口计起，当洞挖长度不超过 20m 时，应依据地质条件、断面尺寸，及时做好洞口永久性或临时性支护。支护长度不宜小于 10m。当地质条件不良全部洞身应进行支护时，洞口段则应进行永久性支护。

暗挖作业中，在遇到不良地质构造或易发生塌方地段、有害气体逸出及地下涌水等突发事件，应即令停工，作业人员撤至安全地点。

暗挖作业设置的风、水、电等管线路应符合相关安全规定。

每次放炮后，应立即进行全方位的安全检查，并清除危石、浮石，若发现非撬挖所能排除的险情时，应果断地采取其他措施进行处理。洞内进行安全处理时，应有专人监护，及时观察险石动态。

处理冒顶或边墙滑脱等现象时应遵守下列规定：

应查清原因，制定具体施工方案及安全防范措施，迅速处理。

地下水十分活跃的地段，应先治水后治塌。

应准备好畅通的撤离通道，备足施工器材。

处理工作开始前，应先加固好塌方段两端未被破坏的支护或岩体。

处理坍塌，宜先处理两侧边墙，然后再逐步处理顶拱。

施工人员应位于有可靠的掩护体下进行工作，作业的整个过程应有专人现场监护。

应随时观察险情变化，及时修改或补充原定措施计划。

开挖与衬砌平行作业时的距离，应按设计要求控制，但不宜小于 30m。

（2）斜、竖井开挖作业应遵守下列规定：

1）斜、竖井的井口附近，应在施工前做好修整，并在周围修好排水沟、截水沟，防止地面水侵入井中。竖井井口平台应比地面至少高出 0.5m。在井口边应设置不低于 1.4m 规定高度的防护栏，挡脚板高应不小于 35cm。

2）在井口及井底部位应设置醒目的安全标志。

3）当工作面附近或井筒未衬砌部分发现有落石、支撑发生响动或大量涌水等其他失稳异常表现时，工作面施工人员应立即从安全梯或使用提升设备撤出井外，并报告处理。

4）斜、竖井采用自上而下全断面开挖方法时应遵守下列规定：

①井深超过 15m 时，上下人员宜采用提升设备。

②提升设施应有专门设计方案。

③应锁好井口，确保井口稳定。应设置防护设施，防止井台上弃物坠入井内。

④漏水和淋水地段，应有防水、排水措施。

5）竖井自上而下先打导洞再进行扩挖时，应遵守下列规定：

①井口周边至导井口应有适当坡度，便于扒渣。

②爆破后必须认真处理浮石和井壁。

③采取有效措施，防止石渣砸坏井底棚架。

④扒渣人员应系好安全带，自井壁边缘石渣顶部逐步下降扒渣。

⑤导井被堵塞时，严禁到导井口位置或井内进行处理，以防止石渣坠落砸伤。

（3）不良地质地段开挖作业应遵守下列规定：

1）根据设计工程地质资料制定施工技术措施和安全技术措施，并应向作业人员进行交底。作业现场应有专职安全人员进行监护作业。

2）不良地质地段的支护应严格按施工方案进行，应待支护稳定并验收合格后方可进行下一工序的施工。

3）当出现围岩不稳定、涌水及发生塌方情况时，所有作业人员应立即撤至安全地带。

4）施工作业时，岩石既是开挖的对象，又是成洞的介质，为此施工人员应充分了解围岩性质，合理运用洞室体型特征，以确保施工安全。

5）施工时应采取浅钻孔、弱爆破、多循环，尽量减少对围岩的扰动。应采取分部开挖，及时进行支护。每一循环掘进应控制在 0.5 ～ 1.0m。

6）在完成一开挖作业一循环时，应全面清除危石，及时支护，防止落石。

7）在不良地质地段施工，应做好工程地质、地下水类型和涌水量的预报工作，并设置排水沟、积水坑和充分的抽排水设备。

8）在软弱、松散破碎带施工，应待支护稳定后方可进行下一段施工作业。

9）在不良地质地段施工应按所制定的临时安全用电方案实施，设置漏电保护器，并有断、停电应急措施。

（五）土石方填筑安全技术

（1）土石方填筑应按施工组织设计进行施工，不得危及周围建筑物的结构或施工安全，不得危及相邻设备、设施的安全运行。

（2）填筑作业时，应注意保护相邻的平面、高程控制点，防止碰撞造成移位及下沉。

（3）夜间作业时，现场应有足够照明，在危险地段设置护栏和明显的警示标志。

（4）取料、填筑现场应设专人指挥，设备操作人员应经过专门培训，持证上岗。

（5）雨天不应进行填土作业。如需施工，应分段尽快完成，且宜采用碎石类土和砂土、石屑等填料。

（6）土石方填筑的运输、摊平、碾压、夯实等设备的灯光、制动、信号、警告装置应齐全可靠。

（7）坡面碾压、夯实作业时，设备、设施应锁定牢固，工作装置应有防脱、防断措施，禁止双层作业。

（8）水下填筑应符合下列规定：

1）所有船舶航行、运输、驻位、停靠等应遵守《中华人民共和国内河避碰规则》（交通部令 30 号）及水务部门水上水下作业安全管理的有关规定。

2）水下填筑应按设计要求和施工组织设计确定施工程序。

3）船上作业人员应穿救生衣、戴安全帽，并经过水上作业安全技术培训。

4）为了保证抛填作业安全及抛填位置的准确率，宜选择在风力小于3级、浪高小于0.5m的风浪条件下进行作业。

5）水下基床填筑应符合下列规定：

①定位船及抛石船的驻位方式，应根据基床宽度、抛石船尺度、风浪和水流确定，定位船参照所设岸标或浮标，通过锚泊系统预先泊位，并由专职安全管理人员及时检查锚泊系统的完好情况。

②采用装载机、挖掘机等机械在船上抛填时，宜采用 400t 以上的平板驳，抛填时为避免船舶倾斜过大，船上块石应在测量人员的指挥下对称抛入水中。

③人工抛填时，应遵循由上至下，两侧块石对称抛投的原则抛投；严禁站在石堆下方，掏取石块，以免石堆坍塌造成事故。

④抛填时宜顺流抛填块石，且抛石和移船方向应与水流方向一致，避免块石抛在已抛部位而超高，增加水下整理工作量。

⑤有夯实要求的基床，其顶面应由潜水员适当平整，为确保潜水员水下整平作业的安全，船上作业人员应服从潜水员和副手的统一指挥，补抛块石时，需通过透水的串筒抛投至潜水员指定的区域，严禁不通过串筒直接将块石抛入水中。

⑥基床重锤夯实作业过程中，周围 100m 之内不应进行潜水作业。

⑦夯锤宜设计成低重心的扁式截头圆锥体，中间设置排水孔，选择铸钢链、卡环、连接环和转动环的能力时，安全系数宜取 5 ~ 6 左右，且 4 根铸钢链按 3 根进行受力计算。此外，吊钩应设有封钩装置，以防止脱钩。

⑧打夯操作手工作时，注意力要高度集中，严禁锤在自由落下的过程中紧急刹车。

⑨经常检查钢丝绳、吊臂等有无断丝、裂缝等异常情况，若有异常应及时采取措施进行处理。

6）重力式码头沉箱内填料作业时应符合下列规定：

①沉箱内填料，宜采用砂、卵石、渣石或块石。填料时应均匀抛填，各格舱壁两侧的高差宜控制在 1m 以内，以免造成沉箱倾斜、格舱壁开裂。

②为防止填料砸坏沉箱壁的顶部，在其顶部要覆盖型钢、木板或橡胶保护。

③沉箱码头的减压棱体（或后方回填土）应在箱内填料完成后进行。扶壁码头的扶壁若设有尾板，在填棱体时应防止石料进入尾板下而失去减小前趾压力的作用。

④为保证箱体回填时不受回填时产生的挤压力而导致结构位移及失稳，减压棱体和倒滤层宜采用民船或方驳于水上进行抛填。对于沉箱码头，为提高抛填速度，可考虑从陆上运料于沉箱上抛填一部分。抛填前，发现基床和岸坡上有回淤和塌坡，应按设计要求进行清理。

7）水下埋坡时，船上测量人员和吊机应配合潜水员，按“由高至低”的顺序进行埋坡作业。

第二节　模板工程安全技术

模板工程，就其材料用量、人工、费用及工期来说，在混凝土结构工程施工中是十分重要的组成部分，在水利水电工程建设施工中占有相当重要的位置。

一、模板的构造

一般模板通常由3部分组成：模板面、支撑结构（包括水平支撑结构，如龙骨、桁架、小梁等，以及垂直支撑结构，如立柱、结构柱等）和连接配件（包括穿墙螺栓、模板面连接卡扣、模板面与支撑构件以及支撑构件之间的连接零配件等）。

模板的结构设计，必须能承受作用于模板结构上的所有垂直荷载和水平荷载（包括混凝土的侧压力、振捣和倾倒混凝土产生的侧压力、风力等）。在所有可能产生的荷载中要选择最不利的组合验算模板整体结构和构件及配件的强度、稳定性和刚度。当然首先在模板结构设计上必须保证模板支撑系统形成空间稳定的结构体系。

二、木模板施工安全技术

支、拆模板时，不应在同一垂直面内立体作业。无法避免立体作业时，应设置专项安全防护高处、复杂结构模板的安装与拆除，应按施工组织设计要求进行，并应有安全措施。上下传送模板，应采用运输工具或用绳子系牢后升降，不应随意抛掷。

模板的支撑，不应支撑在脚手架上。

支模过程中，如需中途停歇，应将支撑、搭头、柱头板等连接牢固。拆模间歇时，应将已活动的模板、支撑等拆除运走并妥善放置，以防扶空、踏空导致事故。

模板上如有预留孔（洞），安装完毕后应将孔（洞）口盖好。混凝土构筑物上的预留孔（洞），应在拆模后盖好孔（洞）口。

模板拉条不应弯曲，拉条直径不应小于14mm，拉条与锚环应焊接牢固；割除外露螺杆、钢不应任其自由下落，应采取安全措施。混凝土浇筑过程中，应设专人检查、维护模板，发现变形走样，应立即调整加固。高处拆模时，应有专人指挥，并标出危险区；应实行安全警戒，暂停交通拆除模板时，严禁操作人员站在正拆除的模板上。

三、钢模板施工安全技术

（1）对拉螺栓拧入螺帽的丝扣应有足够长度，两侧墙面模板上的对位螺栓孔应平直相对，穿插螺栓时，不应斜拉硬顶。

（2）钢模板应边安装边找正，找正时不应用铁锤或撬棍硬撬。

（3）高处作业时，连接件应放在箱盒或工具袋中，严禁散放；扳手等工具应用绳索系挂在身上，以免掉落伤人。

（4）组合钢模板装拆时，上下应有人接应，钢模板及配件应随装拆随转运，严禁从高处扔下。中途停歇时，应把活动件放置稳妥，防止坠落。

（5）散放的钢模板，应用箱架集装吊运，不应任意堆捆起吊。

（6）用铰链组装的定型钢模板，定位后应安装全部插销、顶撑等连接件。

（7）架设在钢模板、钢排架上的电线和使用的电动工具，应使用安全电压电源。

四、大模板施工安全技术

（1）各种类型的大模板，应按设计制作。每块大模板应设有操作平台、上下梯道、防护栏杆以及存放小型工具和螺栓的工具箱。

（2）大模板应按施工组织设计的规定分区堆放，各区保持一定的安全距离。存放场地必须平整夯实，不得存放在松土和坑洼不平的地方。

（3）未加支撑或自稳角不足的大模板，要存放在专用的堆放架内或卧倒平放，不应靠在其他模板或构件上。

（4）安装和拆除大模板时，吊车司机和指挥、挂钩、装拆人员应在每次作业前检查索具、吊环。吊运过程中，严禁操作人员随大模板起落。

（5）大模板安装就位后，应焊牢拉杆、固定支撑。未就位固定前，不应摘钩，摘钩后不应再行撬动；如需调整，撬动后应重新固定。

（6）大模板吊运过程中，起重设备操作人员不应离岗。模板吊运过程应平稳流畅，不应将模板长时间悬置空中。

（7）拆除大模板，应先挂好吊钩，然后拆除拉条和连接件。拆模时，不应在大模板或平台上存放其他物件。

五、滑动模板施工安全技术

（1）滑动模板制作应由施工企业专业工程师设计，总工程师（高级工程师）审批。制作、安装调试好后，由技术、质检、安全等部门联合检查、验收、签证，合格后方可投入使用。

（2）滑动模板施工应编制施工方案和作业指导书，报监理人审批后，对施工人员进行现场交底，并作好交底记录。

（3）滑升机具和操作平台，按照施工设计的要求进行安装。

（4）操作平台设有消防、联络通信信号装置和供人员上下的设施。雷雨季节应设置避雷装置。

（5）施工通道与操作平台衔接处设有安全跳板，跳板应设扶手或栏杆。

（6）操作平台上的施工荷载应均匀对称，严禁超载。

（7）施工电梯应安装柔性安全卡、限位开关等安全装置，并规定上下联络信号。

（8）滑升过程中，应每班检查并调整水平、垂直偏差，防止平台扭转和水平位移，遵守设计规定的滑升速度与脱模时间。

（9）电源配电箱设在操纵控制台附近，所有电气装置均接地，接地电阻应不大于4Q。

（10）冬季施工采用蒸汽养护时，蒸汽管路应有安全隔离设施，暖棚内严禁明火取暖。

（11）滑模模板拆除应均匀对称，按顺序分段进行，严禁大面积撬落和拉倒，拆下的模板、设备应用绳索吊运至指定地点。

六、钢模台车施工安全技术

（1）钢模台车的各层工作平台，应设防护栏杆，平台四周应设挡脚板，上下爬梯应有扶手，垂直爬梯应加护圈。

（2）在有坡度的轨道上使用时，台车应配置灵敏、可靠的制动（刹车）装置。

（3）台车行走前，应清除轨道上及其周围的障碍物，台车行走时应有人监护。

第三节　混凝土工程安全技术

混凝土工程施工在水利水电工程建设过程中占有重要地位，特别是以混凝土大坝为主体的枢纽工程。整个混凝土工程施工，涉及预埋件和冲洗、混凝土搅拌、混凝土运输、混凝土浇筑、混凝土保护和养护、水下混凝土和碾压混凝土等诸多环节。由于混凝土工程工期长，施工条件多为大范围、露天高空作业，为了保证混凝土工程施工的安全进行，必须有可靠的安全技术。

一、混凝土拌和楼（站）安全技术

（1）混凝土拌和楼（站）机械转动部位的防护设施，应在每班交班前进行检查。

（2）电气设备和线路应绝缘良好，电动机应接地。临时停电或停工时，应拉闸、上锁。

（3）压力容器应定期进行压力试验，不应有漏风、漏水、漏气等现象。

（4）楼梯和挑出的平台，应设安全护栏；马道板应加强维护，不应出现腐烂、缺损；冬季施工期间，应设置防滑措施以防止结冰溜滑。

（5）消防器材应齐全、良好，楼内不应存放易燃易爆物品，不应明火取暖。

（6）楼内各层照明设备应充足，各层之间的操作联系信号应准确、可靠。

（7）粉尘浓度和噪声不应超过国家规定的标准。

（8）机械、电气设备不应带“病”和超负荷运行，维修应在停止运转后进行。

（9）检修时，应切断相应的电源、气路，并挂上“有人工作，不准合闸”的警示标志。

（10）进入料仓（斗）、拌和筒内工作，外面应设专人监护。检修时应挂“正在修理，严禁开动”的警示标志。非检修人员不应乱动气、电控制元件。

（11）在料仓或外部高处检修时，应搭设脚手架，并应遵守高处作业的有关规定。

（12）设备运转时，不应擦洗和清理。严禁头、手伸入机械行程以内。

二、混凝土运输安全技术

（一）混凝土水平运输

1. 汽车运送混凝土

（1）运输道路应满足施工组织设计要求。

（2）不应超载、超速、酒后及疲劳驾车，应谨慎驾驶，应熟悉运行区域内的工作环境。

（3）不应在陡坡上停放，需要临时停车时，应打好车塞，驾驶员不应远离车辆。

（4）驾驶室内不应乘坐无关人员。

（5）搅拌车装完料后严禁料斗反转，斜坡路面满足不了车辆平衡时，不应卸料。

（6）装卸混凝土的地点，应有统一的联系和指挥信号。

（7）车辆直接入仓卸料时，卸料点应有挡坎，应防止在卸料过程中溜车，应有安全距离。

（8）自卸车应保证车辆平稳，观察、确定无障碍后，方可卸车；等卸料后大箱落回原位后，方可起架行驶。

（9）自卸车卸料卸不净时，作业人员不应爬上未落回原位的车厢上进行处理。

（10）夜间行车，应适当减速，并应打开灯光信号。

2. 轨道运输和机车牵引装运混凝土

（1）机车司机应经过专门技术培训，并经过考试合格后方可驾驶。

（2）装卸混凝土时应听从信号员的指挥，运行中应按沿途标志操作运行。信号不清、路况不明时，应停止行驶。

（3）通过桥梁、道岔、弯道、交叉路口、复线段会车和进站时应加强观望，不应超速行驶。

（4）在栈桥上限速行驶，栈桥的轨道端部应设信号标志和车挡等拦车装置。

（5）两辆机车在同一轨道上同向行驶时，均应加强观望，特别是位于后面的机车应随时准备采取制动措施，行驶时两车相距不应小于 60m；两车同用一个道岔时，应等对方车辆驶出并解除警示后或驶离道岔 15m 以外双方不致碰撞时，方可驶进道岔。

（6）交通频繁的道口，应设专人看守道口两侧，应设移动式落地栏杆等装置防护，危险地段应悬挂“危险”或“禁止通行”警示标志，夜间应设红灯示警。

（7）机车和调度之间应有可靠的通信联络，轨道应定期进行检查。

（8）机车通过隧洞前，应鸣笛警示。

（二）混凝土垂直运输

1. 吊罐入仓

（1）使用吊罐前，应对钢丝绳、平衡梁（横担）、吊锤（立罐）、吊耳（卧罐）、吊环等起重部件进行检查，如有破损，严禁使用。

（2）吊罐的起吊、提升、转向、下降和就位，应听从指挥。指挥人员应由受过训练的熟练工人担任，并持证上岗。指挥信号应明确、准确、清晰。

（3）起吊前，指挥人员应得到两侧挂罐人员的明确信号，才能指挥起吊；起吊时应慢速，并应在吊离地面 30 ~ 50cm 时进行检查，在确认稳妥可靠后，方可继续提升或转向。

（4）吊罐吊至仓面，下落到一定高度时，应减慢下降、转向，并避免紧急刹车，以免晃荡撞击人体。应防止吊罐撞击模板、支撑、拉条和预埋件等。吊罐停稳后，人员方可上罐卸料，卸料人员卸料前应先挂好安全带。

（5）吊罐卸完混凝土，应立即关好斗门，并将吊罐外部附着的骨料、砂浆等清除后，方可吊离。摘钩吊罐放回平板车时，应缓慢下降，对准并旋转平衡后方可摘钩；对于不摘钩吊罐放回时，挡壁上应设置防撞弹性装置，并应及时清除搁罐平台上的积渣，以确保罐的平稳。

（6）吊罐正下方严禁站人。吊罐在空间摇晃时，不应扶拉。吊罐在仓内就位时，不应斜拉硬推。

（7）应定期检查、维修吊罐、立罐门的托根轴承、卧罐的齿轮，并定期加油润滑。罐门把手、震动器固定螺栓应定期检查紧固，防止松脱坠落伤人。

（8）当混凝土在吊罐内初凝，不能用于浇筑时，可采用翻罐方式处理废料，但应采取可靠的安全措施，并有带班人在场监护，以防发生意外。

（9）吊罐装运混凝土，严禁混凝土超出罐顶，以防坍落伤人。

（10）气动罐、蓄能罐卸料弧门拉绳不宜过长，并应在每次装完料、起吊前整理整齐，以免吊运途中挂上其他物件而导致弧门打开、引起事故。

（11）严禁罐下串吊其他物件。

2. **溜槽（筒）入仓**

（1）溜槽搭设应稳固可靠，架体应满足安全要求，使用前应经技术与安全部门验收。溜槽旁应搭设巡查、清理人员行走的马道与护栏。

（2）溜槽坡度最大不宜超过60°。超过60°时，应在溜槽上加设防护罩（盖）。

（3）溜筒使用前，应逐一检查溜筒、挂钩的状况。磨损严重时，应及时更换。溜筒宜采用钢丝绳、铅丝或麻绳连接牢固。

（4）用溜槽浇筑混凝土，每罐料下料开始前，在得到同意下料信号后方可下料。溜槽下部人员应与下料点有一定的安全距离，以避免骨料滚落伤人。溜槽使用过程中，溜槽底部不应站人。

（5）下料溜筒被混凝土堵塞时，应停止下料，及时处理。处理时应在专设爬梯上进行，不应在溜筒上攀爬。

（6）搅拌车下料应均匀，自卸车下料应有受料斗，卸料口应有控制设施。垂直运输设备下料时不应使用蓄能罐，应采用人工控制罐供料，卸料处宜有卸料平台。

（7）北方地区冬季，不宜使用溜槽（筒）方式入仓。

三、预埋件、打毛和冲洗安全技术

（1）吊运各种预埋件及止水、止浆片时，应绑扎牢靠，防止在吊运过程中滑落。

（2）所有预埋件的安装应牢固、稳定，以防脱落。

（3）焊接止水、止浆片时，应遵守焊接的有关安全技术操作规程。

（4）多人在同一工作面打毛时，应避免面对面近距离操作，以防飞石、工具伤人。不应在同一工作面，上下层同时打毛。

（5）使用风钻、风镐打毛时，应遵守风钻、风镐安全技术操作规程。

（6）高处使用风钻、风镐打毛时，应用绳子将风钻、风镐拴住，并挂在牢固的地方。

（7）使用冲毛机前，应对操作人员进行技术培训，合格后方可进行操作；操作时，应穿戴防护面罩、绝缘手套和长筒胶靴。

（8）冲毛时，应防止泥水溅到电气设备或电力线路上。工作面的电线灯头应悬挂在不妨碍冲毛的安全高度。

（9）使用刷毛机刷毛前，操作人员应遵守刷毛机的安全操作规程。

（10）操作人员应在每班作业前检查刷盘与钢丝束连接的牢固性。一旦发现松动，应及时紧固，以防钢丝断丝、飞出伤人。

（11）手推电动刷毛机的电线接头、电源插座、开关钮应有防水措施。

（12）自行式刷毛机仓内行驶速度应控制在8.2km/h以内。

四、混凝土浇筑安全技术

（1）浇筑混凝土前，应检查仓内排架、支撑、拉条、模板及平台、漏斗、溜筒等是否安全可靠。

（2）仓内脚手架、支撑、钢筋、拉条、埋设件等不应随意拆除、撬动，如果需要拆除、撬动时，应经施工负责人的同意。

（3）平台上所预留的下料孔，不用时应封盖。平台除出入口外，四周均应设置栏杆和挡脚板。

（4）仓内人员上下应设靠梯，不应从模板或钢筋网上攀登。

（5）吊罐卸料时，仓内人员应注意避开，不应在吊罐正下方停留或工作。接近下料位置时，应减慢吊罐下降速度。

（6）在平仓振捣过程中，应观察模板、支撑、拉筋是否变形。如发现变形有倒塌危险时，应立即停止工作，并及时报告有关指挥人员。

（7）使用大型振捣器和平仓机时，不应碰撞模板、拉条、钢筋和预埋件，以防变形、倒塌。

（8）不应将运转中的振捣器放在模板或脚手架上。

（9）使用电动振捣器，应有触电保护器或接地装置。搬移振捣器或中断工作时，应切断电源。

（10）湿手不应接触振捣器电源开关，振捣器的电缆不应破皮漏电。

（11）平仓振捣时，仓内作业人员应思想集中，互相关照。浇筑高仓位时，应防止工具和混凝土骨料掉落仓外，更不应将大石块抛向仓外，以免伤人。

（12）吊运平仓机、振捣臂、仓面吊等大型机械设备时，应检查吊索、吊具、吊耳是否完好，吊索角度是否适当。

（13）下料溜筒被混凝土堵塞时，应停止下料，立即处理。处理时不应直接在溜筒上攀登。

五、混凝土保护与养护安全技术

（一）表面保护

（1）在混凝土表面保护工作的部位，作业人员应精力集中，佩戴安全防护用品。

（2）混凝土立面保护材料应与混凝土表面贴紧，并用压条压接牢靠，以防风吹掉落伤人。采用脚手架安装、拆除时，应符合脚手架安全技术规程的规定；采用吊篮安装、拆除时，应符合吊篮安全技术规程的规定。

（3）混凝土水平面的保护材料应用重物压牢，防止风吹散落。

（4）竖向井（洞）孔口应先安装盖板，然后方可覆盖柔性保护材料，并应设置醒目的警示标志。

（5）水平洞室等孔洞进出口悬挂柔性保护材料应牢靠，并应方便人员和车辆的出入。

（6）混凝土保护材料不宜采用易燃品，在气候干燥的地区和季节，应做好防火工作。

（二）养护

（1）养护用水不应喷射到电线和各种带电设备上。养护人员不应用湿手移动电线。养护水管应随用随关，不应使交通道转梯、仓面出入口、脚手架平台等处有长流水。

（2）在养护仓面上遇有沟、坑、洞时，应设明显的安全标志，必要时铺设安全网或设置安全栏杆，严禁施工作业人员在不易站稳的位置进行洒水养护作业。

（3）采用化学养护剂、塑料薄膜养护时，对易燃有毒材料应佩戴相关防护用品并做好防护工作。

六、水下混凝土安全技术

（1）设计工作平台时，除考虑工作荷重外，还应考虑溜管、管内混凝土以及水流和风压影响的附加荷重。工作平台应牢固、可靠。

（2）溜管节与节之间，应连接牢固，其顶部漏斗及提升钢丝绳的连接处应用卡子加固。钢丝绳应有足够的安全系数。

（3）上下层同时作业时，层间应设防护挡板或其他隔离设施，以确保下层工作人员的安全。各层的工作平台应设防护栏杆。各层之间的上下交通梯子应搭设牢固，并应设有扶手。

（4）混凝土溜管底的活门或铁盘，应防止突然脱落而失控开放，以免溜管内的混凝土骤然下降，引起溜管突然上浮。向漏斗卸混凝土时，应缓慢开启弧门，适当控制下料方量。

七、碾压混凝土安全技术

（1）碾压混凝土铺筑前，应全面检查仓内排架、支撑、拉条、模板等是否安全可靠。

（2）自卸汽车入仓时，入仓口道路宽度、纵坡、横坡以及转弯半径应符合所选车型的性能要求。洗车平台应做专门的设计，满足有关的安全规定。自卸汽车在仓内行驶时，车速控制在 5.0km/h 以内。

（3）真空溜管入仓时应符合下列规定：

1）真空溜管应做专门的设计，包括受料斗、下料口、溜管管身、出料口以及各部分的支撑结构，并应满足相关的安全规定。

2）支撑结构应与边坡锚杆焊接牢靠，不应采用铅丝绑扎。

3）出料口应设置垂直向下的弯头，以防碾压混凝土料飞溅伤人。

4）真空溜管盖破损，修补或者更换时，应遵守高处作业的安全规定。

（4）卸料与摊铺时应符合下列规定：

1）仓号内应派施工经验丰富、熟悉各类机械性能的人员来指挥、协调各类施工设备。指挥人员应采用红、白旗和口哨发出指令。

2）采用自卸卡车直接进仓卸料时，宜采用退铺法依次卸料；应防止在卸料过程中溜车，应使车辆保证一定的安全距离。

3）采用吊罐入仓时，卸料高度不宜大于 1.5m，并应遵守吊罐入仓的安全规定。

4）搅拌车运送入仓时，仓内车速应控制在 5.0km/h 以内，距离临空面应有一定的安全距离，卸料时不应用手触摸旋转中的搅拌筒和随动轮。

5）多台平仓机在同一作业面作业时，前后两机相距不应小于 8m，左右相距应大于 1.5m。两台平仓机并排平仓时，两平仓机刀片之间应保持 20 ~ 30cm 间距。平仓机前进时，应以相同速度直线行驶；后退时，应分先后，防止互相碰撞。

6）平仓机上下坡时，其爬行坡度不应大于 20°；在横坡上作业时，横坡坡度不应大于 10°；下坡时，宜采用后退下行，严禁空挡滑行，必要时可放下刀片作辅助制动。

（5）碾压时应符合下列规定：

1）振动碾的行走速度应控制在 1.0~1.5km/h。

2）振动碾前后、左右无障碍物和人员时才能启动。

3）变换振动碾前进或者后退方向应待滚轮停止后进行；不应利用换向离合器作制动用。

4）两台以上振动碾同时作业，其前后间距不应小于 3m；在坡道上纵队行驶时，其间距不应小于 20m。上坡时变速应在制动后进行，下坡时不应脱挡滑行。

5）起振和停振应在振动碾行走时进行；在老混凝土面上行走，不应振动；换向离合器、起振离合器和制动器的调整，应在主离合器脱开后进行，不应在急转弯时用快速挡；不应在尚未起振的情况下调节振动频率。

第四节　安装工程安全技术

在水利水电工程建设施工中，安装工程包括金属结构安装与机电设备安装两项重要的工作，同时也是施工不安全因素较多、需重点进行安全控制的环节。在这一环节中，操作者不仅会在十分复杂、危险的场所进行作业，也必然会在操作中接触到各种储存、生产和供给能量的设施、设备及易燃易爆、危险品。该作业可能会造成的事故和伤害包括高处坠落、触电、物体打击、坍塌、起重伤害、机械伤害、火灾和爆炸、职业病等。

一、安装现场场地要求

（1）现场的施工设施，应符合防洪、防火、防强风、防雷击、防砸、防坍塌以及工业卫生等安全要求。

（2）现场的洞（孔）、坑、沟、升降口、漏斗口等危险处应有防护设施和明显警示标志。

（3）现场存放设备、材料的场地应平整坚固，设备、材料存放应整齐有序，周围通道畅通，且宽度不小于 1m。

（4）现场的排水系统布置合理，沟、管、网排水畅通，不得影响道路交通。

（5）高处临边作业面（如坝顶、厂房顶、桥机梁、工作平台等），应设置安全防护栏杆，并悬挂安全网。

（6）脚手架拆除时，在拆除物坠落范围的外侧应设有安全围栏与醒目的安全警示标志，现场设专人监护。

（7）各类洞（孔）口、沟槽应设有固定盖板，或设置安全防护栏杆，同时设有安全警示标志和夜间警示红灯。

（8）闸门井、电梯井、电缆竖井等井道口（内）安装作业，应根据作业面情况，在其下方井道内设置可靠的水平刚性平台或安全网作隔离防护层。

（9）现场应根据工作及工艺要求，设置安全保卫室，并根据工作需要发放标志牌或出入证。

（10）危险作业场所应设有事故报警装置、紧急疏散通道，并悬挂警示标志。

二、焊接切割作业安全技术

（一）电焊安全技术

（1）电焊机露天放置应有防雨设施。每台电焊机应有专用开关箱，使用断路器控制，一次侧应装设漏电保护器，二次侧应装设空载降压装置。电焊机外壳应与 PE 线相连接。

（2）电焊机二次侧进行接地（接零）时，应将二次线圈与工件相接的一端接地（接零），不得将二次线圈与焊钳相接的一端接地（接零）。

（3）一次侧电源线长度不应超过 5m，且不应拖地，与电焊机接线柱连接牢固，接线柱上部应有防护罩。

（4）焊接电缆应使用防水橡皮护套多股铜芯软电缆，中间不得有接头，电缆经过通道和易受损伤场所时必须采取保护措施，严禁使用脚手架、金属栏杆、钢筋等金属物搭接代替导线使用。

（5）焊钳必须采用合格产品，手柄有良好的绝缘和隔热性能，与电缆连接牢靠。严禁使用自制简易焊钳。

（6）焊工必须经培训合格持证操作，并按规定穿工作服、绝缘鞋，戴手套及面罩。

（7）焊接场所应通风良好，不得有易燃、易爆物，否则应予清除或采取防护措施。

（8）焊接其他机电设备时必须首先切断该机电设备的电源，并暂时拆除该机电设备的 PE 线后，方可进行焊修。

（二）气焊与气割安全技术

气焊与气割设备和器具比较简单，便于移动，在水利水电工程建设施工中得到广泛应用。气焊与气割设备有氧气瓶、乙炔发生器（或乙炔瓶），器具有焊炬、减压器、氧气表、回火防止器、氧气胶管、乙炔胶管等。

1. 氧气瓶

（1）氧气瓶应有防护圈和安全帽，瓶阀不得粘有油脂。场内搬运应采用专门托架、小推车，不得采用肩扛、高处滑下、地面滚动等方法搬运。

（2）严禁氧气瓶和其他可燃气瓶（如乙炔、液化石油气等）同车运输或在一起存放。

（3）氧气瓶距明火应大于 10m，瓶内气体不得全部用尽，应留有 0.1mPa 以上的余压。

（4）夏季应防止暴晒，冬季当瓶阀、减压器、回火防止器发生冻结时可用温水解冻，严禁用火焰烘烤。

2. 乙炔瓶

（1）气焊作业应使用乙炔瓶，不得使用浮筒式乙炔罐。

（2）乙炔瓶存放和使用必须立放，严禁卧放。

（3）乙炔瓶夏季应防止暴晒，冬季发生冻结时，应采用温水解冻。

3. 胶管

（1）气焊、气割应使用专用胶管，不得通入其他气体和液体，两根胶管不得混用（氧气胶管为红色，乙炔胶管为黑色）。

（2）胶管两端应卡紧，不得有漏气，出现折裂应及时更换，胶管应避免接触油脂。

（3）操作中发生胶管燃烧时，应首先确定发生燃烧的是哪根胶管，然后折叠、切断气通路、关闭阀门。

4. 气焊、气割设备安全装置

（1）氧气瓶和乙煉瓶必须装有减压器，使用前应进行检查，不得有松动、漏气、油污等。工作结束时应先关闭瓶阀，放掉余气，表针回零位。

（2）乙炔瓶必须安装回火防止器。当使用水封式回火防止器时，必须经常检查水位，每天更换清水，检查泄压装置保持灵活完好；当使用干式回火防止器时，应经常检查灭火工具，并应防止堵塞气孔，当遇回火爆破后，应检查装置，属于开启式应进行复位，属于泄压模式应更换膜片。

三、安装作业用具安全技术

（一）电动工具

（1）使用前，检查电动工具外观，应完好、无污物。

（2）检查电动工具绝缘是否良好，电源引线及插头应无破损伤痕。

（3）检查电动工具零部件。应无松动，带电体应清洁、干燥。

（4）检查电动工具转动轮、转动片。应完好、结实、紧固，转动体与非转动体之间应有间隙，无卡阻现象。

（5）手持式电动工具安全使用应符合下列规定：

1）在一般场所，应选用II类电动工具，当使用I类电动工具时，应采取装设漏电保护器、安全隔离变压器等安全保护措施。

2）在潮湿环境或电阻率偏低的作业场应使用II类或m类电动工具。如使用I类电动工具应装设额定漏电电流不大于30mA、动作时间不大于0.Is的漏电保护器。

3）在狭窄场所，如锅炉、金属容器、管道内等应使用QI类电动工具，如使用II类电动工具应装设动作电流不大于15mA、动作时间不大于0.Is的漏电保护器。

4）在管道内或通风不良部位使用打磨电动工具时，应布置专用通风设备，并指派专人监护电动工具使用中有过热现象，应停止作业。

5）使用角磨机、砂轮机时，应佩戴防护眼镜，应将火星朝向无人、无设备的一边。

（二）起吊工具

1. 手拉葫芦

（1）使用前，应对手拉葫芦做检查，吊钩、链条、轴是否变形损坏；拴挂手拉葫芦时应牢靠，所吊物的重量不能超过葫芦标定安全承载能力。

（2）操作时，应先慢慢起升，待受力后确认可靠，才能继续工作；拉链人数应根据葫芦起重能力大小来决定，如拉不动时，应检查是否有损坏；严禁随意增加拉链人数。

（3）已吊装重物需停留时间稍长时，应将手拉链拴在起重链上。

2. 卷扬机

（1）工作开始前，应检查卷扬机锚固装置是否牢固，检查离合器、制动器是否灵敏可靠；检查电气设备绝缘是否良好，接地接零完好正确。

（2）钢丝绳在卷筒上应排列整齐；放出时，卷筒上至少应保留3圈。

（3）工作中应注意监视运转情况，如发现电压下降、触点冒火、温度过高、响声不正常或制动不灵、钢丝绳发生抖动，应立即停车检修。

（4）不得将钢丝绳与带电电线接触，应防止钢丝绳扭结。

3. 千斤顶

（1）使用前应检查千斤顶各部件是否完好，丝杆和螺母磨损超过20%时应报废；机壳和底座有裂缝，严禁使用。液压千斤顶的活塞、阀门应完好无损。

（2）操作时，千斤顶应放在坚实的基础上，用枕木支垫千斤顶时应与载荷作用线对正，不得歪斜。必要时底部和顶部可同时加垫木防滑。应先将重物稍稍顶起，检查无异常现象，再继续顶升。

（3）不得超负荷使用，不应加长摇柄长度，否则会损坏千斤顶，还可能发生事故。

（4）千斤顶顶升工件的最大行程不应超过该产品规定值（当套筒出现红色警戒线时，表示已升至额定高度），或丝杆，或活塞总高度的3/4。

（5）使用油压千斤顶时，应检查副油箱油位线，如需添加应加入干净无杂质液压油。顶升前应检查换向阀开关是否到位。

（6）使用油压千斤顶时，工作人员不得站在保险塞对面，重物顶升后，应用木方将其垫实。

（7）用两台及多台千斤顶合抬一重物时，应符合下列规定：

1）尽量选用同一规格、型号的千斤顶。应考虑动载情况下的不均载系数，按总负荷留20%备用容量，并事先检查和试验所用千斤顶，确认合格后方可投入使用。

2）顶升作业时，应受力均匀，顶点布置应合理，力矩应对称，顶升速度尽可能同步，设专人指挥和监护，使重物平行上升，发现上升不一致时，及时调整重物水平。一般宜采用分离式液压千斤顶，它由一个油泵同时向几个千斤顶供油，可避免受力不均。

（8）高处使用千斤顶，应用绳索系牢，操作人员不应在千斤顶两侧或下方。

（9）顶升重物时，应掌握重物重心，防止倾倒。重物顶起应采取保护措施，随起随垫，保证安全。

四、金结制作与安装安全技术

（一）闸门制作与安装

1. 闸门制作

（1）工作前，应检查所使用的工器具、设备以及安全防护设施完好可靠。

（2）钢闸门制作应符合下列规定：

1）下料应符合下列要求：

①钢板吊运时宜采用平吊，严禁采用厚板卡子吊薄板或厚板卡子中加垫板吊薄板，严禁超负荷使用吊具。

②下料应采用专用切割平台。当采用栅格式切割平台时，固定栅条的卡板应与平台骨架焊牢。地面切割时其割嘴应离地面0.2m以上。

③使用氧、乙炔等气体下料应遵守《水利水电工程施工通用安全技术规程》（SL 398—2007）的有关安全规定。使用平板机、油压机、剪板机、冲剪机、刨边机等机械设备进行下料、加工、矫正等工序作业时，应遵守相关机械设备安全操作规程。

④铆工、焊工、切割工在切割后使用扁铲、角向磨光机进行清理打磨时应佩戴防护眼镜，严禁使用受潮或有裂纹的砂轮片。进行等离子切割时操作人员还应佩戴防护面罩。

⑤加热后的材料应定点存放，搬动前应做滴水试验，待冷却后，方可用手搬动。

⑥零件下料后应按区域要求分类码放整齐并标识。切割后留下的边角余料应集中放置，不应随意摆放。

⑦用地炉加热工件时，应注意周围有无电线或易燃物品；熄灭地炉时，浇水前应将风门打开，熄灭后应仔细检查。

2）组装焊接应符合下列要求：

①大小锤、平锤、冲子及其他承受锤击的工具顶部严禁淬火，应无毛刺及伤痕，锤把应无裂纹。

②零部件吊装就位时，起重指挥信号应明确，起重吊具应依据工件大小、重量正确选择和使用。

③工件就位时各工种应协调配合，统一指挥。手脚不应探入组合面内。工件没有可靠固定前，在其可能倾倒覆盖范围内严禁进行与之无关的其他作业。

④工件就位临时固定应采用定位挡板、倒链等，找正后应及时进行加固点焊；需进行焊接预热的焊缝，点固焊时也应进行预热。

⑤打大锤时，严禁戴手套，锤头运动前后方严禁站人。

⑥箱梁及空间较小的构件内焊接时应采取通风措施，使用行灯照明；当构件内部温度超过 40℃时，应进行轮换作业或采取其他保护措施，并应设专人监护。

⑦电焊工因空间较小，必须采取跪姿或卧姿进行施焊时，所使用的铺垫应为干燥的木板或其他绝缘材料。

⑧使用砂轮机、角向磨光机、风铲等工具进行打磨、清理的操作人员应佩戴平光防护眼镜。

3）总拼装应符合下列要求：

①总拼装应编制技术方案、安全技术措施，并应经有关部门审批后方可实施。

②脚手架搭设方案应由技术部门设计、审批，经有关部门验收后方可使用，作业平台应铺设完整并可靠固定，护栏应符合安全标准。

③年架作业面及行走通道应清理干净，作业人员严禁穿硬底鞋。

④起重人员在起吊构件时应保证构件重心与吊钩在同一垂线上。

2. 闸门安装

（1）闸门与埋件预组装应符合下列规定：

1）闸门和埋件应摆放平稳、整齐，且支承牢固，不宜叠层堆放，并有人员和起吊设备的通道。

2）雨雪天气条件下进行露天拼装作业的场所，应采取相应的防雨雪和防滑措施。

3）闸门预组装时，各部连接螺栓至少应装配 1/2，并紧固。

4）装配连接时，严禁将手伸入连接面或探摸螺孔。

5)闸门在进行连接时工作人员应站在安全的位置,手不得扶在节间或连接板吻合面上。

6）预组装焊接时，应合理分布焊工作业位置。

7）闸门预组装后的拆除作业宜按组装顺序倒序作业。

8）预组装工作全部结束后，应及时清除地面锚桩、基础预埋件或临时支撑、缆风绳等杂物。

（2）闸门的运输应符合下列规定：

1）运输大件应根据设备的重量、外形尺寸、道路条件等因素，选用适当的运输和装卸车手段，选择满足大件运输的道路进行运输。清除有影响的障碍物，并对不良路段进行处理。

2）闸门在运输车辆上应摆放平稳可靠，并对参与大件运输的车辆、捆绑工器具以及支垫物进行检查。

3）运输时应根据大件的特点，控制车速，并应有防止冲撞与振荡、受潮、损坏以及防止变形的措施。

（3）闸门的吊装应符合下列规定：

1）闸门上的吊耳、悬挂爬梯应经过专门的设计验算，由技术部门审批、质量安全部门检查验收，经检查确认合格后方可使用（吊耳材质和连接焊缝须检验）。

2）起吊大件或不规则的重物应拴牵引绳。

3）闸门起吊离地面 0.1m 时，应停机检查绳扣、吊具和吊车刹车的可靠性，观察周围有无障碍物。上下起落 2 ~ 3 次确认无问题后，才可继续起吊。已吊起的闸门作水平移动时，应使其高出最高障碍物 0.5m。

4）闸门起吊前，应将闸门区格内、边梁筋板等处的杂物清扫干净。

5）闸门翻身，宜采取抬吊方式，在没有采取可靠措施时，严禁单车翻身。

6）应采取可靠防倾翻措施。

7）严禁在已吊起的构件设备上从事施工作业。未采取稳定措施前，严禁在已竖立的闸门上徒手攀登。

8）所吊构件没有落放平稳和采取加固措施前，不得随意摘除吊钩。

9）多台千斤顶同时工作时，其轴心载荷作用线方向应一致。

（4）闸门埋件安装应符合下列规定：

1）埋件安装前，应对门槽内模板及脚手架跳板上钢筋头、凿毛的水泥块等杂物进行彻底清理。

2）下层埋件没加固好之前，不得将上层埋件摞放其上。

3）埋件二期混凝土浇筑完毕，拆除的模板应及时吊出，并将脚手架上所有杂物清理干净。

（二）钢管制作与安装

1. 钢管制作

（1）采用油压机预弯瓦片时应符合下列规定：

1）预弯时，模具应与油压机压力中心线重合，上、下模具应可靠固定。

2）油压机启动前，应经回油口向泵体内灌满工作油，排出主缸及液压系统中的空气，同时检查各部位所有连接应紧固。电动机旋转方向应与要求相符。

3）油压机每班作业前应检查管接头及密封件，发现渗漏应及时修复。设备运行中，不应进行修理及更换。

（2）瓦片卷制时，应符合下列规定：

1）卷板机开机前应认真检查各机构、系统运转正常，各润滑部位应按规定加注润滑油。

2）卷板机上卷制刚度较小或弧长较长的瓦片及管节时，应采用弧形托架或桥机配合进行卷制。

3）卷制时，设备操作人员应听从指挥人员指挥，指挥信号应明确清楚。多人卷板时应明确统一指挥，操作人员工作完毕或离开设备应切断电源。

4）卷制时，严禁卷板人员手扶工件或垫条。

5）卷板机翻倒机构翻倒时其覆盖范围内严禁站人和堆放物品。

6）卷板机在上料、卸料、调整辐筒时不应开机。设备卷板过程中，进出料方向严禁站人。

7）瓦片立置检验或校正时，应有可靠固定和采取防止倾倒的措施。

（3）组装与焊接应符合下列规定：

1）瓦片较大时应采用平衡梁吊装至平台，起吊时应先吊离地面 100 ~ 300mm，并检查瓦片吊装重心是否平稳。

2）管节、管段组装应设有专用组装平台和焊接平台，操作平台的搭设以及人员的着装应符合高处作业要求。

3）钢管拼装时，立置的瓦片应临时固定牢固。瓦片组装时，工作人员的手、头、脚不应伸入组合缝内。

4）工作中使用的千斤顶及压力架等，应拴牢或采用其他防倾倒和坠落的措施。

5）焊接过程中的预热、后热等应有隔离设施，并应明确安全标识。

（4）支撑与调整结构应符合下列规定：

1）调圆或加固采用的“米”字或“井”字支撑应与钢管及支撑间连接可靠，安装支撑时应将支撑固定后方可松钩。

2）内支撑安装完成后应有防松措施。

2. **钢管安装**

（1）钢管运输、安装前应编制施工组织设计，并应经审批。

（2）钢管现场存放时应垫稳，采取防止倾倒、滚动及变形的措施，同时应做好标识和存放记录。

（3）安装使用的载人吊笼、临时平台，台车应按相关规定专门设计、制造、安装、检验试验，合格后方可使用。

（4）钢管吊装应符合下列规定：

1）起吊前应先清理起吊地点及运行通道上的障碍物，并在工作区域设置警示标志，通知无关人员避让，工作人员应选择恰当的位置及随物护送的路线。

2）吊运时如发现捆绑松动或吊装工具发生异常响声，应立即停车进行检查。

3）翻转时应先放好旧轮胎或木板等垫物，工作人员应站在重物倾斜方向的对面。翻转时应采取措施防止冲击。

4）大型钢管抬吊时，应有专人指挥，专人监控，且信号明确清晰。

5）利用卷扬机吊装井内钢管时，除执行起重安全技术规范外，还应符合下列要求：

①井口上下应有清楚的联系信号和通信设备。

②卷扬机房和井内应装设示警灯、电铃。

③听从指挥人员的信号，信号不明或可能引起事故时，应暂停作业，待弄清情况后方可继续操作。操作司机不应在精神疲乏下工作。

④卷扬机运行时，严禁跨越或用手触摸钢丝绳。

⑤竖井工作人员应将所有工具放置工具袋内或安全位置。

6）调整与组装应符合下列规定：

①工作中使用的千斤顶及压力架等，应拴牢或采用其他防坠落、翻倒等措施。

②钢管吊装对缝时，严禁将头、手、脚伸入或放在管口上。

③钢管上临时焊接的脚踏板、挡板、压码、支撑架、扶手、栏杆、吊耳等，焊后应认真检查，确认牢固后方可使用。

（5）钢管现场焊缝防腐涂装应符合下列规定：

1）各类油漆和其他易燃、有毒材料，应存放在专用库房内，库房应根据存放物品的特性配备消防器材。库房内不应住人，施工现场不应存储大量油漆。

2）调制、制作有毒性的或挥发性强的材料，应根据材料性质佩戴相应的防护用品。室内应保持通风或经常换气，严禁吸烟、饮食。

3）在坡度大的钢管上涂装，应设置活动板梯、防护栏杆和安全网，安全带应挂在牢固的地方。

4）在封闭的钢管内防腐时，应佩戴防毒面具。

（三）启闭机安装

1. 基本要求

（1）高处用于调整紧固作业的千斤顶、大锤、扳手等工具应可靠拴挂，调整用具及加固材料应放于稳固的地方。

（2）启闭机上运行部位的安全距离，固定物体与运动物体之间的安全距离均应大于0.5m。

（3）现场组装平台或支撑件应牢固可靠。

（4）启闭机转动部分的防护罩应安全可靠。

（5）电气设备的金属非载流部分应有良好的保护接地，并应保证电气设备的绝缘良好。

（6）在启闭机柱和梁等结构内作业时，应使用安全电压工作行灯照明。

2. 液压式启闭机安装

（1）油缸采用双机抬吊翻立或采用平衡梁抬吊就位时，应根据两台起重机在抬吊工况下的许用起重能力，计算布置抬吊点，合理分配荷载；油缸若采用单机翻立时，其下支点宜采用铰支形式。

（2）成批液压油管应采用装箱方式起吊。

（3）机房、泵站设备及液压管路安装调试应符合下列要求：

1）高空配管时，管件应用安全绳拴挂，拴挂位置应安全可靠。

2）管件进行酸洗钝化时，应穿戴防护用品，配制酸、碱溶液的原料应明确标志妥善保管，酸洗废液不得随意排放，应统一回收处理。

3）管路进行循环冲洗时，冲洗设备操作人员不得擅离职守。

4）对于压力继电器、溢流阀、调速阀、仪表、电气自动化组件等安全保护装置应按设计要求检测。

5）严禁在启闭机运行过程中调整压力继电器、溢流阀、调速阀、仪表、电气自动化组件等安全保护装置。

6）所有常开常闭手动阀及电源开关应挂警示标志，严禁非操作人员启闭。

7）管路或系统试压时，不得近距离查看或用手触摸检查高压油管渗漏情况。当打开排气阀时，人应站在侧面。

8）当系统发生渗漏或局部喷泻现象时，应立即停机处理，严禁用手或物品去堵塞。

9）对于有渗漏的管件，应先停机泄压后，将其拆下并将管内存油排放干净，在机、泵房以外的安全地方进行焊补作业。

10）联门调试运行中应有专人监视安全保护装置、仪器、仪表，启闭闸门的压力变化应在设计范围内。

3. 卷扬式启闭机安装

（1）启闭机基础应牢固可靠，其基础承压接触面、标高、水平应符合设计要求。

（2）机房、配电室、电气盘柜等设备周围应按消防安全规定配置消防器材。

（3）严禁将易燃易爆物品存放在机房、电气室、操作室内。

（4）在卷筒与滑轮组之间进行钢丝绳穿绕时应设专人指挥，信号清晰，指挥明确。参加施工的人员应服从指挥，统一行动。钢丝绳穿绕中的临时拴挂、引绳与钢丝绳的连接均应牢固可靠，钢丝绳尾端固结应符合设计要求。

（5）行程开关、过载限制器、仪表、电气自动化组件等设施应正常可靠；电子秤的灵敏度及制动器的调整应符合设计要求。

（6)空负荷调试及联门启闭时,应有专人监视各安全保护装置、仪表、卷筒排绳等工作,启闭力应在设计允许范围内。

五、机电设备安装安全技术

（一）水轮机安装

（1）作业前应检查所用工具完好可靠，不应使用不坚实的工具。

（2）使用汽油、煤油、酒精等易燃品时，应戴口罩，严禁在现场吸烟和用火，现场应配备灭火器。

（3）进入转轮体内，轴孔内及轴承油箱内用汽油或香蕉水清扫时，应有通风措施和多人轮流工作，连续工作时间不宜过长，并应有专人监护。

（4）沾有油脂的棉纱、抹布等应放在带盖的铁桶内，并及时处理。

（5）吊装设备时，其上严禁站人，其下不应有人作业或停留。

（6）设备就位稳固后，方可在其上进行作业。

（7）部件在吊装过程中严禁清扫安装面，清扫应在设备停稳后方可进行。

（8)分瓣部件组合、设备吊装就位时,严禁将头和手脚等身体部位伸入组合(接合)面。

（9）搬运和穿螺栓时应戴手套。

（10）用大锤紧固螺栓时，不应戴手套，大锤甩落方向不允许站人。多人配合作业时，分工应明确，指挥应统一。

（11）用液压拉伸工具紧固组合螺栓时，操作人员应站在安全位置，严禁头手（脚）伸到拉伸器上（下）方。油压未降到零不应拆运拉伸器。

（12）用试压泵做耐压试验应符合下列规定：

1）试压前，应检查试压泵和管路是否完好，接头和法兰连接是否牢固。

2）耐压试压时，应使用经校验合格的压力表。升压应分级缓慢进行，停泵稳压后，方可进行设备各部密封情况检查。试压时，操作人员不得站在阀门法兰、接头的对面，非操作人员不应在上述位置停留。如需修理时，应降压到零，排油（水）后进行。

3）试压完毕，应将压力降到零，待油（水）排尽后，方可拆卸试压设备和管路。

（13）进入钢管、蜗壳、转轮室和尾水管等危险部位时，应有两人以上，并有足够照明并备带手电筒。

（14）机组充水前，应确认流道内人员与设备、工具全部撤离后，才准封闭进入门（孔）。

（15）机组试运行期间，检修作业应按运行规定办理工作票。

（二）发电机安装

（1）组装或带有毛刺、棱角、笨重的零部件时应戴手套，清扫作业应戴口罩。

（2）部件吊装就位后，应放置平稳。

（3）在基坑施工，工具和杂物不应掉入水轮机室。

（4）发电机部件组合、主轴法兰对装时，头与手脚严禁伸入组合面之间。

（5）使用桥机挂装冷却器，冷却器下部应用支撑垫好，并用千斤顶顶靠在定子上，经检查确认牢固后方可松钩。

（6）采用去锈机清扫转子铁片时，动作应协调。在与去锈机作业面相距 10m 以内，不应堆放易气体。

（7）磁轭铁芯加温达到规定胀量后，应断开电源后方可进行热打键工作。

（8）锤击磁轭键与磁极键时，锤击点应准确，不应戴手套打大锤，大锤甩落方向禁止站人。处理磁极线圈时，应戴工作帽、毛巾和套袖。

（9）磁极挂装到 T 形槽底部后，应用千斤顶将磁极铁芯下端撑牢并用方木毛毡保护线圈后，方可打入磁极键，打磁极键时严禁下面站人。

（10）转子试吊过程中，转子下面严禁站人，试吊完成后，再起升到一定高度，方可进行闸板在机组内部及转子上部作业，应用安全行灯并带手电筒。上、下转子时应穿绝缘胶鞋。尚未固定好的制动闸和管道，严禁攀登或在其上行走。

（11）用汽油或香蕉水清扫轴承油槽时，应穿戴连体工作服、工作鞋和工作帽，并戴口罩，应由电气安装工应经过专门技术培训，经考试合格，方可进行电气安装工作。

（12）在屋外变电所和高压室内搬动梯子等较长物件时，应倒放搬运，并应与带电部分保持安全。雷雨来临时，应停止室外作业。

（13）电器设备失火，应先切断电源，然后灭火。带电设备应使用干式灭火器灭火，对注油设备应使用泡沫灭火器或干燥砂子等灭火。

（14）检修设备时，应按规定办理工作票，执行完工作票程序后，方可进行检修作业。作业人员正常活动范围与带电设备应保持安全距离，工作地点应停电。

（15）低压带电作业，应有专人监护，作业人员应穿绝缘靴（或站在绝缘台上）、戴绝缘手套。

（16）在运行的低压配电装置上作业，应采取防止接地或短路措施。

（17）在同杆架设的高压线路上作业，应先检查与高压线的距离，并采取防止误触高压措施。应分清火、地线，选好作业位置。断开线路时，先断火线，后断零线，接线时顺序应相反。

（18）设备或线路停电检修，应有明显的断开点，悬挂“有人作业，禁止合闸”的标示牌，并应可靠接地。

第五节　爆破工程安全技术

在进行水利水电工程建设施工时，通常都要进行大量的土石方开挖，爆破则是最常用的施工方法之一。爆破是利用工业炸药爆炸时释放的能量，使炸药周围土石破碎、抛掷或者松动。爆破施工是危险性较高的作业，从火工材料的领用到爆破方案的设计再到爆破方案的实施、安全警戒及盲炮的处理，每一道工序都要细心，要严谨。因此，在爆破作业中，需采用有效的施工安全技术措施，以确保人员、设备及邻近的建筑物或构筑物等的安全。

一、爆破作业环境要求

（1）爆破前应对爆区周围的自然条件和环境状况进行调查，了解危及安全的不利环境因素，采取必要的安全防范措施。

（2）爆破作业场所有下列情形之一时，不应进行爆破作业：

1）岩体有冒顶或边坡滑落危险的。

2）爆破会造成巷道涌水、堤坝漏水、河床严重阻塞、泉水变迁的。

3）爆破可能危及建（构）筑物、公共设计或人员的安全而无有效防护措施的。

4）洞室、炮孔温度异常的。

5）作业通道不安全或堵塞的。

6）支护规格与支护说明书的规定不符或工作面支护损坏的。

7）危险区边界未设警戒的。

8）光线不足、无照明或照明不符合相关规定的。

（3）露天、水下爆破装药前，应与当地气象、水文部门联系，及时掌握气象、水文资料，遇以下特殊恶劣气候、水文情况时，应停止爆破作业，所有人员应立即撤到安全地点：

1）热带风暴或台风即将来临时。

2）雷电、暴雨雪来临时。

3）大雾天气，能见度不超过 100m 时。

4）风力超过六级，浪高大于 0.8m 时，水位暴涨暴落时。

（4）采用电爆网路时，应对高压电、射频电等进行调查，对杂散电流进行测试；发现存在危险，应立即采取预防或排除措施。

（5）在残孔附近钻孔时应避免凿穿残留炮孔，在任何情况下不应打钻残孔。

二、爆破装药安全技术

（1）装药前应对作业场地、爆破器材堆放场地进行清理，装药人员应对准备装药的全部炮孔、药壶、蛇穴、药室进行检查。

（2）从炸药运入现场开始，应划定装运警戒区，警戒区内应禁止烟火；搬运爆破器材应轻拿轻放，不应冲撞起爆药包。

（3）在铵油、重铵油炸药与导爆索直接接触的情况下，应采取隔油措施或采用耐油型的导爆索。

（4）各种爆破作业都应做好装药原始记录。记录应包括装药基本情况、出现的问题及处理措施。

（5）爆破装药照明条件应符合以下规定：

1）在黄昏和夜间等能见度差的条件下，不宜进行地面及水下爆破的装药工作。

2）在上述条件下，如确需进行装药作业时，应有足够的照明设施保证作业安全。

3）爆破装药现场不应用明火照明。

4）爆破装药用电灯照明时，在离爆破器材20m以外可装220V的照明器材，在作业现场或洞室内使用电压不高于36V的照明器材。

5）从带有电雷管的起爆药包或起爆体进入装药警戒区开始，装药警戒区内应停电，可采用安全蓄电池灯、安全灯或绝缘手电筒照明。

（6）人工装药应符合以下规定：

1）炮孔及药壶、蛇穴装药，应使用木质或竹制炮棍。

2）不应投掷起爆药包和敏感度高的炸药，起爆药包装入后应采取有效措施，防止后续药卷直接冲击起爆药包。

3）装药发生卡塞时，若在雷管和起爆药包放入之前，可用非金属长杆处理。装入起爆药包后，不应用任何工具冲击、挤压。

4）在装药过程中，不应拔出或硬拉起爆药包中的导火索、导爆管、导爆索和电雷管脚线。

（7）现场混装装药车应符合以下规定：

1）混装车驾驶员、操作工，应经过严格培训和考核，熟练掌握混装车各部分的操作程序和使用、维护方法，持证上岗。

2）混装车上料前应对计量控制系统进行检测标定。配料仓不应有其他杂物；上料时不应超过规定的物料量；上料后应检查输药软管是否畅通。

3）混装车应配备消防器具，接地良好，进入现场应悬挂危险标志。

4）混装车行驶速度不应超过40km/h，扬尘、起雾、暴风雨等能见度差时速度减半；在平坦道路上行驶时，两车距离不应小于 50m；上山或下山时，两车距离不应小于 200m。

5）混装药车行车时不应压、刮、碰坏爆破器材。

6）装药前应对炸药密度进行检测，检测合格后方可进行装药。装药过程中，应至少抽测一次密度。

7）装乳化炸药和重铵油炸药时，对干孔应将输药软管末端下至孔口填塞段以下 0.5 ~ 1m 处，对水孔应将输药软管末端尽量下至孔底。

8）装药时应进行护孔，防止孔口岩屑、岩渣混入炸药中。若装药满孔影响填塞时，可用竹竿类工具将其掏出。

9）装药完毕至少 10min 后经检验合格才可进行填塞。应测量填塞段长度是否符合爆破设计要求。

10）装药至最后一个炮孔时，宜将软管中剩余炸药吹入炮孔中。

11）装药完毕应用水将软管内残留炸药冲洗干净。

三、爆破警戒和信号

（一）爆破警戒

（1）爆破安全警戒工作应请当地公安部门配合，成立专门警戒小组，并指定负责人。

（2）爆破前，警戒工作应对设计确定的危险区进行实地勘察，全面掌握爆区警戒范围的情况，核定警戒点和警戒标志的位置，确保能够封闭一切通道。

（3）各个岗哨应由指挥部统一编号，岗哨之间和岗哨与指挥部之间应建立通信联络，警戒人员应将本岗位警戒监视情况随时向指挥部报告。

（4）警戒人员应在起爆前至少 1h 到达指定地点，按设计警戒点和规定时间封闭通往或经过爆区的通道，使所有通向爆区的道路处于被监视之下，并在爆破危险区边界设立明显的警戒标志（警示牌、路障等）。在道路路口和危险区入口应设立警戒岗哨，在危险区边界外围设立流动监视岗哨。警戒人员应持有警戒旗、哨笛或便携式扩音器，并佩戴袖标。

（5）靠近水域的爆破安全警戒工作，除按以上要求封锁陆岸爆区警戒范围外，还应对水域进行警戒。水域警戒应配有指挥船和巡逻船，其警戒范围由设计确定。

（二）信号

（1）预警信号：该信号发出后爆破警戒范围内开始清场工作。

（2）起爆信号：起爆信号应在确认人员、设备等全部撤离爆破警戒区，所有警戒人员到位，具备安全起爆条件时发出。起爆信号发出后，准许负责起爆的人员起爆。

（3）解除信号：安全等待时间过后，检查人员进入爆破警戒范围内检查，确认安全后，方可发出解除爆破警戒信号。在此之前，岗哨不得撤离，不允许非检查人员进入爆破警戒范围。

（4）各类信号均应使爆破警戒区域及附近人员能清楚地听到或看到。

四、盲炮处理安全技术

（1）处理盲炮前应由爆破领导人定出警戒范围，并在该区域边界设置警戒，处理盲炮时无关人员不准许进入警戒区。

（2）应派有经验的爆破员处理盲炮，洞室爆破的盲炮处理应由爆破工程技术人员提出方案并经单位主要负责人批准。

（3）电力起爆发生盲炮时，应立即切断电源，及时将盲炮电路短路。

（4）导爆索和导爆管起爆网路发生盲炮时，应首先检查导爆管是否有破损或断裂，发现有破损或断裂的应修复后重新起爆。

（5）不应接出或掏出炮孔和药壶中起爆药包。

（6）盲炮处理后，应仔细检查爆堆，将残余的爆破器材收集起来销毁；在不能确认爆堆无残留的爆破器材之前，应采取预防措施。

（7）盲炮处理后应由处理者填写登记卡片或提交报告，说明产生盲炮的原因、处理的方法和结果、预防措施。

五、爆破作业安全技术

（一）露天爆破作业

（1）各施工企业应建立起爆掩体，并采用远距离起爆。

（2）同一区段的二次爆破，应采用一次点火或远距离起爆。

（3）松软岩土或砂矿床爆破后，应在爆区设置明显标志，并对空穴、陷坑进行安全检查，确认无塌陷危险后，方准恢复作业。

（4）露天爆破需设避炮掩体时，掩体应设在冲击波危险范围之外并构筑坚固紧密，位置和方向应能防止飞石和炮烟的危害；通达避炮掩体的道路不应有任何障碍。

（二）浅孔爆破作业

（1）露天浅孔爆破宜采用台阶法爆破。

（2）在台阶形成之前进行爆破应扩大警戒范围。

（3）采用导火索起爆或电雷管、非电导爆管雷管秒延时起爆，应保证先爆炮孔不会显著改变后爆炮孔的最小抵抗线。否则应采用齐爆或毫秒延时爆破。

（4）装填的炮孔数量，应以一次爆破为限。

（5）在高坡和陡坡上不宜采用导火索点火起爆。

（三）深孔爆破作业

（1）验孔时，应将孔口 0.5m 范围内的碎石、杂物清除干净，孔口岩壁不稳者，应进行维护。

（2）水孔应使用抗水爆破器材。

（3）深孔验收标准是：孔深为土 0.5m，间距为土 0.3m，方位角和倾角为士 1°　3′；发现不合格时应酌情采取补孔、补钻、清孔、填塞孔等处理措施。

（4）应采用电雷管、非电导爆管雷管或导爆索起爆。采用电爆网路时，应将各连接点导通并对地绝缘，防止多点接地；采用地表延时非电导爆管网路时，孔内宜装高段位雷管，地表用低段位雷管。

（5）爆破工程技术人员在装药前应对第一排各钻孔的最小抵抗线进行测定，对形成反坡或有大裂隙的部位应考虑调整药量或间隔填塞。底盘抵抗线过大的部位，应进行清理，使其符合设计要求。

（6）爆破员应按爆破设计说明书的规定进行操作，不应自行增减药量或改变填塞长度；如确需调整，应征得现场爆破工程技术人员同意并作好变更记录。

（7）在装药和填塞过程中，应保护好起爆网路；如发生装药阻塞，不应用钻杆捣捅药包。

（四）预裂爆破、光面爆破作业

（1）临近永久边坡和堑沟、基坑、基槽爆破，应采用预裂爆破或光面爆破技术，并在主炮孔和预裂孔（光面孔）之间布设缓冲孔。运用该技术时，验孔、装药等应在现场爆破工程技术人员指导监督下由熟练爆破员操作。

（2）预裂孔、光面孔应按设计图纸钻凿在一个布孔面上，钻孔偏斜误差不超过 1°。

（3）布置在同一平面上的预裂孔、光面孔，宜用导爆索连接并同时起爆，环境限制单段药量时，也可分段起爆。

（4）预裂爆破、光面爆破场应采用不耦合装药，缓冲炮孔可采用不耦合装药和间隔装药。若采用药串结构药包，在加工和装药过程中应防止药卷滑落；若设计要求药包装于孔轴线，则应使用专门的定型产品。

（5）预裂爆破、光面爆破都应按设计进行填塞。

（五）水下岩塞爆破作业

（1）应根据岩塞爆破产生的冲击波、涌水等对周围需保护的建（构）筑物的影响进行分析论证。

（2）岩塞厚度小于 10m 时，不宜采用两室爆破法。

（3）药室导洞开挖应符合下列规定：

1）每次循环进尺不应超过 0.5m，每孔装药量不应大于 150g，每段起爆药量不应超过

1.5kg；导洞的掘进方向朝向水体时，超前孔的深度不应小于炮孔深度的2/3。

2）应用电雷管或非电导爆管雷管远距离起爆。

3）起爆前所有人员均必须撤出隧嗣。

4）离水最近的药室不应超挖，其余部位应严格控制超挖、欠挖。

5）每次爆破后应及时进行安全检查和测量，对不稳围岩进行锚固处理，应在确认安全无误后，方可继续开挖。

（4）装药工作开始之前，应将距岩塞工作面50m范围内的所有电气设备和导电器材全部撤离。

（5）装药堵塞时照明应符合下列规定：

1）药室内必须用绝缘手电照明，应由专人管理。

2）距岩塞工作面50m范围内，应用探照灯远距离照明。

3）距岩塞工作面50m以外的隧道内，可用常规照明。

（6）装药堵塞时应进行通风。

（7）电爆网络的主线，应采用防水性能好的胶套电缆，电缆通过堵塞段时，应采用可靠的保护措施。

第六节　拆除作业安全技术

水利水电工程建设项目拆除作业工期短、流动性大，拆除工程施工速度比新建工程快得多，其使用的机械、设备、材料、人员都比新建工程施工少得多，特别是采用爆破拆除，拆除工作可瞬间完成。因而，拆除施工企业可以在短期内从一个工地转移到第二个、第三个工地，其流动性很大。同时，拆除作业隐患多，危险性大。项目法人往往很难提供原建（构）筑物的结构图和设备安装图，给拆除施工企业制定拆除施工方案带来很多困难。此外，由于改建或扩建改变了原结构的力学体系，因而在拆除中往往因拆除了某一构件造成原建（构）筑物的力学平衡体系受到破坏，易导致其他构件倾覆压伤作业人员。

一、拆除施工方法分类

（一）人工拆除方法

人工拆除方法是指依靠手工加上一些简单工具，如钢钎、锤子、风镐、手动导链、钢丝绳等，对建（构）筑物实施解体和破碎的方法。人工拆除方法的特点是：

（1）施工人员必须亲临拆除点操作，进行高空作业，危险性大。

（2）劳动强度大，拆除速度慢，工期长。

（3）气候影响大。

（4）易于保留部分建筑物。

适用范围：用来拆除砖木结构、混合结构以及上述结构的分离和部分保留拆除项目。

（二）机械拆除方法

机械拆除方法是指使用大型机械如挖掘机、镐头机、重锤机等对建（构）筑物实施解体和破碎的方法。机械拆除方法的特点是：

（1）施工人员无须直接接触拆除点，无须高空作业，危险性小。

（2）劳动强度低，拆除速度快，工期短。

（3）作业时扬尘较大，必须采取湿作业法。

（4）对需要部分保留的建筑物必须先用人工分离后方可拆除。

适用范围：用于拆除混合结构、框架结构、板式结构等高度不超过 30m 的建筑物、构筑物及各类基础和地下构筑物。

（三）爆破拆除方法

爆破拆除方法是利用炸药在爆炸瞬间产生高温高压气体对外做功，借此来解体和破碎建（构）筑物的方法。爆破拆除方法的特点是：

（1）施工人员无须进行有损建筑物整体结构和稳定性的操作，人身安全最有保障。

（2）一次性解体，其扬尘、扰民较少。

（3）拆除效率最高，特别是高耸坚固建筑物和构筑物的拆除。

（4）对周边环境要求较高，对临近交通要道、保护性建筑、公共场所、过路管线的建（构）筑物必须作特殊防护后方可实施爆破。

适用范围：用于拆除砖木结构以外的任何建筑物、构筑物，各类地下、水下构筑物。

二、建（构）筑物拆除安全技术

（1）采用机械或人工方法拆除建筑物时，应严格遵守自上而下的作业程序进行，严禁数层同时拆除。当拆除某一部分的时候，应防止其他部分发生坍塌。

（2）采用机械或人工方法拆除建筑物不宜采用推倒方法，遇有特殊情况必须采用推倒方法时，应符合下列规定：

1）砍切墙根的深度不能超过墙厚的 1/3. 墙的厚度小于两块半砖的时候，不应进行掏掘。

2）为防止墙壁向掏掘方向倾倒，在掏掘前应有可靠支撑。

3）建筑物推倒前，应发出警示信号，待全体工作人员避至安全地带后，才可进行。

（3）采用人工方法拆除建筑物的栏杆、楼梯和楼板时，应和整体拆除进程相配合，不能先行拆除。建筑物的承重支柱和横梁，要待它所承担的全部结构拆掉后才可拆除。

（4）用爆破方法拆除建筑物时，应符合《爆破安全规程》（GB 6722—2003）的相关规定。

（5）拆除建筑物时，楼板上不应有多人聚集和堆放材料。

（6）拆除钢（木）屋架时，应采用绳索将其拴牢，待起重机吊稳后，方可进行气焊切割作业。吊运过程中，应采用辅助绳索控制被吊物处于正常状态。

（7）建筑基础或局部块体的拆除宜采用静力破碎方法拆除。静力破碎方法拆除应符合下列规定：

1）操作人员应戴防护手套和防护眼镜。孔内注入破碎剂后，严禁人员在注孔区行走，并应保持一定的安全距离。

2）严禁静力破碎剂与其他材料混放。

3）在相邻的两孔之间，严禁钻孔与注入破碎剂施工同步进行。

4）拆除地下构筑物时，应了解地下构筑物情况，切断进入构筑物的管线。

5）建筑基础破碎拆除时，挖出的土方应及时运出现场或清理出工作面，在基坑边沿1m内严禁堆放物料。

6）建筑基础暴露和破碎时，发生异常情况，应即时停止作业。查清原因并采取相应措施后，方可继续施工。

（8）拆除旧桥（涵）时，应先拆除桥面的附属设施及挂件、护栏，宜采用爆破法、机械和人工的方法拆除桥梁主体部分。

（9）施工支护拆除应符合下列规定：

1）喷护混凝土拆除时，应自上至下、分区分段进行。

2）用镐凿除喷护混凝土时，应并排作业，左右间距应不少于2m，不应面对面使镐。

3）用大锤砸碎喷护混凝土时，周围不应有人站立或通行。锤击钢钎，抡锤人应站在扶钎人的侧面，使锤者不应戴手套，锤柄端头应有防滑措施。

4）风动工具凿除喷护混凝土应符合下列规定：

①各部管道接头应紧固，不漏气；胶皮管不应缠绕打结，并不应用折弯风管的办法作断气之用，也不应将风管置于胯下。

②风管通过过道，应挖沟将风管下埋。

③风管连接风包后要试送气，检查风管内有无杂物堵塞；送气时，要缓慢旋开阀门，不应猛开。

④风镐操作人员应与空压机司机紧密配合，及时送气或闭气。

⑤钎子插入风动工具后不应空打。

5）利用机械破碎喷护混凝土时，应有专人统一指挥，操作范围内不应有人。

三、大型施工机械设备拆除安全技术

（1）拆除现场周围应设有安全围栏或用色带隔离，并设置警告标志。

（2）拆除空间与输电线路的最小距离应符合相关规定。否则，应采用屏障、遮栏、围栏或保护网等隔离措施。

（3）拆除工作范围内的设备及通道上方应设置防护棚。

（4）对被拆除的机械设备的行走机构，应有防止滑移的锁定装置。

（5）不稳定的构件应设有缆风钢丝绳，缆风绳的安全系数不应小于3.5，与地面夹角应在30°～40°之间。

（6）在高处拆除结构件时，应架设工作平台，并配有足够安全绳、安全网等防护用品。

（7）施工机械设备的拆除按照其安装的逆程序进行，并遵守该设备维修、保养的有关规定，边拆除、边保养，连接件及组合面应及时编号。

（8）电动机械设备拆除后，必须将电源切断，并且将线头绝缘。

（9）特种设备和设施的拆除，如门塔机、缆机等，应遵守特种设备管理和特殊作业的有关规定。

（10）特种设备和设施的拆除应由有相应资质的单位和持特种作业操作证的专业人员来执行。

四、围堰拆除安全技术

（1）承担围堰拆除的施工企业应根据设计单位的设计文件、图纸和资料，进行实地勘察，编制施工组织设计方案和安全技术措施方案，并组织专家审查通过，报监理单位审核，经项目法人审批后方可实施。

（2）围堰拆除必须在被保护对象具备挡水条件后进行。

（3）围堰拆除一般应选择在枯水季节或枯水时段进行。特殊情况下，需在洪水季节或洪水时段进行时，应进行充分论证可行后，并经监理单位批准后方可拆除。

（4）围堰拆除应制定应急预案，成立组织机构，并应配备抢险救援器材。

（5）当围堰拆除对周围相邻建筑及附近的架空线路或电缆线路的安全可能产生危险时，应与有关部门取得联系，采取相应保护措施或撤离安置，确认安全后方可施工。

（6）在拆除围堰的作业中，应密切注意雨情、水情，如发现情况异常，应停止施工，并应采取相应的应急措施。

（7）围堰拆除应符合下列要求：

1）土石围堰拆除时，宜采用分部开挖，先拆除经济挡水断面以外部分，使得预留的经济挡水断面部分能够发挥阻挡拆除时段的枯水位的效力，保持维护基坑内干地施工状况；待基坑内的土建施工或机械设备撤离完成后，再进行围堰经济挡水断面部分的拆除，基坑内方能进水淹没。应从上至下逐层、逐段拆除。

2）混凝土围堰、岩坎围堰、混凝土心墙围堰拆除时，应先按爆破法破碎混凝土（或岩坎、混凝土心墙）后，再采用机械拆除的顺序进行施工。

3）拆除钢板（管）桩围堰时，宜先采用振动拔桩机拔出钢板（管）桩后，再采用机械进行拆除。振动拔桩机作业时，应垂直向上，边振边拔；拔出的钢板（管）桩应码放整齐、稳固；应严格遵守起重机和振动拔桩机的安全技术规程。

（8）土石围堰拆除施工应符合下列要求：

1）水上部分围堰拆除时，应设有交通和警告标志，围堰两侧边缘应设防坍塌警戒线及标志。

2）岩坎部分采用爆破拆除时，应符合爆破作业的有关规定，必要时应进行覆盖防护。

3）水下部分围堰拆除，需水上作业时，必须配有供开挖作业人员穿戴的救生衣等防护用品。

4）围堰水下开挖影响通航时，应按航道主管部门要求设置临时航标或灯光信号标示等。

（9）围堰爆破法拆除应符合下列要求：

1）从事围堰爆破拆除工程的施工企业应持有《爆破作业单位许可证》。爆破拆除设计人员应具有承担爆破拆除作业范围和相应级别的爆破工程技术人员作业证，从事爆破拆除施工的作业人员应持证上岗。

2）围堰爆破拆除工程应根据周围环境条件、拆除对象类别、爆破规模，并应按照《爆破安全规程》（GB 6722—2003）的规定分级。围堰爆破拆除工程施工组织设计应由施工企业编制并上报监理单位审核，做出安全评估，经项目法人批准后方可实施。

3）一级、二级水利水电枢纽工程的围堰、堤坝和挡水岩坎的爆破拆除工程，应进行爆破震动与水中冲击波效应观测和重点被保护建（构）筑物的监测。

4）临近保护对象附近轮廓面开挖应采用预裂爆破或光面爆破，并严格控制单响药量以保护附近建（构）筑物的安全。

5）用水平钻孔爆破时，装药前应认真清孔并进行模拟装药试验，填塞物应用木楔楔紧。

6）围堰爆破拆除工程起爆，宜采用导爆管起爆法或导爆管与导爆索混合起爆法，严禁采用火花起爆方法，应采用复式网路起爆。

7）装药前，应对爆破器材进行性能检测。爆破参数试验和起爆网路模拟试验应选择在安全部位和场所进行。

8）在水深流急的环境应有防止起爆网路被水流破坏的安全措施，并根据情况采用防水火工器材。

9）围堰爆破拆除的预拆除施工应确保围堰的安全稳定和防洪要求。

10）爆破器材应严格执行项目法人的配送制度，其使用和临时保管应建立严格的管理制度。

11）围堰爆破拆除工程的实施应成立爆破指挥机构，并应按设计确定的安全距离设置警戒。

12）围堰爆破拆除工程的实施除应符合本节的要求外，还应按照《爆破安全规程》（GB 6722—2003）的规定执行。

13）围堰拆除施工中应由专人负责监测被拆除围堰的状态，并应做好记录。当发现有不稳定状态的趋势时，应立即停止作业，并采取有效措施，消除隐患。

14）围堰拆除施工采用的安全防护设施，应由专业人员搭设，经技术、质检、安全部门按类别逐项查验，并应有验收记录。验收合格后，方可使用。

15）围堰拆除水下爆破应符合下列基本要求：

①在通航水域进行水下爆破作业时，应向当地港航监督部门和公安部门申报批准，并在3天之前发出爆破施工公告。

②爆破工作船及其辅助船只，应按规定悬挂信号（灯号）。

③爆破作业船上的作业人员必须穿救生衣，无关人员不准上爆破船。

④进行水下爆破前，应做好危险区船舶、设备、管线及邻近建筑物的安全防护措施。

⑤水域危险边界上应设置警告标志、禁航信号、警戒船等设施。

⑥检查爆破工作船的安全状况及救生设备设施情况。

⑦爆破结束后，检查水域中遗留的爆炸物情况。

16）围堰拆除施工应采取下列主要安全防护措施：

①施工机械安全装置、设备设施的安全防护设置。

②施工现场安全警戒岗哨、避炮防护设施设置。

③拆除爆破周边设施、建筑物的防护及必要时采取的减振、防振及缓冲措施。

④爆破区周边公路、铁路、水上交通运输部位的警戒、管制和防护。

⑤爆破区及相邻高压电源线、开关等设施的保护。

⑥拆除爆破时，水中冲击波、浪涌等对水上人员、船只、周边建筑物影响的防护。

⑦通航水域的水上交通巡逻及航标、警示标志、禁航标志的设置。

（10）围堰拆除水下开挖应符合下列要求：

1）围堰拆除水下部分开挖施工企业应制定切实可行的施工方案和安全技术措施，报监理单位审批后方可实施。

2）在进行水下部分开挖时，作业区的布置应考虑洪水的影响，应做好水情预报工作。

3）船舶作业和通航应符合下列基本要求：

①船舶在通航航道施工之前，应与海事部门联系，按规定发布航行公告。

②施工中应按规定设置和使用施工标示。如白天施工时，在通航一侧悬挂黑色锚球一个，在不通航一侧悬挂黑色十字架一个；夜间施工时，在通航一侧悬挂白光环照灯一盏，在不通航一侧悬挂红光环照灯一盏。

③船舶消防、救生器材应按船舶证书载明的品种、数量配置，并定期检查，保障其有效；无线电通信设备、救生设备必须完好。

④应根据船舶类型及规定配备相应的堵漏器材。

⑤应严格遵守国家和所在地有关水上交通管理法规和港口管理规定，做好避碰防范，保证船舶航行、停泊及作业安全。

⑥施工船舶进行施工就位作业前，应根据航道情况稳妥航行，锚定就位，必要时安排

小机动船引航。在拖带船的拖带下缓慢进入施工区，拖带过程中，与拖轮的连接缆绳必须牢固可靠。拖带作业时，应将拖带船和被拖带船用安全可靠的缆绳牢固连接。

⑦风浪大于 6 级或浪高大于 lm 时，应停止作业。

⑧就位下放定位桩前应测量水深，若水深小于并接近定位桩长度，则应采取定位桩分段缓降下放的方法进行定位。

⑨根据现场风向、水流及流速灯情况，可采取双桩定位或单桩与绞刀头同时落地定位方法。

五、临建设施拆除安全技术

（1）对有倒塌危险的大型设施拆除，应先采用支柱、支撑、绳索等临时加固措施；用气焊切割钢结构时，作业人员应选好安全位置，被切割物必须用绳索和吊钩等予以紧固。

（2）施工栈桥拆除时，应遵守《水利水电施工通用安全技术规程》（SL 398—2007）中有关高处作业的相关规定。

（3）施工脚手架拆除应符合下列要求：

1）脚手架拆除前，施工企业应编写拆除作业指导书，按该脚手架的设计报批程序进行报批。无作业指导书或安全措施不落实的，严禁拆除作业。

2）拆除作业前，应将经批准的作业指导书、施工方案向现场施工作业人员进行交底，并检查落实现场安全防护措施。

3）拆除脚手架前，应将脚手架上留存的材料、杂物等清除干净，并应将受拆除影响的电气设备、机械设备及其他管线路等拆除或加以保护。

4）拆除脚手架时应统一指挥，应按批准的施工方案、作业指导书的要求，按顺序自上而下地进行，严禁上下层同时拆除或自下而上地进行。严禁用将整个脚手架推倒的方法进行拆除。

5）拆下的材料、构配件等，严禁往下抛掷，应用绳索捆牢缓慢下放，或用吊车、吊篮等方法运送到地面，集中堆放在指定地点。

6）三级、特级及悬空高处作业使用的脚手架拆除时，应事先制定出安全可靠的措施才能进行拆除。

7）拆除脚手架的区域内，无关人员严禁逗留和通过，在交通要道应设专人警戒。

8）脚手架拆除后，应做到工完场清，所有材料、构配件应堆放整齐、安全稳定，并应及时转运。

第七节　脚手架作业安全技术

脚手架是水利水电工程建设施工中必不可少的临时设施，比如在进行高边坡开挖、支护、混凝土浇筑、结构构件的安装等都需要在其近旁搭设脚手架，以便在其上进行施工操作、堆放施工材料和必要时的短距离水平运输。脚手架虽然是随着工程进度而搭设，工程完毕就拆除，但它对水利水电工程建设施工速度、工作效率、工程质量以及作业人员的人身安全有着直接的影响。如果脚手架搭设不合理，作业人员操作就不方便，则容易造成安全事故。

一、脚手架的种类

（一）外脚手架

1. 单排脚手架

单排脚手架由落地的单排立杆与大、小横杆绑扎或扣接而成，并搭设在建筑物或构筑物的外围；主要杆件有立杆、大横杆、小横杆、斜撑、剪刀撑、抛撑等，并按规定与墙体拉结。

2. 双排脚手架

双排脚手架由落地的许多里、外两排立杆与大、小横杆绑扎或扣接而成，设在建（构）筑物的外围；主要杆件由立杆、大横杆、小横杆、剪刀撑、斜撑、抛撑底座等组成。扣件有回转式、十字式和一字式三种，都应按规定与墙体拉结。概而言之，外脚手架必须从地面搭起，建（构）筑物多高，其架子就要搭多高，对架子来说，越高越不稳定，需要采取其他的加固或卸荷措施。

（二）内脚手架

1. 马凳式里脚手架

马凳式里脚手架用若干个马凳沿墙的内侧均摆，在其顶面铺设脚手板，凳与凳之间间隔适当的距离加设斜撑或剪刀撑而成。马凳本身可用木、竹、钢筋或型钢制成。

2. 支柱式里脚手架

支柱式里脚手架用钢支柱配合横杆组成台架，上铺脚手板，按适当的距离加设一定的斜撑或剪刀撑而成，并搭设于外墙的内面。

概括而言，内脚手架不受层高的限制，可随楼层的砌高而上移，操作人员在室内操作也比较安全，这种脚手架不论在低层或高层建筑施工中，都可广泛应用。

（三）工具式脚手架

1. 桥式升降脚手架

桥式升降脚手架以金属构架立柱为基础，在两立柱间加设长不大于12m、宽不大于0.8m的钢桁架桥组成。钢架桥靠立柱支撑上下滑动，构成较长的操作平台，它具有构造简单、操作方便的特点。

2. 挂脚手架

挂脚手架将挂架挂在墙上或柱上事先预埋的挂钩上，在挂架上铺以脚手板而成，并随工程进展而逐步向上或向下移挂。

3. 挑脚手架

挑脚手架采用悬挑形式搭设，基本形式有两种：一种是支撑杆式挑脚手架，直接用金属脚手杆搭设，高度一般不超过6步架，倒换向上使用；另一种是挑梁式挑脚手架，一般为双排脚手架，支座固定在建筑结构的悬挑梁上，搭设高度应根据施工要求和起重机提升能力确定，但最高不超过20步架（总高20 ~ 30m）。此类脚手架已成为高层建筑施工中常用的形式之一。

4. 吊篮脚手架

吊篮脚手架的基本构件是©50X3.5钢管焊成矩形框架，按1 ~ 3m间距排列，并以3 ~ 4根框架为一组，然后用扣件连以钢管大横杆和小横杆，铺设脚手板，装置栏杆、安全网和护墙轮，在屋面上设置吊点，用钢丝绳吊挂框架。这种脚手架主要适用于外装修工程。

二、脚手架搭设与使用安全技术

（一）搭设前的准备工作

脚手架搭设前必须编制施工组织设计或专项施工方案，并经施工企业技术负责人审核批准。施工前由单位施工负责人按施工组织设计中有关脚手架的要求向搭设工人和施工人员进行技术交底。

脚手架专项施工方案应包括下列主要内容；

（1）脚手架的种类、搭设方法和形状、使用功能。

（2）脚手架设计计算。

（3）绘制脚手架施工详图（平面布置、几何尺寸要求）。

（4）脚手架的主要技术要求，如连墙件构造要求、立杆基础、地基处理等要求。

（5）编制脚手架的搭设和拆除方案。

（6）脚手架的交接验收、自检、互检、使用、维护等措施。

（7）作业平台、通道及安全防护措施等。

（二）搭设过程中注意事项

（1）脚手架应配合施工进度搭设。

（2）严禁外径 48mm 与外径 51mm 的钢管混合使用。

（3）扣件螺栓拧紧扭力矩不应小于 40N-m，且不应大于 65N-m。

（4）立杆、纵横向水平杆、连墙件等的搭设必须符合构造要求。

（三）使用过程管理

脚手架使用过程中应分阶段、定期对其进行质量检查，特别要注意连墙件是否漏设或被拆除而未补设，脚手架是否超载，立杆是否悬空，基础沉降情况如何等。

三、排架安全技术

（一）基本要求

（1）排架搭拆作业人员（含协作队伍人员）必须经过专业培训，并取得特种作业操作证持证上岗。

（2）排架必须由施工企业专业工程师设计，总工程师（高级工程师）审核，监理单位批准后方可搭设。

（3）排架搭拆，应根据设计图纸和工程实际状况，制定安全技术措施计划，编制作业指导书。在排架搭设或拆除前，由技术部门对作业队、班组进行技术、安全交底。

（4）排架搭拆施工人员在高处作业必须严格遵守《水利水电工程施工通用安全技术规程》（SL 398—2007）中有关高处作业的规定。

（5）排架搭设完成后必须经工程技术、施工管理、安全监督和监理人员联合检查验收签字后方可挂牌投入使用。拆除前亦经过上述人员联合检查签字同意方可进行。

（二）排架搭设的技术要求

排架搭设应严格按照设计图纸实施，遵循“自下而上，逐层搭设，逐层加固，逐层上升”的原则，并应符合下列要求：

（1）排架基础牢固，禁止将排架直接搭设在松软的基础或不牢固的建筑物上。排架立杆应垂直稳放在金属底座或垫木上。

（2）排架的脚扫地杆应离地面距离为 20 ~ 30cm。

（3）排架各接点扣件应紧固。各杆体连接处相互伸出的端头长度应大于 10cm，以防杆体滑脱。

（4）外侧及 2 ~ 3 道横杆设剪刀撑，排架基础以上 12m 内每排横杆均应设置剪刀撑。

（5）剪刀撑、斜撑等整体拉结件和连墙件与排架同步设置，剪刀撑的斜杆与水平面的交角宜在45° ~ 60° 之间，水平投影宽度应不小于2跨（或4m）和不大于4跨（或8m）。

（6）岩体边坡排架与边坡相连处设置连墙杆，每不大于5m设一个点，且连墙件的竖向间距应不小于4m。连墙件在岩体边坡的埋深应大于50cm。

（7）排架相邻立杆和上下相邻平杆的接头应相互错开，应置于不同的框架格内。搭接杆接头长度应不小于1m。

（8）钢管立杆、大横杆的接头应错开，搭接长度不小于50cm，承插式的管接头不得小于8cm。水平承插或接头应穿销，并用扣件连接，拧紧螺栓，不得用铁丝绑扎。

（9）排架的两端，转角处以及每隔6 ~ 7根立杆，应设剪刀撑及支杆，剪刀撑和支杆与地面的角度不大于60° ，支杆的底端要埋入地下不小于30cm。架子高度在7m以上或无法设支杆时，竖向每隔4m，水平每隔7m，必须使排架牢固地连接在建筑物上。

（10）在不等高地基区段，相连时上扫地杆应至少向下扫地杆方向延伸1跨固定，严格控制首步架步距不大于1.5m，否则应增设纵向平杆及相应的横向平杆，以确保立杆承载稳定和操作要求。

（11）排架的作业平台必须满铺竹夹板，不得有空隙和探头板。在架子的拐弯处，竹夹板应交叉搭接。竹夹板要用铁丝绑扎牢固。

（12）悬吊式排架除遵守本节有关规定外，还应符合下列要求：

1）悬吊式排架应专门设计。使用前应进行设计荷载两倍的静负荷试验，并对所有受力部分进行详细的检查和鉴定，符合要求方可使用。

2）悬吊式排架的悬吊系统（包括定位锥、拉条、螺帽等）所用钢材应为3号钢一级品，定位锥必须从专业厂家采购，经检验合格后方可使用。

3）悬吊式排架中各单元排架的安装和拆除，在吊运过程中要严格遵守排架设计图纸的要求和起重运输的安全规程。禁止在排架上挂放杂物随排架一起吊运，必须随排架一起吊运的零星物件须与排架绑扎牢固。

4）升降用的卷扬机、滑轮及钢丝绳，应根据施工荷重计算选用，卷扬机应用地锚固定，并应备用双重制动闸。钢丝绳的安全系数不得小于14，使用过程中应防止与建（构）筑物棱角相摩擦。

5）为避免晃动，应使其固定在建（构）筑物的牢固部位上。

（13）挑式排架的斜撑上端必须连接牢固，下端应固定在立柱或建（构）筑物上。

（三）排架搭设的安全防护技术

（1）排架的外侧、斜道和平台要搭设高1.2m的防护栏杆和高0.3m的挡脚板，且栏杆的横杆间的净空高度应不大于0.5m，同时加设阻燃密目式安全立网。在洞口牛腿、挑檐等悬臂结构上搭设挑架（外伸排架）斜面与墙面一般不大于30° ，并支撑在建（构）筑物的牢固部分，不得支撑在窗台板、窗檐、线脚等地方。

（2）斜道板、跳板的坡度不得大于 1 ∶ 3，宽度不得小于 1.5m，防滑条间距不得大于 0.3m。

（3）排架平台的外侧与输电线路的边线之间的最小安全距离应符合要求。

（4）搭设架子时，所用扳手应系绳保护，所用的紧固件、工具应放在工具袋内，传递所用的紧固件、材料、工具不准抛掷。

（5）排架的支撑杆，在有车辆或搬运器材通过的地方应设置围栏以免遭到碰撞。

（6）搭设架子，应尽量避免夜间工作，夜间搭设架子应有足够的照明，搭设高度不得超过二级高处作业标准。

（7）井架、门架等排架，凡高度在 10 ~ 15m 的要设一组缆风绳（4 ~ 6 根），每增高 10m 加设一组。在搭设时应先设临时缆风绳，待固定缆风绳设置稳定后，再拆除临时缆风绳。缆风绳与地面的角度应为 45° ~ 60°，要单独牢固地拴在地锚上，并用花篮螺栓调节松紧。

（四）排架作业平台的安全防护技术

（1）排架作业高度超过 3.2m 时，作业平台下方必须挂设水平安全网，作业平台以上还应在排架外侧挂设阻燃密目式安全立网封闭。水平安全网必须随作业平台升高而升高，安全网距离作业面的最大高度不得超过 3m。

（2）排架安全梯道的搭设要求如上文所示。

（3）排架作业平台临边部位必须设置安全防护栏和挡脚板。

（4）排架施工旋转梯搭设要求及规定如上文所示。

（五）排架使用安全技术

（1）施工企业应统一制作规格为 50cm × 40cm 的标志牌，悬挂在排架醒目的地方，标明验收时间、允许上架人数及承受荷载。

（2）使用中必须有安全员跟班作业监督，严格控制排架上的材料重量和上架人数。任何情况下排架都禁止超负荷使用。

（3）排架上不宜堆放杂物，必须放置的构件要用绳索或铁丝绑扎固定。

（4）施工中，应保证排架验收时的结构不得改变（包括定位锥、立杆、横杆、斜撑、拉条、卡扣等），必须改变时，应征得设计部门、审核部门和验收部门的同意。

（5）其他施工企业因工作需要，必须拆除排架的某根横杆、斜撑、拉条时，应按照前款要求实施，并做到及时恢复其原状。

（6）在排架上进行动火作业，应符合下列规定：

1）应明确动火作业责任人。

2）每座单独排架必须自上而下安装一根消防立水管，水管采用 DN50 钢管，每 3 层排架安装一球阀，并配备长度相当的水管，以备随时将焊割作业面的竹跳板打湿。

3）执行班前检查制度，由带班负责人对排架的防火措施、作业环境进行检查，并进行交底后方可进行动火作业。

4）对排架上堆积的材料杂物和零星易燃材料必须清除，不得堆放在排架上。

5）当班动火作业前，确保水源到位，将排架上的竹夹板用水打湿，并将金属结构件用铁皮或其他防火材料与排架易燃材料隔开。

6）排架上所有焊把线、照明线、打磨机具线都必须采用绝缘物与排架钢管、钢管卡、扣件隔开，以消除隐患。

7）安全员对动火作业全过程进行监控，及时将焊渣、钢筋头收集清除。

8）动火作业完毕后，再次冲水打湿排架，并留专人对排架观察、监控半小时以上，确认无失火可能后方可离开，并做好记录，责任人签字认可。

第八节　高处作业安全技术

凡在坠落高度基准面2m以上（含2m）有可能坠落的高处进行的作业均称为高处作业。

其含义有两方面：一是相对概念，可能坠落的底面高度不小于2m，也就是说不论在单层、多层、高层建筑物作业，即使是在平地，只要作业处的侧面有可能导致人员坠落的坑、井、洞或空间，其高度达到2m及其以上，就属于高处作业；二是高低差距定为2m，因一般情况下，当人从2m以上高度坠落时，就很可能会造成重伤、残疾或者死亡。

一、高处作业分级和分类

（一）高处作业分级

《高处作业分级》（GB/T 3608—2008）将高处作业分为4级：

Ⅰ级：2m＜高处作业高度＜5m；

Ⅱ级：5m＜高处作业高度＜15m；

Ⅲ级：15m＜高处作业高度＜30m；

Ⅳ级：高处作业高度＞30m。

（二）高处作业分类

高处作业又分为一般高处作业和特殊高处作业，一般高处作业是指除特殊高处作业以外的高处作业。特殊高处作业又分为下列8类：

（1）在阵风风力六级（风速10.8m/s）以上的情况下进行的高处作业，称为强风高处作业。

（2）在高温或低温环境下进行的高处作业，称为异温高处作业。

（3）降雪时进行的高处作业，称为雪天高处作业。

（4）降雨时进行的高处作业，称为雨天高处作业。

（5）室外完全采用人工照明时进行的高处作业，称为夜间高处作业。

（6）在接近或接触带电体条件下进行的高处作业，称为带电高处作业。

（7）在无立足点或无牢靠立足点的条件下进行的高处作业，称为悬空高处作业。

（8）对突然发生的各种灾害事故进行抢救的高处作业，称为抢救高处作业。

二、一般安全要求

（1）进入施工现场必须戴安全帽。

（2）悬空高处作业人员应挂牢安全带。

（3）水利水电工程建设施工过程中，应采用密目式安全立网对建筑物进行封闭（或采取临边防护）。

（4）水利水电工程建设施工期间，应采取有效措施对施工现场和建筑物的各种孔洞盖严，并固定对人员活动集中和出入口处的上方应搭设防护棚。

（5）高处作业的安全技术措施应在施工方案中确定，并在施工前完成，最后经验收确认符合要求。

（6）高处作业的人员应按规定定期进行体检。凡经医生诊断，患高血压、心脏病、精神病等不适于高处作业病症的人员，不应从事高处作业。

三、临边作业安全技术

水利水电工程建设施工现场任何处所，当工作面的边沿无围护设施，使人与物有各种坠落可能的高处作业，属于临边作业。若围护设施（如窗台、墙等）高度低于800mm时，近旁的作业亦属临边作业，包括屋面边、楼板边、阳台边、基坑边等。

（1）工作边沿无围护设施或围护设施高度低于800mm的，必须设置防护设施，如基坑周边、尚未安装栏杆或挡板的阳台及楼梯段、框架结构各层楼板尚未砌筑维护墙的周边、坡形屋顶周边以及施工升降机与建筑物通道的两侧边等都必须设置防护栏杆。

（2）水平工作面防护栏杆高度应为1200mm；坡度大于1 ： 2.2的屋面，周边栏杆应高于1500mm，应能经受1000N的外力。防护栏杆应用安全立网封闭，或在栏杆底部设置高度不低于180mm的挡脚板。

四、洞口作业安全技术

水利水电工程建设施工过程中，常会出现各种预留洞口、通道口、上料口、楼梯口、电梯井口，在其附近工作，称为洞口作业。

通常将较小口的称为孔，较大口的称为洞。并规定：楼板、屋面、平台面等横向平面上，短边尺寸小于250mm的，以及墙上等竖向平面上，高度小于750mm的称孔；横向平面上，短边尺寸不小于250mm的，竖向平面上高度不小于750mm，宽度大于450mm的称洞。凡深度不小于2m的桩孔、沟槽与管道孔洞等边沿上施工作业，亦归入洞口作业的范围。

（1）在孔与洞口边的高处作业必须设置防护设施，包括因施工工艺形成的深度不小于2m的桩孔边、沟槽边和因安装设备、管道预留的洞口边等。

（2）较小的洞口应采用坚实的盖板盖严，盖板应能防止移位；较大的洞口除应在洞口采用安全网或盖板封严外，还应在洞口四周设置防护栏杆。

（3）墙面处的竖向洞（如电梯井口、管道井口），除应在井口处设防护栏杆或固定栅门外，井道内应每隔10m设一道平网。

五、攀登作业安全技术

（1）用于登高和攀登的设施应在施工组织设计中确定，攀登用具必须牢固可靠。

（2）梯子不得垫高使用。梯脚底部应坚实并应有防滑措施，上端应有固定措施。折梯使用时，应有可靠的拉撑措施。

（3）作业人员应从规定的通道上下，不得任意利用升降机、架梯等施工设备进行攀登。

六、悬空作业安全技术

施工现场，在周边临空的状态下进行作业时，高度不小于2m，属于悬空高处作业。悬空高处作业的法定定义是："在无立足点或无牢靠立足点的条件下进行的高处作业统称为悬空高处作业。"因此，悬空作业必须适当地建立牢靠的立足点，如设操作平台、脚手架或吊篮等，方可进行施工。凡作业所用的索具、脚手架、吊篮、吊笼、平台、塔架等均必须是经过技术鉴定的合格产品或经过技术部门鉴定合格后，方可采用。

（一）吊装构件和安装管道时的悬空作业

（1）钢结构构件，应尽可能地安排在地面组装，当构件起吊安装就位后，其临时固定电焊、高强螺栓连接等工序仍然要在高处作业，这就需要搭设相应的安全设施，如搭设操作平台，或佩戴安全带和张挂安全网。高空吊装预应力钢筋混凝土屋架、桁架等大型构件前，也应搭设悬空作业中所需的安全设施。

（2）分层分片吊装第一块预制构件，吊装单独的大、中型预制构件，以及悬空安装大模板等，必须站在平台上操作。吊装中的预制构件、大模板以及石棉水泥板等屋面板上，严禁站人和行走。

（3）安装管道，必须有已完结构或操作平台作为立足点，严禁在安装中的管道上站立和行走。

（二）支撑和拆卸模板时的悬空作业

（1）支撑和拆卸模板，应按规定的作业程序进行。前一道工序所支的模板未固定前，不得进行下一道工序。严禁在连接件和支撑件上攀登上下，并严禁在上下同一垂直面上装卸模板。结构复杂的模板，其装、拆应严格按照施工组织设计的措施进行。

（2）支设高度在3m及以上的柱模板，四周应设斜撑，并应设立操作平台。低于3m的可使用马凳操作。

（3）支设处于悬挑状态的模板，应有稳固的立足点。支设凌空构筑物的模板，应搭设支架或脚手架。模板面上有预留洞，应在安装后将洞口盖没。混凝土板上拆模后形成的临边或洞口，应按本章有关措施予以防护。

（4）拆模高处作业，应配置登高用具或搭设支架。

（三）绑扎钢筋时的悬空作业

（1）绑扎钢筋和安装钢筋骨架，必须搭设必要的脚手架和马道。

（2）绑扎圈梁、挑梁、挑檐、外墙和边柱等钢筋，应搭设操作平台、架设安全网。绑扎悬空大梁钢筋，必须在支架、脚手架或操作平台上操作。

（3）绑扎支柱和墙体钢筋，不得站在钢筋骨架上或攀登骨架上下。3m以内的柱钢筋，可在地面或楼面上预先绑扎，然后整体竖立；绑扎3m以上的柱钢筋，必须搭设操作平台。

（4）高空或深坑绑扎及安装钢筋骨架，必须搭设脚手架和马道。

（四）浇筑混凝土时的悬空作业

（1）浇筑离地2m以上的框架、过梁、雨篷和小平台等，应设操作平台，不得站在模板或支撑件上操作。

（2）浇筑拱形结构，应自两边拱脚，对称地相向进行。浇筑储仓，下口应先行封闭，并搭设脚手架以防人员坠落。

（3）特殊情况下进行浇筑，如无安全设施，必须挂好安全带，并扣好保险钩，或架设安全网。

（五）进行预应力张拉的悬空作业

（1）进行预应力张拉时，应搭设站立操作人员和设置张拉设置用的牢固可靠的脚手架或操作平台。雨天张拉，应架设防雨篷。

（2）预应力张拉区域应有明显的安全标志，禁止非操作人员进入。张拉钢筋的两端必须设置挡板，挡板一般应距所张拉钢筋的端部1.5 ~ 2m，且应高出最上一组张拉钢筋0.5m，其宽度应距张拉钢筋左右两外侧各不小于1m。

（3）孔道灌浆应按预应力张拉安全设施的有关规定进行。

七、交叉作业安全技术

水利水电工程建设施工现场常会有上下立体交叉的作业。因此，凡在不同层次中，处于空间贯通状态下同时进行的高处作业，属于交叉作业。交叉作业必须遵守下列安全规定:

（1）交叉施工不宜上下在同一垂直方向上作业。下层作业的位置，宜处于上层高度可能坠落半径范围以外，当不能满足要求时，应设置安全防护层。

（2）各种拆除作业（如钢模板、脚手架等），上面拆除时下面不得同时进行清整工作。物料临时堆放处离楼层边沿不应小于 lm。

（3）建（构）筑物的出入口，升降机的上料口等人员集中处的上方，应设置防护棚。防护棚的长度不应小于防护高度的物体坠落半径的规定。当建筑外侧面临街道时，除建筑立面采取密目式安全立网封闭外，尚应在临街段搭设防护棚，并设置安全通道。

（4）设置悬挑物料平台应按现行的相关规范进行设计，必须将其荷载独立传递给建筑结构，不得以任何形式将物料平台与脚手架、模板支撑进行连接。

第五章　水利水电工程质量管理与控制

第一节　水利水电工程质量管理与控制理论

一、水利水电建设项目管理概述

（一）建设项目管理

项目是在一定的条件下，具有明确目标的一次性事业或任务。每个项目必须具备一次性、目的性和整体性的特征。建设项目是指按照一个总体设计进行施工，由一个或几个相互有内在联系的单项工程所组成，经济上实行统一核算、行政上实行统一管理的建设实体。例如，修建一座工厂、一座水电站、一座港口、码头等，一般均要求在限定的投资、限定的工期和规定的质量标准的条件下，实现项目的目标。

建设项目管理是指在建设项目生命周期内所进行的有效的计划、组织、协调、控制等管理活动，其目的是在一定的约束条件下（如可动用的资源、质量要求、进度要求、合同中的其他要求等），达到建设项目的最优目标，即质量、工期和投资控制目标得以最优实现。根据建设项目管理的定义和现行建设程序，我国建设项目管理的实施应通过一定的组织形式，采取各种措施、方法，对建设项目的所有工作（包括建设项目建议书、可行性研究、项目决策、设计、施工、设备询价、完工验收等）进行计划、组织、协调、控制，从而达到保证质量、缩短工期、提高投资效益的目的。

建设项目管理包括较广泛的范围。按阶段，建设项目管理分为可行性研究阶段的项目管理、设计阶段的项目管理和施工阶段的项目管理；按管理主体，它分为建设项目业主的项目管理、设计单位的项目管理、承包商的项目管理和“第三方”的项目管理。而业主的项目管理是对整个建设项目和项目全过程的管理，其主要任务是控制建设项目的投资、质量和工期。业主经常聘请咨询工程师或监理工程师帮助他进行项目管理。

本章从业主或监理工程师的角度，结合水利水电工程的特点，研究水利水电工程施工阶段建设项目管理的质量控制及质量控制信息系统等有关问题。

（二）水利水电建设项目管理的特点

由于水利水电建设项目的规模较大、工期较长、施工条件较为复杂，从而使其项目管理具有强烈的实践性、复杂性、多样性、风险性和不连续性等特点；此外，由于我国的国情与西方国家存在一定的差异，因此，我国水利水电建设项目管理自身还具备如下一些特点：

（1）严格的计划性和有序性

我国水利水电建设项目管理是在水利部等有关政府部门的领导下有计划地进行的。

这与国外进行项目管理的自发性存在着实质性差别。水利部等有关政府部门制订的规程、规范等，使得水利水电建设项目管理做到了有章可循，大大加快了水利水电建设项目管理的推进速度。同时，由于我国水利水电建设项目管理是在政府制订的轨道上进行的，从而使得建设项目管理能够有序进行。

（2）较广的监督范围和较深的监督程度

我国是生产资料公有制为主体的国家，水利水电建设项目投资的主体是政府和公有制企事业单位，私人投资的项目数量较少且规模不大。政府有关部门既要对“公共利益”进行监督管理，还要严格控制水利水电建设项目的经济效益、建设布局和对国民经济发展计划的适应性等。而在生产资料私有制的国家里，绝大多数项目由私人投资建设，国家对建设项目的管理主要局限于对项目的“公共利益”的监督管理，而对建设项目的经济效益政府不加干预。由此可见，我国政府有关部门对项目的监督范围更广、监督程度更深。

（3）明显的“政府行为”特征

我国推行水利水电建设项目管理的许多方面都表现出明显的“政府行为”特征，这可从以下三方面得以说明：

①在各种标准合同文件的制定与颁布方面。在英、美等国，各种标准合同条件均由民间组织和机构制定和颁布。例如：《土木工程施工合同条件（FIDIC）》由国际咨询工程师联合会（Federation Intemationate Des Ingenieuis Conseils）编制，《IEC 合同条件》由英国土木工程师学会（Institute of Civil Engineers）编写等。在我国，各类标准合同条件均由政府有关部门制定和颁布。例如：《水利水电工程施工合同和招标文件示范文本》由水利部、国家电力公司、国家工商行政管理局联合颁发，而且规定凡列入国家或地方建设计划的大中型水利水电工程均使用该《范本》，小型水利水电工程可参照使用，体现了项目管理的“政府行为”。

②在水利水电工程项目建设程序方面。在国外，建设程序只是突出项目建设的重要原则，如优化决策、竞争择优和建设监理等原则。这可充分体现工程咨询单位、工程监理单位、仲裁机构等中间服务机构在建设程序中所起到的服务作用。我国的建设程序由于产生于计划经济时代，尽管市场经济的因素已逐步渗透进来，但目前仍包含较多的计划经济成分，如招标申请审核、竣工验收等工作均属政府有关部门的职能。体现了项目管理过程的

“政府行为”。

③在建设项目管理模式方面。在国外，建设项目管理模式由业主根据具体情况选择确定，建设项目管理模式具有多样性，只要业主认为某一项目管理模式最能适合其项目建设所需即可。业主在建设项目管理模式的选择上有很大的自主权。在我国，政府有关部门强调所谓的“项目管理标准模式”，使得建设单位一般无权选择其他项目管理模式，体现了项目管理策略的“政府行为”。

我国水利水电建设项目管理的上述特点对研究建设项目管理领域的有关问题既存在有利的一面，也存在不利的一面。在这里的研究中充分地考虑了这方面的影响因素。

二、水利水电工程质量控制概述

建设项目的质量是决定工程成败的关键，也是建设项目三大控制目标的重点。下面就水利水电工程质量控制的有关术语、水利水电工程项目质量的特点、水利水电工程质量管理体制等进行分析论述。

（一）建设项目质量管理术语

IS08402-1994（GB/T6583-94）《质量管理和质量保证术语》中，共包含了67个术语，基于这里的研究内容，重点介绍以下几个术语：

（1）质量

质量是指实体满足明确和隐含需要的能力的特性总和。质量主体是“实体”。“实体”不仅包括产品，而且包括活动、过程、组织体系或人，以及他们的结合。“明确需要”指在标准、规范、图纸、技术需求和其他文件中已经做出规定的需要。“隐含需要”一是指业主或社会对实体的期望，二是指那些人们公认的、不言而喻的、不必明确的“需要”。显然，在合同环境下，应规定明确需要，而在其他情况下，应对隐含需要加以分析、研究、识别，并加以确定。“特性”是指实体特有的性质，它反映了实体满足需要的能力。

（2）工程项目质量

工程项目质量是国家现行的有关法律、法规、技术标准、设计文件及工程合同中对工程的安全、使用、经济、美观等特性的综合要求。工程项目一般都是按照合同条件承包建设的，是在“合同环境”下形成的。工程项目质量的具体内涵应包括以下三方面。

①工程项目实体质量。任何工程项目都由分项工程、分部工程、单位工程所构成，工程项目的建设过程又是由一道道相互联系、相互制约的工序所构成，工序质量是创造工程项目实体质量的基础。因此，工程项目的实体质量应包括工序质量、分项工程质量、分部工程质量和单位工程质量。

②功能和使用价值。从功能和使用价值看，工程项目质量体现在性能、寿命、可靠性、安全性和经济性等方面，它们直接反映了工程的质量。

③工作质量。工作质量是指参与工程项目建设的各方，为了保证工程项目质量所从事工作的水平和完善程度。工作质量包括：社会工作质量（如社会调查、市场预测等）、生产过程工作质量（如政治工作质量、管理工作质量等）。要保证工程项目的质量，就要求有关部门和人员精心工作，对决定和影响工程质量的所有因素严加控制，通过提高工作质量来保证和提高工程项目的质量。

（3）工程项目质量控制

质量控制是指为达到质量要求所采取的作业技术和活动。工程项目质量控制是指为达到工程项目质量要求所采取的作业技术和活动。工程项目质量要求主要表现为工程合同、设计文件、技术规范规定的质量标准。因此，工程项目质量控制就是为了保证达到工程合同规定的质量标准而采取的一系列措施、方法和手段。工程项目质量控制按其实施者不同，包括三个方面：业主方面的质量控制、政府方面的质量控制、承包商方面的质量控制。工程项目业主或监理工程师的质量控制主要是指通过对施工承包商施工活动组织计划和技术措施的审核，对施工所用建筑材料、施工机具和施工过程的监督、检验和对施工承包商施工产品的检查验收来实现对施工项目质量目标的控制。

（二）水利水电工程项目质量的特点

要对水利水电工程项目质量进行有效控制，首先要了解水利水电工程项目质量形成的过程，根据其形成过程掌握其特点。监理工程师应结合这些特点进行质量控制。在研究水利水电工程项目质量控制的有关问题时，也必须充分考虑这些特点。

（1）水利水电工程项目质量形成的系统过程

水利水电工程项目质量是按照水利水电工程建设程序，经过工程建设系统各个阶段而逐步形成的。

（2）水利水电工程项目质量的特点

水利水电工程项目本身的特点，使得通过上述过程形成的水利水电工程项目质量具有以下一些特点：

①主体的复杂性。一般的工业产品通常由一个企业来完成，质量易于控制，而工程产品质量一般由咨询单位、设计承包商、施工承包商、材料供应商等多方参与来完成，质量形成较为复杂。

②影响质量的因素多。影响质量的主要因素有决策、设计、材料、方法、机械、水文、地质、气象、管理制度等。这些因素都会直接或间接地影响工程项目的质量。

③质量隐蔽性。水利水电工程项目在施工过程中，由于工序交接多，中间产品多，隐蔽工程多，若不及时检查并发现其存在的质量问题，事后看表面质量可能很好，容易产生第二类判断错误，即将不合格的产品判为合格的情况发生。

④质量波动大。工程产品的生产没有固定的流水线和自动线，没有稳定的生产环境，没有相同规格和相同功能的产品，容易产生质量波动。

⑤终检局限大。工程项目建成后，不可能像某些工业产品那样，拆卸或解体来检查内在的质量。所以终检验收时难以发现工程内在的、隐蔽的质量缺陷。

⑥质量要受质量目标、进度和投资目标的制约。质量目标、进度和投资目标三者既对立又统一。任何一个目标的变化，都将影响到其他两个目标。因此，在工程建设过程中，必须正确处理质量、投资、进度三者之间的关系，达到质量、进度、投资整体最佳组合的目标。

（三）水利水电工程质量管理体制

《水利工程质量管理规定》（中华人民共和国水利部令第 7 号）规定：水利工程质量实行项目法人（建设单位）负责、监理单位控制、施工单位保证和政府监督相结合的质量管理体制。水利水电工程质量监督机构负责监督设计，监理施工单位在其资质等级允许范围内从事水利水电工程建设的质量工作；负责检查、督促建设、监理、设计、施工单位建立健全质量体系；按照国家和水利行业有关工程建设法规、技术标准和设计文件实施工程质量监督，对施工现场影响工程质量的行为进行监督检查。项目法人（建设单位）应根据工程规模和工程特点，按照水利部有关规定，通过资质审查招标选择勘测设计、施工、监理单位并实行合同管理。监理单位应根据监理合同参与招标工作，从保证工程质量全面履行工程承建合同出发，签发施工图纸；审查施工单位的施工组织设计和技术措施；指导监督合同中有关质量标准、要求的实施；参加工程质量检查、工程质量事故调查处理和工程验收工作。施工单位要推行全面质量管理，建立健全质量保证体系，在施工过程中认真执行“三检制”，切实控制好工程质量的全过程。

三、水利水电工程质量评定方法

（一）水利水电工程质量评定项目划分

水利水电工程的质量评定，首先应进行评定项目的划分。划分时，应从大到小的顺序进行，这样有利于从宏观上进行项目评定的规划，不至于在分期实施过程中，从低到高评定时出现层次、级别和归类上的混乱。其次在进行质量评定时，应从低层到高层的顺序进行，这样可以从微观上按照施工工序和有关规定，在施工过程中把好施工质量关，由低层到高层逐级进行工程质量控制和质量检验评定。

（1）基本概念

水利水电工程一般可分为若干个扩大单位工程。扩大单位工程系指由几个单位工程组成，并且这几个单位工程能够联合发挥同一效益与作用或具有同一性质和用途。

单位工程系指能独立发挥作用或具有独立的施工条件的工程，通常是若干个分部工程完成后才能运行使用或发挥一种功能的工程。单位工程常常是一座独立建（构）筑物，特殊情况下也可以是独立建（构）筑物中的一部分或一个构成部分。

分部工程系指组成单位工程的各个部分。分部工程往往是建（构）筑物中的一个结构部位，或不能单独发挥一种功能的安装工程。

单元工程系指组成分部工程的、由一个或几个工种施工完成的最小综合体，是日常质量考核的基本单位。可依据设计结构、施工部署或质量考核要求把建筑物划分为层、块、区、段等来确定。

（2）单元工程与国标分项工程的区别

①分项工程一般按主要工种工程划分，可以由大工序相同的单元工程组成。如：土方工程、混凝土工程是分项工程，在国标中一般就不再向下分，而水利部颁发的标准中，考虑到水利工程的实际情况，像土坝、砌石、混凝土坝等，如作为分项工程，则工程量和投资都可能很大，也可能一个单位工程仅有这一个分项工程，按国标进行质量检验评定显然不合理。为了解决这个问题，部颁标准规定，质量评定项目划分时可以继续向下分成层、块、段、区等。为便于与国标分项工程区别，我们把质量评定项目划分时的最小层、块、段、区等叫作单元工程。

②分项工程这个名词概念，过去在水利工程验收规范、规程中也经常提到，一般是和设计规定基本一致的，而且多用于安装工程。执行单元工程质量检验评定标准以来，分项工程一般不作为水利工程日常质量考核的基本单位。在质量评定项目规划中，根据水利工程的具体情况，分项工程有时划为分部工程，有时又划为单元工程，分项工程就不作为水利工程质量评定项目划分规划中的名词出现，而出现名词单元工程。单元工程有时由多个分项工程组成，如一个钢筋混凝土单元就包括有钢筋绑扎和焊接、混凝土拌制和浇筑等多个分项工程；有时由一个分项工程组成。即单元工程可能是一个施工工序，也可能是由若干个工序组成。

③国标中的分项工程完成后不一定形成工程实物量，或者仅形成未就位安装的零部件及结构件，如模板分项工程、钢筋焊按、钢筋绑扎分项工程、钢结构件焊接制作分项工程等。单元工程则是一个工种或几个工种施工完成的最小综合体，是形成工程实物量或安装就位的工程。

（3）项目划分原则

质量评定项目划分总的指导原则是：贯彻执行国家正式颁布的标准、规定，水利工程以水利行业标准为主，其他行业标准参考使用。如房屋建筑安装工程按分项工程、分部工程、单位工程划分；水工建筑安装工程按单元工程、分部工程、单位工程、扩大单位工程划分等。

①单位工程划分原则。

a. 枢纽工程按设计结构及施工部署划分。以每座独立的建筑工程或独立发挥作用的安装工程为单位工程。

b. 渠道工程按渠道级别或工程建设期、段划分。以一条干（支）渠或同一建设期、段的渠道工程为单位工程，投资或工程量大的建筑物以每座独立的建筑物为单位工程。

c. 堤坝工程按设计结构及施工部署划分。以堤坝身、堤坝岸防护、交叉连接建筑物等分别为单位工程。

②分部工程划分原则。

a. 枢纽工程按设计结构的主要组成部分划分。

b. 渠道工程和堤坝工程按设计及施工部署划分。

c. 同一单位工程中，同类型的各个分部工程的工程量不宜相差太大，不同类型的各个分部工程投资不宜相差太大。每个单位工程的分部工程数目不宜少于 5 个。

③单元工程划分原则。

a. 枢纽工程按设计结构、施工部署或质量考核要求划分。建筑工程以层、块、段为单元工程，安装工程以工种、工序等为单元工程。

b. 渠道工程中的明渠（暗渠）开挖、填筑按施工部署切分，衬砌防渗（冲）工程按变形缝或结构缝划分，工程不宜大于 100m。

（二）质量检验评定分类及等级标准

（1）单元工程质量评定分类

水利工程质量等级评定前，有必要了解单元工程质量评定是如何分类的。单元工程质量评定分类有多种，这里仅介绍最常用的两种。按工程性质可分为：

①建筑工程质量检验评定。

②机电设备安装工程质量检验评定。

③金属结构制作及安装工程质量检验评定。

④电气通信工程质量检验评定。

⑤其他工程质量检验评定。

按项目划分可分为：

①单元、分项工程质量检验评定。

②分部工程质量检验评定。

③单位工程质量检验评定。

④扩大单位或整体工程质量检验评定。

⑤单位或整体工程外观质量检验评定。

（2）评定项目及内容

中小型水利工程质量等级仍按国家规定（国标）划分为“合格”和“优良”两个等级。不合格单元工程的质量不予评定等级，所在的分部工程、单位工程或扩大单位工程也不予评定等级。

单元工程一般由保证项目、基本项目和允许偏差项目三部分组成。

①保证项目。

保证项目是保证水利工程安全或使用功能的重要检验项目。无论质量等级评为合格或优良，均必须全部满足规定的质量标准。规范条文中用“必须”或“严禁”等词表达的都列入了保证项目。另外，一些有关材料的质量、性能、使用安全的项目也列入了保证项目。对于优良单元工程，保证项目应全部符合质量标准，且应有一定数量的重要子项目达到“优良”的标准。

②基本项目。

基本项目是保证水利工程安全或使用性能的基本检验项目。一般在规范条文中使用“应”或“宜”等词表达，其检验子项目至少应基本符合规定的质量标准。基本项目的质量情况或等级分为“合格”及“优良”两级，在质的定性上用“基本符合”与“符合”来区别，并以此作为单元工程质量分等定级的条件之一。在量上用单位强度的保证率或离差系数的不同要求，以及用符合质量标准点数占总测点的百分率来区别。一般来说，符合质量标准的检测点（处或件）数占总检测数 70% 及以上的，该子项目为“合格”，在 90% 及以上的，该子项目为“优良”。在各个子项目质量均达到合格等级标准的基础上，若有 50% 及其以上的主要子项目达到优良，该单元工程的基本项目评为“优良”。

③允许偏差项目。

允许偏差项目是在单元工程施工工序过程中或工序完成后，实测检验时规定允许有一定偏差范围的项目。检验时，允许有少量抽检点的测量结果略超出允许偏差范围，并以其所占比例作为区分单元工程是“合格”还是“优良”等级的条件之一。

四、水利水电工程施工质量评定管理系统的规划

（一）水利水电工程施工质量评定工作的特点

就《水利水电工程施工质量评定表》而言，水利水电工程外观质量评定是由建设（监理）单位组织，负责该项工程的质量监督部门主持，有建设（监理）施工及质量检测等单位参加的，各评定项目的质量标准，要根据所评工程特点及使用要求，在评前由设计、建设（监理）及施工单位共同研究提出方案，经负责该项工程的质量监督部门确认后执行，这部分的表式是没有固定填写标准的。但其他部分的评定表都是要严格按照《水利水电工程施工质量评定表填表说明与示例》进行填写的，这部分的评定表实质上都是单元工程质量评定表或工序质量评定表，就一个土石坝工程来说，这样的表要填成百上千次，有很大一部分重复工作完全可以由计算机来完成。因此，水利水电工程施工质量评定管理系统是着眼于单元工程（工序）质量评定进行编制的。

（二）单元工程（工序）质量表中保证项目和基本项目的量化方法

（1）一票否决法处理保证项目子目

因为保证项目是保证水利工程安全或使用功能的重要检验项目。无论质量等级评为合格或优良，均必须全部满足规定的质量标准。保证项目只要出现不符合质量标准的子项目，该单元工程（工序）就只能作不合格处理。

（2）用层次分析法确定指标权重

保证项目和基本项目的子项目的检测点属定性描述，必须量化后才能用于统一的打分计算，得出质量评定结果。这里采用系统工程的层次分析法来计算保证项目和基本项目的评价指标权重，从而准确计算单元工程（工序）的质量得分，客观评定单元工程质量或工序质量。

层次分析法，简称 AHP，20 世纪 70 年代中期由美国著名运筹学家 T.L.Satty 提出，80 年代初期由 H.Gholammzhad 引入我国，是系统分析中的一种新的简易实用的决策方法。它尤其适用于那些难于完全用定量方法进行分析的复杂问题。在把定性的检测结论转化成定量评分的处理中，这里借用这一方法来确定保证项目和基本项目的子项目的检测点的权重。它的基本原理是将整个系统按照因素间的相互关联影响以及隶属关系分解为若干层次，通过同层次两两因素的对比，逐层定出最低层（指标层）因素相对于最高层（目标层）的相对重要性权值，从而将人的主观判断思维过程用数学形式表达和处理，同时还可以检查主观判断过程的一致性。这一方法易于掌握，也易于运用，是一种整理和综合各项主观判断的客观方法。

在排序计算中，每一层次的因素相对上一层某一因素的单排序问题可简化，为一系列成对因素的判断比较，为了将比较判断定量化，层次分析法引入 1 ~ 9 比率标度方法，并写成矩阵形式，即构成所谓的判断矩阵，形成判断矩阵后，即可通过计算判断矩阵的最大特征根及其对应的特征向量，计算出某一层元素相对于上一层次某一元素的相对重要性权值。在计算出某一层次相对于上一层次各个因素的单排序权值后，用上一层次因素本身的权值对于上一层整个层次的相对重要性权值，即层次总排序值。这样，依次由上而下即可计算出最低层因素相对于最高层的相对重要性权值或相对优劣次序的排序值。

第二节　水利水电工程施工质量管理与评价存在的问题

一、水利水电工程施工质量管理存在的问题

（一）工程设计中存在问题

（1）项目决策咨询评估有待加强

水利工程建设项目评估是政府对项目决策的重要依据，只有咨询评估得合理可行，才能避免项目的盲目性和决策失误。但中小型水利工程很少组织可行性论证，工程建设常常不合理或不规范。国家或水利部已经出台了一系列法律法规、技术标准和规范，但很多水利基层单位和个人并没有去实施。

（2）工程前期勘测设计的深度不如大型工程，设计不规范

某些个别水利水电工程建设项目的项目规划书、可行性研究报告和初步设计文件，由于前期工作经费不足，规划只停留在已有资料的分析上，缺乏对环境、经济、社会水源配置等方面的综合分析，特别是缺乏较系统全面地满足设计要求的地质勘测，致使方案比选不力，新材料、新技术、新工艺的应用严重滞后，整个前期工作做得不够扎实，直接影响到工程建设项目的评估、立项、进度和质量等。而设计单位普遍存在资质低、设计水平低、施工图不规范、图纸错误较多、结构不符合实际、设变更随意性大等问题。设计人员施工经验差，未考虑施工工艺和施工能力，考虑设计规范较多，考虑施工现实条件较少，造成设计与施工的衔接有一定困难。水利水电工程一般是采用国家拨款与地方筹集资金相结合的方式，而地方筹集资金占很重要的部分。有些地方由于财政困难常难以垫付足够的前期勘测费，待立项后有了资金又急于上马，没有足够的时间与足够的经费进行前期勘测，导致水利水电工程的前期勘测设计深度不够。有的项目更是由于政府的行政干预匆忙上马，根本没有进行勘测设计等。

（二）工程施工材料管理中存在问题

（1）原材料的质量问题

混凝土工程使用的水泥、粉煤灰、外加剂等属厂家生产产品，其砂石骨料通常使用坝址附近河床开采的砂石料或开采块石料加工制成品料。目前，有的厂家出厂的产品未达到国家标准，是伪劣产品，有的工程砂石骨料质量也存在一些问题，但因工程施工急需，只得“凑合”使用，造成混凝土质量不稳定。水利水电工程使用的钢筋、钢材及止水材料等也发现一些伪劣产品，原材料存在的质量问题将给工程运行留下安全隐患。

（2）施工中的问题

水利水电工程建设过程中，从建筑物基础开挖、基岩灌浆处理到混凝土浇筑土石坝体填筑，金属结构及机电设备安装，有的工程施工过程中未能按照水利部、电力部有关施工技术规范，严格控制每道施工工序的质量，出现的问题较多。例如，建筑物基础开挖施工中，有的承包单位为抢施工进度，不按技术要求进行控制爆破，造成基岩面爆破裂隙较多，起伏差较大，增加了基岩面整修工作量和混凝土回填工作量。混凝土浇筑施工过程中，未按混凝土施工技术规范严格施工工艺，出现入仓混凝土骨料分离，振捣不密实、漏振，致使层面结合不好，有蜂窝、架空现象。低温季节浇筑混凝土，未按设计要求进行保温，高温季节浇筑混凝土，未按设计要求采取温控措施，致使混凝土裂缝较多，增加了补救处理工作量。土石填筑施工质量存在填料不合要求的未能严格按照施工规范进行分层碾压等问题。

（3）承包单位偷工减料引起的质量问题

有的工程施工单位层层转包，由于转包单价偏低，承包单位就搞偷工减料，为欺骗监理单位，就不择手段造假资料蒙混过关。例如某工程基础帷幕灌浆施工中，就发现有的承包单位改变水泥浆配比，降低压力灌浆，伪造灌浆施工记录资料。这种现象在隐蔽工程施工中较为普遍，严重影响了建筑物基岩固结灌浆和防渗帷幕灌浆质量，将给工程安全运行留下隐患。

（4）金属结构及机电设备的问题

有的工程金属结构加工制造工艺粗糙、焊接质量不良，安装误差较大等质量问题，造成闸门漏水严重，金属结构构件不能使用，需进行返工处理，影响了工程建设工期。机电设备存在着伪劣产品，不能正常使用，经常需要更换，给工程造成损失。

（三）质量控制中存在问题

（1）水利水电项目专业多、项目多、而单项工程量多。从建设管理的角度来看，质量控制存在很大难度。若使用先进的大型设备，由专业队伍进行施工，工程成本不能保证，若改用简化的办法，非专业队伍来施工，其质量就难以控制保证。

（2）水利水电工程一旦发现早期失控，为弥补损失而赶工，将严重影响质量控制工作。在一些工程招投标中，压低临时建设费、不可预见费等，致使施工单位在经济上十分被动。这点也是水利水电工程出现许多分包，甚至“隐性转包”的重要原因。包工队以更低单价拿到工程之后，经常挖空心思偷工减料、弄虚作假，给工程质量造成隐患。

（3）施工单位现场管理力度不力，质保体系不健全，挂靠资质现象严重，施工水平低。项目部管理模式多是公司管理层加包工头，施工队伍设备投入少、技术水平低。施工主要技术工人及工程师配置不足，施工的主要核心管理网络不完善，缺少专业的相对固定的施工班组，造成施工组织的杂乱无章、低级错误不断。

（四）工程监督管理中存在问题

（1）项目监督管理水平欠缺

项目法人中的组织机构人员质量意识淡薄，重视工期，轻视质量。项目部人员素质不高，缺少高水平的管理人才，项目管理科学化决策少，相关的技术支持比较少，随意性较大。中小型水利工程主要由地方筹资，采用地方单价都较低，加上资金到位情况比较差，使工程往往不能够按照计划进行，而一些地方矛盾也由于领导的重视不够，严重影响了工程的施工进度。业主对工程质量的重视不够，在口头上说质量第一，而在施工时当质量与进度发生矛盾时，就放弃了质量。例如东北某水利水电的质量监督机构发展程度弱、质量管理工作力度不够，没有形成统一协调的水利水电工程质量监督系统和管理网络，致使管理薄弱，影响了水利水电工程质量监督水平的提高。

（2）不能严格执行合同

在招投标工作中过分压低工程造价，工程变更随意性大，不能严格执行合同中关于有关部门条款，不按程序办事，长官意识严重，行政指挥较多。某些工程不能很好地执行合同，而是主观施工，造成了很严重的后果。

（3）工程管理中的服务意识较差

普遍存在工程前期手续不完备即开工，形成的地方矛盾较多，使施工方疲于处理各种地方矛盾，弱化了质量管理的精力。另外业主对设计及监理工作的过多干涉，对其工作的开展也造成了一定的影响。由于某些工程管理中的服务意识差也导致了一些问题的产生。

二、现行水利水电工程质量评价方法

（一）水利水电工程质量的评价等级

现行水利水电工程按单元工程、分部工程、单位工程及工程项目的顺序依此评定，工程质量分为“合格”和“优良”两个等级。

（二）单元工程质量评定标准

单元工程质量评定的主要内容包括主要项目与一般项目。按照现行评定标准分为“合格”和“优良”两个等级。在基本要求检测项目合格的前提下，主要检测项目的全部测点全部符合上述标准。每个一般检测项目的测点中，有以上符合上述标准，其他测点基本符合上述标准，且不影响安全和使用即评定为合格在合格的基础上，一般检测项目的测点总数中，有以上的测点符合上述标准，即评定为优良。

单元工程质量达不到合格标准时，必须及时处理。其质量等级按下列条款确定全部返工重做的可重新评定质量等级经加固补强并经鉴定能达到设计要求，其质量只能评定为合格经鉴定达不到设计要求，但项目法人和监理单位认为基本满足安全和使用功能要求，可以不加固补强的或经加固补强后，改变外形尺寸或造成永久性缺陷，经项目法人和监理单位认为基本满足设计要求的，其质量可按合格处理。

（三）分部工程质量评定标准

（1）合格标准

单元工程质量全部合格中间产品质量及原材料质量全部合格，启闭机制造与机电产品质量合格。

（2）优良标准

单元工程质量全部合格，有以上达到优良，主要单元工程质量优良，且未发生过质量事故，中间产品质量全部合格，如以混凝土为主的分部工程混凝土拌和物质量达到优良，原材料质量合格，启闭机、闸门制造及机电产品质量合格。

（四）单位工程质量评定标准

（1）合格标准

分部工程质量全部合格，中间产品质量及原材料质量全部合格，启闭机制造与机电产品质量合格，外观质量得分率达到以上工程使用的基准点符合规范要求，工程平面位置和高程满足设计和规范要求，施工质量检验资料基本齐全。

（2）优良标准

分部工程质量全部合格，其中有以上达到优良，主要分部工程质量优良，且施工中未发生重要质量事故，中间产品质量及原材料质量全部合格，其中各主要部分工程混凝土拌和物质量达到优良，原材料质量、启闭机制造与机电产品质量合格外观质量得分率达到以上工程使用基准点符合规范要求，工程平面位置和高程满足设计和规范要求施工质量检验资料基本齐全。水利水电工程、泵站工程的质量评定还需经机组启动试运行检验，达到工程设计要求。

（五）工程项目质量评定标准

（1）合格标准

单位工程全部合格。

（2）优良标准

单位工程全部合格，其中以上达到优良，且主要单位工程质量优良。

三、水利水电工程施工质量评价存在的问题

现行评定标准中要求工程质量必须同时满足五项条件，若有一项不符合要求，就会否定整体工程质量，且现行评定标准没有考虑各个因素对工程质量的不同影响程度，即权重，评价体系不能完全体现其科学性与合理性。

水利部在新中国成立以来几十年来的经验教训基础上，总结出一套比较完善而又切实可行的检验评定大中型水利建设工程质量的标准——《质量评定表》和《质量评定标准》。但对于水利水电工程，目前还没有较系统的质量检验和评定等级的办法和标准。只能参照水利建设工程的《质量评定表》和《质量评定标准》实行，而现有的评定方法是不能完全考虑影响水利水电工程质量的特点。

现有的工程质量评定采用评定指标进行简单的、精确的量化，没有考虑到工程质量的模糊性和工程质量等级的模糊性，因而不能全面地反映工程质量。

对于水利工程而言，由于单元工程或分部工程划分的数量较小，评定的群体较小，评测结果与真实状况容易产生一定的偏差。如不同施工标段由于工程施工项目少，项目划分时往往会出现分部或单元工程个数相同的情况，现行评定是以合格率与优良率作为评价标准的。在实际评定时不同施工阶段会出现相同的优良率或合格率，而在实际的质量情况会存在较大差异，若仅仅从评定数值上看，不能完全公正、客观反映工程真实的质量状况。

第三节　施工阶段质量控制的研究

水利水电工程质量控制的目的是确保水利水电工程项目质量目标全面实现，提高水利

水电工程项目的投资效益、社会效益和环境效益。水利水电工程项目质量是按照水利水电工程建设程序，经过工程建设系统各个阶段逐步形成的。质量控制的任务：根据水利水电工程合同规定的工程建设各阶段的质量目标，对工程建设全过程的质量实施监督管理。

各阶段的质量目标不同，各阶段具有不同的质量控制对象和任务。施工阶段质量控制是水利水电工程项目全过程质量控制的关键环节。工程质量很大程度上取决于施工阶段质量控制。施工阶段的质量控制不仅是水利水电工程项目质量控制的重点，也是监理工程师质量控制的核心内容。监理工程师进行质量控制的工作主要集中在施工阶段。

一、水利水电工程质量控制信息系统开发应用现状

（一）建设项目管理信息系统开发应用现状

国内外项目管理软件的发展大致经历了三个阶段，即第一层次是以实现项目管理基本功能为目的的系统软件，第二层次是以实现分析和预测功能及计算机网络的使用和通信功能为目的的系统软件，第三层次是基于 Internet 项目管理软件的集成开发。国内目前应用的主要是第一层次上的软件，第二层次的功能在国外基本实现，在国内已成为开发的主要方向，由于各国的建设管理体制和建设项目管理模式的差异，很难将国外已经成熟的软件直接应用于国内。目前，随着计算机的普及，以及工程市场的开发和国际接轨，国内越来越多的单位开始开发和应用项目管理软件。具有代表性的就是建设项目管理信息系统。

建设项目管理信息系统（Project Management Information System，简称 PMIS），是由计算机硬件、软件、数据、管理人员、管理制度等组成，并用于工程建设管理的系统。该系统能进行建设项目信息的收集、加工、传递、存贮、维护和使用，能反映工程项目施工过程进度、质量和费用的控制状况，能利用过去的信息预测未来，能从全局出发辅助决策。建设项目管理信息系统辅助管理功能的内容包括：投资（或成本）控制功能、进度控制功能、质量控制功能、合同管理功能和行政事务处理功能。按照项目管理主体的不同，项目管理可分为业主的项目管理、监理工程师的项目管理、承包商的项目管理。

目前，国内在这三方面的项目管理信息系统开发和应用程度有所不同。业主方的项目管理信息系统开发得较多，在水利水电工程领域，有福建水口水电站工程的管理信息系统、黄河小浪底水利枢纽工程控制信息系统、长江三峡水利枢纽右岸一期工程管理信息系统及三峡工程管理系统（TGPMS）等，这些系统从水口水电站仅局限于应用 P3 项目管理软件的部分功能，发展到三峡工程管理系统（TGPMS）对三峡工程的计划、进度、成本、质量、资金、工程技术和文件、材料设备采购、工程施工及合同管理等高效统一、规范协调的管理和控制，说明我国水利水电工程领域业主方的管理信息系统已达到了项目管理软件开发第二层次的水平。承包商项目管理软件的应用主要集中在一种或少数几种功能方面（如进度控制、成本控制等）。在水利水电工程领域，中国葛洲坝集团公司在三峡工程中，应用

项目管理软件进行计划网络管理，成功地实施了对工程的动态控制。目前国内已有单位着手研究开发监理工程师的项目管理信息系统（工程监理信息管理系统），并取得了一定的成果，但由于各方面条件的制约，距全面实现计算机辅助工程监理工作以及支持监理工程师的决策尚有一段较大的距离。经过调查，水利水电工程监理信息管理系统的开发和应用尚处于起步阶段。由此可见，有必要对这方面的问题进行研究。

（二）水利水电工程质量控制信息系统开发应用现状

监理工程师的主要工作内容是进行工程建设合同管理，按照合同控制质量、进度、投资，并协调有关各方的工作关系，最终最优地实现建设项目的质量目标、工期目标和投资目标。工程监理信息管理系统是监理工程师提高工作效率、进行科学决策的强有力的辅助工具，该系统由文件管理子系统、合同管理子系统、质量控制子系统、进度控制子系统和投资控制子系统等组成。

目前在我国水利水电工程领域里，具备上述5个子系统的工程监理信息管理系统正处于研制开发阶段，投入运用的很少。根据调查，基本已开发并运用了单独的文件管理系统、合同管理系统、进度控制系统、投资控制系统等，但还缺少一些主要系统，如质量控制系统等。工程质量控制是水利水电工程建设监理的主要内容之一，它贯穿于整个施工过程，具有信息量大、综合性强、技术难度高等特点。在世界上许多发达国家，计算机辅助工程质量控制已非常普遍，并已达到较高水平。与发达国家相比我国水利水电工程领域质量控制信息系统在开发和运用等方面，存在着较大的差距。具体体现在以下几个方面：

①尚无成熟的经验可循。国外虽已推出相应的标准软件，但国内外标准体系相差较大，尤其水利水电建设项目受“政府行为”影响，无法直接将其应用于国内的水利水电工程项目。

②国内虽已编制了一些应用程序，但大多没有考虑到数据综合处理的需要，功能也不完善。

③现有系统（软件）缺乏对监理工程师质量控制任务的详尽分析。

④没有针对水利水电工程质量控制的业务建立起适宜的数学模型。

⑤大多数监理工程师仍是用局部处理代替手工处理达到辅助人工质量控制的目的，没有进入辅助决策阶段。

⑥软件的开发距商品化的程度较远。

二、质量控制的系统过程及程序

（一）质量控制的系统过程

施工阶段的质量控制是一个经由对投入的资源和条件的质量控制进而对生产过程及各环节质量进行控制，直到对所完成的工程产品的质量检验与控制为止的全过程的系统控制过程。根据施工阶段工程实体质量形成过程的时间阶段，质量控制划分为以下三个阶段。

（1）事前质量控制

事前质量控制是指在施工前的准备阶段进行的质量控制，即在各工程对象正式施工开始前，对各项准备工作及影响质量的各因素和有关方面进行的质量控制。

（2）事中质量控制

事中质量控制是指在施工过程中对所有与施工过程有关的各方面进行的质量控制，也包括对施工过程中的中间产品（工序产品，分部、分项工程，工程产品）的质量控制。

（3）事后质量控制

事后质量控制是指对通过施工过程所形成的产品的质量控制。

在这三个阶段中，工作的重点是工程质量的事前控制和事中控制。

（二）质量控制的程序

工程质量控制与单纯的质量检验存在本质上的差别，它不仅仅是对最终产品的检查和验收，而是对工程施工实施全过程、全方位的监督和控制。

三、事前质量控制

在水利水电工程施工阶段，影响工程质量的主要因素有“人（Man）、材料（Mate-riel）、机械（Machine）、方法（Method）和环境（Environment）”等五大方面，简记为 4M1E 质量因素。监理工程师事前质量控制的主要任务包括两方面：一方面，对施工承包商的准备工作质量的控制，即对施工人员、施工所用建筑材料和施工机械、施工方法和措施、施工所必备的环境条件等的审核；另一方面，监理工程师应做好的事前质量保证工作，即为了有效地进行预控，监理工程师需要根据承包商提交的各种文件，依照本工程的合同文件及相关规范、规程，建立监理工程师质量预控计划。另外，还需做好施工图纸的审查和发放。

（一）承包商准备工作的质量控制

（1）承包商人员的质量控制

按照规定，承包商在投标时应按招标文件的要求及《水利水电土建工程施工合同条件》有关条款的规定提交详细的《拟投入合同工作的主要人员表》，其目的是保证承包商的主要人员符合投标的承诺。在双方签订的合同文件中列入投标文件中的主要人员。承包商按此配备人员，未经业主同意，主要人员不能随意更换。承包商在接到开工通知 84 天内向监理工程师提交承包商在工地的管理机构及人员安排报告。对承包商人员的事前控制，就是核查承包商提交的人员安排（尤其主要人员）是否与合同文件所列人员一致，进场人员（尤其主要人员）是否与人员安排报告相一致。然后监理工程师对照标书和施工合同，根据工程开工的需要，审核这些已进场的关键人员在数量和素质上是否符合要求，其他关键人员进场的日期是否满足开工要求。另外，监理工程师还要检查技术岗位和特殊工种工人（如从事钢管和钢结构焊接的焊工）的上岗资格证明。

（2）材料的控制

按照规定，为完成合同内各项工作所需的材料包括原材料、半成品、成品，除合同另有规定外，原则上应由承包商负责采购。即承包商负责材料的采购、验收、运输和保管。承包商应按合同进度计划和《技术条款》的要求制订采购计划报送监理工程师审批。

①承包商按照审批后的采购计划进行采购并交货验收，其材料交货验收的内容包括：

查验证件。承包商应按供货合同的要求查验每批材料的发货单、计量单、装箱单、材料合格证书、化验单、图纸或其他有关证件，并应将这些证件的复印件提交监理工程师。

抽样检验。承包商应会同监理工程师根据不同材料的有关规定进行材料抽样检验，并将检验结果报送监理工程师。承包商应对每批材料是否合格做出鉴定，并将鉴定意见书提交监理工程师复查。

材料验收。经鉴定合格的材料方能验收入库，承包商应派专人负责核对材料品名、规格、数量、包装以及封记的完整性，并做好记录。

②监理工程师对材料的事前控制的步骤。

审批承包商的采购计划。监理工程师根据掌握的材料质量、价格、供货能力等方面的信息，对承包商申报的供货厂家进行审批，尤其对于主要材料，在订货前，必须要求承包商申报，经监理工程师论证同意后，方可订货。当材料进场后，监理工程师应监督承包商对材料进行检查和验收，并对承包商报送的《进场材料质量检验报告单》进行审核。监理工程师除了核查报告单所附的查询证件复印件、鉴定意见书外，要对承包商的材料质量检验成果复核，对有些材料还要进行抽检复验。监理工程师在审核承包商的材料质量检验成果或在抽检复验时应注意下列内容的审核或正确选用。

材料质量标准。材料质量标准是用以衡量材料质量的尺度，也是作为验收检验材料质量的依据。不同的材料有不同的质量标准，掌握材料的质量标准，就便于可靠地控制材料和工程的质量。监理工程师要审核选用的质量标准是否合理。

材料质量检验项目。材料质量的检验项目分“一般试验项目”“为通常进行的试验项目”“其他试验项目”“为根据需要进行的试验项目”。针对某种材料，监理工程师要审核检验项目是否能满足工程要求。

取样标准和方法。材料质量检验的取样必须有代表性，即所采取样品的质量应能代表该批材料的质量。在采取试样时，必须按规定的部位、数量及采选的操作要求进行。监理工程师要审核承包商对某种材料的取样标准和方法时应按规定进行。

（3）工程设备的控制

①业主负责采购的工程设备。按照《水利水电土建工程施工合同条件》的规定，业主提供的工程设备应由承包商与业主在合同规定的交货地点共同进行交货验收，即将业主采购的工程设备由生产厂家直接移交给承包商，交货地点可以在生产厂家、工地或其他合适的地方。工程设备的检验测试由承包商负责。监理工程师必须对承包商报送的检验结果复核签认。

②承包商负责采购并安装的工程设备。按照《水利水电工程施工合同技术条款》的规定，承包商负责采购和安装的工程设备，应根据施工进度的安排及本合同《工程量清单》所列的项目内容和本技术条款规定的技术要求，提出工程设备的订货清单，报送监理工程师审批。承包商应按监理工程师批准的工程设备订货清单办理订货，并应将订货协议副本提交监理工程师。

无论是由业主负责采购承包商负责安装的工程设备，还是由承包商负责采购并安装的工程设备，承包商均需会同业主或监理工程师进行检验测试，检验结果必须报送监理工程师复核签认。针对工程设备的事前控制，监理工程师必须从计量，计数检查，质量保证文件审查，品种、规格、型号的检查，质量确认检验等方面对承包商的检验结果进行控制。

（4）施工机械设备的质量控制

在工程开工前，承包商应综合考虑施工现场条件、工程结构、机械设备性能、施工工艺、施工组织和管理等多种因素，制订详细的机械化施工方案，填报《进场施工设备申报表》，列明设备名称、规格型号、生产能力、数量、进场日期、完好状况，拟用工程项目等内容。监理工程师除对承包商报送的《进场施工设备申报表》进行审核外，着重从施工机械设备的选型、施工机械设备的主要性能参数和施工机械设备的使用操作等三方面予以控制。

①机械设备的选型。

施工机械设备型号的选择，应本着因工程制宜，考虑到施工的适用性、技术的先进性、操作的方便性、使用的安全性，保证施工质量的可靠性和经济上的合理性。如：从适用性出发，正向铲只适用于挖掘停机面以上的土层，反向铲适用于挖掘停机面以下的土层，抓铲则适宜于水中挖土。

②主要性能参数的选择。

选择施工机械设备的主要依据是其主要性能参数，要求它能满足施工需要和保证质量要求。如：起重机械的性能参数，必须满足起重量、起重高度和起重半径的要求，才能保证正常施工。

③机械设备使用操作要求。

合理使用机械设备，正确地进行操作，是保证施工质量的重要环节，实行定机、定人、定岗位责任的“三定”制度。操作人员必须认真执行各项规章制度，严格遵守操作规程，防止出现安全质量事故。

监理工程师通过上述三方面的审核，在申报表上列明哪些设备准予进场，哪些设备是不符合施工要求需承包商予以更换，哪些设备数量或能力不足，需由承包商补充。监理工程师除了审核承包商报送的申报表，还应对到场的施工机械设备进行核查，在施工机械设备投入使用前，需再进行核查。如果承包商使用旧施工机械设备，在进场前，监理工程师要核查主要旧施工设备的使用和检验记录，并要求承包商配置足够的备品备件以保证旧施工设备的正常运行。

（5）施工方法和措施的控制

在施工招标投标阶段，承包商根据标书中表明的施工任务、技术要求、施工工期及施工现场的自然条件，结合本单位的人员、机械设备、技术水平和经验，曾制订过施工组织设计与施工技术措施设计，对承包工程做出总的部署。如果该承包商最终中标，这一施工组织设计与施工技术措施设计，也就成了施工承包合同文件的组成部分。但这个文件并不能用于指导承包商施工。《水利水电工程施工合同技术条款》规定，承包商应在收到开工通知后某一时期内，按该合同规定的内容提交主要工程建筑物的施工方法和措施。监理工程师认为有必要时，承包商应在规定的期限内，按监理工程师指示，提交单位工程的施工方法和措施，报送监理工程师审批。单位工程施工方法和措施的内容包括施工布置，施工工艺，施工程序，主要施工材料、设备和劳动力，质量检验和安全保证措施，施工进度计划等。

监理工程师对施工方法和措施的事先控制，就是对承包商报送的主要工程建筑物的施工方法和措施以及单位工程施工方法和措施做出合理的批示。

因为施工方法和措施对工程质量和进度有极其重要的影响，所以监理工程师在审批时必须充分地考虑各方面的影响因素，对承包商报送的施工方法和措施给予恰当的结论。按照《水利水电工程施工技术条款》规定，监理工程师的审批意见包括：

①同意按此执行。

②按修改意见执行。

③修改后重新递交。

④不予批准。

考虑到施工方法和措施对工程质量的重要性，监理工程师在审批时要考虑多方面因素，作者认为应针对水利水电工程的特点，依据合同文件建立一个施工方法和措施审批的评价体系，依据该体系按照一定的评价方法进行施工方案审查。

（6）环境因素的质量控制

施工作业所处的环境条件，对于保证工程质量有重要影响，监理工程师在施工前应对施工环境条件及相应的准备工作质量进行检查与控制。控制的环境因素有以下三个方面。

①技术环境因素的控制。

技术环境因素主要指水、电或动力供应、施工照明、安全防护设备、施工场地空间条件和通道以及交通运输和道路条件等。这些条件是否良好，直接影响到施工能否顺利进行，影响到施工质量。如水、电供应中断，可能导致砼浇筑的中断而造成冷缝。所以，监理工程师应事先检查承包商对技术环境条件方面的有关准备工作是否已做好安排和准备妥当，当确认其准备可靠、有效后，方准许其进行施工。

②施工质量管理环境因素的控制。

监理工程师对施工管理环境的事先检查与控制的内容主要包括：承包商的质量管理、质量保证体系和质量控制自检系统是否处于良好的状态；系统的组织结构、检测制度、人员配备等方面是否完善和明确；准备使用的质量检测、试验和计量等仪器、设备和仪表是否能满足要求，是否处于良好的可用状态，有无合格的证明和率定表；仪器、设备的管理是否符合有关的法规规定；外送委托检测、试验的机构资质等级是否符合要求等。

③自然环境因素的控制。

监理工程师应检查承包商，对于未来的施工期间，自然环境条件可能出现对施工作业质量的不利影响时，是否事先已有充分的认识并已做好充分的准备和采取了有效措施与对策，以保证工程质量。如严寒季节的防冻；施工场地的防洪与排水等。

（二）监理工程师的事前质量控制

（1）监理工程师事前质量控制计划

对承包商准备工作质量的控制即对质量影响因素的控制，不仅是针对某个合同项目在施工阶段所进行的事前控制，对该合同项目的每一分项工程（水利水电工程以单元工程作为质量评定的基础，分项工程即为质量评定中的单元工程）在施工前亦应进行4M1E的事前控制。由上文所述内容可知，监理工程师对4M1E的事前控制主要从两个方面进行，一方面是对承包商报送的计划进行审批，另一方面是对承包商的进场报告进行审核。无论是审批计划，还是审核进场情况，监理工程师必须依据质量目标来进行。所以，监理工程师在施工前必须建立质量控制计划。监理工程师依据该项目的合同文件、监理规划、承包商的有关计划、事前质量控制内容等制订质量控制计划，该计划应包括下述两方面的内容。

①施工质量目标计划。

施工质量目标尽管在初步设计和施工图设计中已做了规划，但比较分散，难以满足施工质量控制的需要。因此，监理工程师需要根据工程具体情况使其系统化、具体化，并做详细描述。质量目标具体化，根据质量影响因素，可分为以下几项进行：

承包商人员质量目标。根据本工程的特点、承包商报送的施工组织设计等，监理工程师应分析为满足质量、进度要求，承包商应配备的主要管理人员及技术人员，做到在审批计划时心中有数。

建筑材料质量目标。按照分项工程列出所使用的材料，并根据《技术条款》及其所引用的有关规范、规定等的要求，提出具体的质量要求。

工程设备质量目标。根据《技术条款》及其所引用的有关规范、规定等的要求，提出具体的质量要求。

土建施工质量目标。根据《技术条款》、施工验收规范和质量检验评定标准的规定，对每个分项（单元）工程提出施工质量要求。

设备安装质量目标。根据《技术条款》、施工验收规范和质量检验评定标准的规定，对每种设备的安装提出质量要求。

施工机械设备质量目标。根据本工程特点、承包商报送的施工组织设计等，监理工程师经过分析，得出对承包商施工机械的数量、型号、主要性能参数等要求，以保证施工质量。

环境因素的质量目标。根据本工程特点、承包商报送的施工组织设计，依据合同文件建立质量要求。

施工质量目标是建立质量目标数据库的基础，质量目标数据库是水利水电工程质量控制信息系统的重要组成部分。

②施工质量控制体系组织形式的规划。

根据施工项目的构成、施工发包方式、施工项目的规模，以及工程承包合同中的有关规定，建立监理工程师质量控制体系的组织形式。监理工程师质量控制的组织形式有以下3种：

a. 纵向组织形式。一个合同项目应设置专职的质量控制工程师，大多数情况下，质量控制工程师由工程师代表兼任。然后再按分项合同或子项目设置质量控制工程师，并分别配备适当的专业工程师。根据需要，在各工作面上配有质量监理员。

b. 横向组织形式。一个合同项目设置专职的质量控制工程师。下面再按专业配备质量控制工程师，全面负责各子项目的质量控制工作。

c. 混合组织形式。这种组织形式是纵向组织形式与横向组织形式的组合体。每一子项目配置相应的质量控制工程师，整个合同项目配备各专业工程师。各专业工程师负责所有子项目相应的质量控制任务。

根据该工程的特点，选择适宜的质量控制体系的组织形式，将质量控制任务具体化，使质量控制有效地进行。

（2）施工图纸的审查和发放

施工图纸是建设项目施工的合法依据，也是监理工程师进行质量检查的依据。施工图纸的来源分两种情况：第一种情况是业主在招标时提供一套“招标设计图”，它是由设计单位在招标设计的基础上提供的。在签订施工承包合同后，再由设计单位提供一套施工详图；业主在签订施工承包合同后，由施工承包商根据招标设计图、设计说明书和合同技术条款，自行设计施工详图。第二种情况在国内较少采用，最多让施工承包商负责局部的或简单的次要建筑物的设计。不管是由设计单位设计还是由施工承包商设计，监理工程师都要对施工图进行审查和发放。

①施工图的审查。

施工图的审查一般有两种方式，一是由负责该项目的监理工程师进行审查，这种方式适用于一般性的或者普通的图纸；二是针对工程的关键部位，隐蔽工程或者是工程的难点、重点或有争议的图纸，采用会审的方式，即由业主、监理工程师、设计单位、施工承包商会审。图纸会审由监理工程师主持，由设计单位介绍设计意图、设计特点、对施工的要求和关键技术问题，以及对质量、工艺、工序等方面的要求。设计者应对会审时其他方面的代表提出的问题用书面形式予以解释，对施工图中已发现的问题和错误，及时修改，提供施工图纸的修改图。

②施工图的发放。

由于水利水电工程技术复杂、设计工作量大，施工图往往是由设计单位分期提供的。

监理工程师在收到施工图后，经过审查，确认图纸正确无误后，由监理工程师签字，作为“工程师图纸”下达给施工承包商，施工图即正式生效，施工承包商就可按“工程师图纸”进行施工。

四、事中质量控制

工程实体质量是在施工过程中形成的，施工过程中质量的形成受各种因素的影响，因此，施工过程的质量控制是施工阶段工程质量控制的重点。而施工过程由一系列相互关联、相互制约的施工工序所组成，它们的质量是施工项目质量的基础，因此，施工过程的质量控制必须落实到每项具体的施工工序的质量控制。

（一）工序质量控制内容

工序质量控制主要包括两个方面，对工序活动条件的质量控制和对工序活动效果的质量控制。

（1）工序活动条件的质量控制

工序活动条件的质量控制，即对投入到每道工序的 4M1E 进行控制。尽管在事前控制中进行了初步控制，但在工序活动中有的条件可能会发生变化，其基本性能可能达不到检验指标，这就使生产过程的质量出现不稳定的情况，所以必须对 4M1E 在整个工序活动中加以控制。

（2）工序活动效果的质量控制

工序活动效果的质量控制主要反映在对工序产品质量性能的特征指标的控制。即对工序活动的产品采取一定的检测手段进行检验，根据检验结果分析、判断该工序活动的质量（效果）。

工序活动条件的质量控制和工序活动效果的质量控制两者是互为关联的，工序质量控制就是通过对工序活动条件和工序活动效果的控制，达到对整个施工过程的质量控制。

（二）监理工程师的工序质量控制

（1）工序质量控制计划

在整个项目施工前，监理工程师应对施工质量控制做出计划，但这种计划一般较粗，在每一分部分项工程施工前还应根据工序质量控制流程制订详细的施工工序质量控制计划。施工工序质量控制计划包括质量控制点的确定和工序质量控制计划。

①工序质量控制流程。

当一个分部分项的开工申请单经监理工程师审核同意后，承包商可按图纸、合同、规范、施工方案等的要求开始施工。

②质量控制点的确定。

质量控制点是为了保证施工质量必须控制的重点工序、关键部位或薄弱环节。设置质量控制点，是对质量进行预控的有效措施。施工承包商在施工前应根据工程的特点和施工中各环节或部位的重要性、复杂性、精确性，全面、合理地选择质量控制点。监理工程师应对承包商设置质量控制点的情况和拟采取的控制措施进行审核。审核后，承包商应进行质量控制点控制措施设计，并交监理工程师审核，批准后方可实施。监理工程师应根据批准的承包商的质量控制点控制措施，建立监理工程师质量控制点控制计划。

③工序质量控制计划。

根据已确定的质量控制点和工序质量控制内容，监理工程师应制定工序质量控制计划。质量控制计划包括工序（特别是质量控制点）活动条件质量控制计划和工序活动效果质量控制计划。

工序活动条件质量控制计划。以工序（特别是质量控制点）为对象，对工序的质量影响因素 4M1E 所进行的控制工作制订详细计划。如，控制该工序的施工人员：根据该工序的特点，施工人员应当具备什么条件，监理工程师需要查验哪些证件等应先做出计划；控制工序的材料：在施工过程中，要投入哪些材料，应检查这些材料的哪些特性指标等做出计划；控制施工操作或工艺过程：在工序施工过程中，根据《水利水电工程施工合同技术条款》的要求及确定的质量控制点，需对哪些工序进行旁站，在旁站时监督和控制施工及检验人员按什么样的规程或工艺标准进行施工等应做出计划；控制施工机械：在工序施工过程中，施工机械怎样处于良好状态，需检测哪些参数等做出计划。总之，充分考虑各种影响因素，对控制内容做出详细的计划，做到控制工作心中有数。

工序活动效果质量控制计划。工序活动效果通过工序产品质量性能的指标来体现。针对该工序，需测定哪些质量特征值、按照什么样的方法和标准来取样等应做出计划。

（2）工序活动条件的控制

对影响工序产品质量的各因素的控制不仅在开工前的事前控制中，而且应贯穿整个施工过程。监理工程师对于工序活动条件的控制，要注意各因素或条件的变化，按照控制计划进行。

（3）工序活动效果的控制

按照工序活动效果质量控制计划，取得反映工序活动效果质量特征的质量数据，利用质量分析工具得出质量特征值数据的分布规律，根据该分布规律来判定工序活动是否处于稳定状态。当工序处于非稳定状态时，就必须命令承包商停止进入下道工序，并分析引起工序异常的原因，采取措施进行纠正，从而实现对工序的控制。

五、事后质量控制

事后质量控制是指完成施工过程而形成产品的质量控制，其工作内容包括：审核竣工资料；审核承包商提供的质量检验报告及有关技术性文件；整理有关工程项目质量的技术文件，并编目、建档；评价工程项目质量状况及水平；组织联动试车等。

工程质量评定和工程验收是进行事后质量控制的主要内容。工程质量评定，即依据某一质量评定的标准和方法，对照施工质量具体情况，确定其质量等级的过程。对水利水电工程，要求按照水利部 1996 年颁发的 SL176-96《水利水电工程施工质量评定规程》进行质量评定。

工程验收是在工程质量评定的基础上，依据一个既定的验收标准，采取一定的手段来检验工程产品的特性是否满足验收标准的过程。质量评定和质量验收的应用软件，国内开发已比较成熟，作为一个完整的质量控制信息系统，在系统开发时，可将质量评定和质量验收作为独立的子系统，直接借用国内已成熟的软件的内容。

第六章　危险化学品的安全技术管理

本章主要介绍了水利水电施工企业常用的危险化学品的种类，危险化学品的主要危险特性、预防措施、储存与运输、泄漏控制与销毁处置技术。

主要依据为《化学品分类和危险性公示通则》GB 13690-2009、《水利水电工程施工通用安全技术规范》SL 398-2007、《常用危险化学品贮存通则》GB 15603-1995 等标准、规范。

第一节　危险化学品的基础知识

危险化学品，是指具有毒害、腐蚀、爆炸、燃烧、助燃等性质，对人体、设施、环境具有危害的剧毒化学品和其他化学品。依据《化学品分类和危险性公示通则》GB 13690-2009，分为物理危险、健康危险和环境危险 3 大类。

一、危险化学品的主要危险特性

（1）燃烧性

爆炸品、压缩气体和液化气体中的可燃性气体、易燃液体、易燃固体、自燃物品、遇湿易燃物品、有机过氧化物等，在条件具备时均可能发生燃烧。

（2）爆炸性

爆炸品、压缩气体和液化气体、易燃液体、易燃固体、自燃物品、遇湿易燃物品、氧化剂和有机过氧化物等危险化学品均可能由于其化学活性或易燃性引发爆炸事故。

（3）毒害性

许多危险化学品可通过一种或多种途径进入人体和动物体内，当其在人体内累积到一定量时，便会扰乱或破坏肌体的正常生理功能，引起暂时性或持久性的病理改变，甚至危及生命。

（4）腐蚀性

强酸、强碱等物质能对人体组织、金属等物品造成损坏，接触人的皮肤、眼睛或肺部、食道等时，会引起表皮组织坏死而造成灼伤。内部器官被灼伤后可引起炎症，甚至会造成死亡。

（5）放射性

放射性危险化学品通过放出的射线可阻碍和伤害人体细胞活动机能并导致细胞死亡。

二、危险化学品的事故预防控制措施

1. 危险化学品的中毒、污染事故的预防控制措施

目前，预防危险化学品的中毒、污染事故采取的主要措施是替代、变更工艺、隔离、通风、个体防护和保持卫生。

（1）替代

选用无毒或低毒的化学品代替有毒有害化学品，选用可燃化学品代替易燃化学品。例如，用甲苯替代喷漆中的苯。

（2）变更工艺

采用新技术改变原料配方，消除或降低危险化学品的危害。例如，以往用乙炔制乙醛，采用汞做催化剂，现用乙烯为原料，通过氧化或氧氯化制乙醛，不需用汞做催化剂，通过变更工艺，彻底消除了汞害。

（3）隔离

将生产设备封闭起来，或设置屏障，避免作业人员直接暴露于有害环境中。最常用的隔离方法是将生产或使用的设备完全封闭起来，使工人在操作中不接触危险化学品，或者把生产设备和操作室隔离开，也就是把生产设备的管线阀门、电控开关放在与生产地点完全隔离的操作室内。

（4）通风

借助于有效的通风，使作业场所空气中有害气体、蒸气或粉尘的浓度降低，通风分局部排风和全面通风两种。局部排风适用于点式扩散源，将污染源置于通风罩控制范围内；全面通风适用于面式扩散源，通过提供新鲜空气，将污染物分散稀释。

对于点式扩散源，一般采用局部通风；面式扩散源，一般采用全面通风（也称稀释通风）。例如，实验室中的通风橱，采用的通风管和导管为局部通风设备；冶炼厂中熔化的物质从一端流向另一端时散发出有毒的烟和气，两种通风系统都有使用。

（5）个体防护

只能作为一种辅助性措施，是一道阻止有害物质进入人体的屏障。防护用品主要有呼吸防护器具、头部防护器具、眼防护器具、身体防护器具、手足防护用品等。

（6）保持卫生

卫生包括保持作业场所清洁和作业人员个人卫生两个方面。经常清洗作业场所，对废物、溢出物及时处置；作业人员养成良好的卫生习惯，防止有害物质附着在皮肤上。

2. 危险化学品火灾、爆炸事故的预防措施

防止火灾、爆炸事故发生的基本原则主要有以下三点：

（1）防止燃烧、爆炸系统的形成

1）替代。

2）密闭。

3）惰性气体保护。

4）通风置换。

5）安全监测及连锁。

（2）消除点火源

能引发事故的点火源有明火、高温表面、冲击、摩擦、自燃、发热、电气火花、静电火花、化学反应热、光线照射等。具体的做法有：

1）控制明火和高温表面。

2）防止摩擦和撞击产生火花。

3）火灾爆炸危险场所采用防爆电气设备避免电气火花。

（3）限制火灾、爆炸蔓延扩散的措施

限制火灾、爆炸蔓延扩散的措施包括阻火装置、防爆泄压装置及防火防爆分隔等。

三、危险化学品的储存和运输安全

1. 危险化学品储存的安全技术和要求

（1）储存危险化学品必须遵照国家法律、法规和其他有关规定。

（2）危险化学品必须储存在经公安部门批准设置的专门的危险化学品仓库内，经销部门自管仓库储存危险化学品及储存数量必须经公安部门批准，未经批准不得随意设置危险化学品储存仓库。

（3）危险化学品露天堆放，应符合防火、防爆的安全要求；爆炸物品、一级易燃物品、遇湿易燃物品、剧毒物品不得露天堆放。

（4）储存危险化学品的仓库必须配备有专业知识的技术人员，其库房及场所应设专人管理，管理人员必须配备可靠的个人安全防护用品。

（5）储存的危险化学品应有明显的标志，同一区域储存两种或两种以上不同级别的危险化学品时，应按最高等级危险化学品的性能标志。

（6）危险化学品储存方式分为三种：隔离储存、隔开储存、分离储存。

（7）根据危险化学品性能分区、分类、分库储存。各类危险化学品不得与禁忌物混合储存。

（8）储存危险化学品的建筑物、区域内严禁吸烟和使用明火。

2. 危险化学品运输的安全技术和要求

化学品在运输中发生事故的情况比较常见，全面了解并掌握有关化学品的安全运输规定，对降低运输事故具有重要意义。

（1）国家对危险化学品的运输实行资质认定制度，未经资质认定，不得运输危险化学品。

（2）托运危险物品必须出示有关证明，在指定的铁路、公路交通、航运等部门办理手续。托运物品必须与托运单上所列的品名相符。

（3）危险物品的装卸人员，应按装运危险物品的性质，佩戴相应的防护用品，装卸时必须轻装轻卸，严禁摔拖、重压和摩擦，不得损毁包装容器，并注意标志，堆放稳妥。

（4）危险物品装卸前，应对车（船）搬运工具进行必要的通风和清扫，不得留有残渣，对装有剧毒物品的车（船）卸载后必须洗刷干净。

（5）装运爆炸、剧毒、放射性、易燃液体、可燃气体等物品，必须使用符合安全要求的运输工具；禁忌物料不得混运；禁止用电瓶车、翻斗车、铲车、自行车等运输爆炸物品。运输强氧化剂、爆炸品及用铁桶包装的一级易燃液体时，没有采取可靠的安全措施时，不得用铁底板车及汽车挂车；禁止用叉车、铲车、翻斗车搬运易燃、易爆液化气体等危险物品；温度较高地区装运液化气体和易燃液体等危险物品，要有防晒设施；放射性物品应用专用运输搬运车和抬架搬运，装卸机械应按规定负荷降低 25% 的装卸量；遇水燃烧物品及有毒物品，禁止用小型机帆船、小木船和水泥船承运。

（6）运输爆炸、剧毒和放射性物品，应指派专人押运，押运人员不得少于 2 人。

（7）运输危险物品的车辆，必须保持安全车速，保持车距，严禁超车、超速和强行会车。运输危险物品的行车路线，必须事先经当地公安交通部门批准，按指定的路线和时间运输，不可在繁华街道行驶和停留。

（8）运输易燃、易爆物品的机动车，其排气管应装阻火器，并悬挂“危险品”标志。

（9）运输散装固体危险物品，应根据性质，采取防火、防爆、防水、防粉尘飞扬和遮阳等措施。

（10）禁止利用内河以及其他封闭水域运输剧毒化学品。通过公路运输剧毒化学品的，托运人应当向目的地的县级人民政府公安部门申请办理剧毒化学品公路运输通行证。办理剧毒化学品公路运输通行证时，托运人应当向公安部门提交有关危险化学品的品名、数量、运输始发地和目的地、运输路线、运输单位、驾驶人员、押运人员、经营单位和购买单位资质情况等材料。

（11）运输危险化学品需要添加抑制剂或者稳定剂的，托运人交付托运时应当添加抑制剂或者稳定剂，并告知承运人。

（12）危险化学品运输企业，应当对其驾驶员、船员、装卸管理人员、押运人员进行有关安全知识培训。驾驶员、装卸管理人员、押运人员必须掌握危险化学品运输的安全知识，并经所在地设区的市级人民政府交通部门考核合格；船员经海事管理机构考核合格，取得上岗资格证后，方可上岗作业。

四、危险化学品的储存和运输安全

1. 泄漏处理及火灾控制

（1）泄漏处理

1）泄漏源控制。利用截止阀切断泄漏源，在线堵漏减少泄漏量或利用备用泄料装置使其安全释放。

2）泄漏物处理。现场泄漏物要及时地进行覆盖、收容、稀释、处理。在处理时，还应按照危险化学品特性，采用合适的方法处理。

（2）火灾控制

1）灭火一般注意事项

①正确选择灭火剂并充分发挥其效能，常用的灭火剂有水、蒸汽、二氧化碳、干粉和泡沫等。由于灭火剂的种类较多，效能各不相同，因此在扑救火灾时，一定要根据燃烧物料的性质、设备设施的特点、火源点部位（高、低）及其火势等情况，选择冷却、灭火效能特别高的灭火剂扑救火灾，充分发挥灭火剂各自的冷却与灭火的效能。

②注意保护重点部位。例如，当某个区域内有大量易燃易爆或毒性化学物质时，就应该把这个部位作为重点保护对象，在实施冷却保护的同时，要尽快组织力量消灭其周围的火源点，以防灾情扩大。

③防止复燃复爆。将火灾消灭以后，要留有必要数量的灭火力量继续冷却燃烧区内的设备、设施、建（构）筑物等，消除着火源，同时将泄漏出的危险化学品及时处理。对可以用水灭火的场所要尽量使用蒸汽或喷雾水流稀释，排除空间内残存的可燃气体或蒸气，以防止复燃复爆。

④防止高温危害。火场上高温的存在不仅造成火势蔓延扩大，也会威胁灭火人员安全。可以使用喷水降温、利用掩体保护、穿隔热服装保护、定时组织换班等方法避免高温危害。

⑤防止毒害危害。发生火灾时，可能出现一氧化碳、二氧化碳、二氧化硫、光气等有毒物质。在扑救时，应当设置警戒区，进入警戒区的抢险人员应当佩戴个体防护装备，并采取适当的手段消除毒物。

2）几种特殊化学品火灾扑救注意事项

①扑救气体类火灾时，切忌盲目扑灭火焰，在没有采取堵漏措施的情况下，必须保持稳定燃烧。否则，大量可燃气体泄漏出来与空气混合，遇点火源就会发生爆炸，造成严重后果。

②扑救爆炸物品火灾时，切忌用沙土盖压，以免增强爆炸物品的爆炸威力；另外扑救爆炸物品堆垛火灾时，水流应采用吊射，避免强力水流直接冲击堆垛，以免堆垛倒塌引起再次爆炸。

③扑救遇湿易燃物品火灾时，绝对禁止用水、泡沫、酸碱等湿性灭火剂扑救。一般可

使用干粉、二氧化碳、卤代烷扑救，但钾、钠、铝、镁等物品用二氧化碳、卤代烷无效。固体遇湿易燃物品应使用水泥、干砂、干粉、硅藻土等覆盖。对镁粉、铝粉等粉尘，切忌喷射有压力的灭火剂，以防止将粉尘吹扬起来，引起粉尘爆炸。

④扑救易燃液体火灾时，比水轻又不溶于水的液体用直流水、雾状水灭火往往无效，可用普通蛋白泡沫或轻泡沫扑救；水溶性液体最好用抗溶性泡沫扑救。

⑤扑救毒害和腐蚀品的火灾时，应尽量使用低压水流或雾状水，避免腐蚀品、毒害品溅出；遇酸类或碱类腐蚀品，最好调制相应的中和剂稀释中和。

⑥易燃固体、自燃物品火灾一般可用水和泡沫扑救，只要控制住燃烧范围，逐步扑灭即可。但有少数易燃固体、自燃物品的扑救方法比较特殊。如2,4-二硝基苯甲醚、二硝基萘、萘等是易升华的易燃固体，受热放出易燃蒸气，能与空气形成爆炸性混合物，尤其是在室内，易发生爆炸。在扑救过程中应不时向燃烧区域上空及周围喷射雾状水，并消除周围一切点火源。

2. 废弃物销毁

（1）固体废弃物的处置

1）危险废弃物。使危险废弃物无害化采用的方法是使它们变成高度不溶性的物质，也就是固化、稳定化的方法。目前常用的固化、稳定化方法有：水泥固化、石灰固化、塑性材料固化、有机聚合物固化、自凝胶固化、熔融固化和陶瓷固化。

2）工业固体废弃物。工业固体废弃物是指在工业、交通等生产过程中产生的固体废弃物。一般工业废弃物可以直接进入填埋场进行填埋。对于粒度很小的固体废弃物，为了防止填埋过程中引起粉尘污染，可装入编织袋后填埋。

（2）爆炸性物品的销毁

1）凡确认不能使用的爆炸性物品，必须予以销毁，在销毁以前应报告当地公安部门，选择适当的地点、时间及销毁方法。一般可采用以下 4 种方法：爆炸法、烧毁法、溶解法、化学分解法。

2）工业固体废弃物。工业固体废弃物是指在工业、交通等生产过程中产生的固体废弃物。一般工业废弃物可以直接进入填埋场进行填埋。对于粒度很小的固体废弃物，为了防止填埋过程中引起粉尘污染，可装入编织袋后填埋。

3. 有机过氧化物废弃物处理

有机过氧化物是一种易燃、易爆品。其废弃物应从作业场所清除并销毁，其方法主要取决于该过氧化物的物化性质，根据其特性选择合适的方法处理，以免发生意外事故。处理方法主要有分解、烧毁、填埋。

第二节　水利水电施工企业危险品管理

一、水利水电施工企业危险化学品管理一般要求

（1）贮存、运输和使用危险化学品的单位，应建立健全危险化学品安全管理制度，建立事故应急救援预案，配备应急救援人员和必要的应急救援器材、设备、物资，并应定期组织演练。

（2）贮存、运输和使用危险化学品的单位，应当根据消防安全要求，配备消防人员，配置消防设施以及通信、报警装置。

（3）仓库应有严格的保卫制度，人员出入应有登记制度。

（4）贮存危险化学品的仓库内严禁吸烟和使用明火，对进入库区内的机动车辆应采取防火措施。

（5）严格执行有毒有害物品入库验收、出库登记和检查制度。

（6）使用危险化学品的单位，应根据化学危险品的种类、性质，设置相应的通风、防火、防爆、防毒、监测、报警、降温、防潮、避雷、防静电、隔离操作等安全设施。

（7）危险化学品仓库四周，应有良好的排水，设置刺网或围墙，高度不小于2m，与仓库保持规定距离，库区内严禁有其他可燃物品。

（8）危险化学品应分类分项存放，堆垛之间的主要通道应有安全距离，不应超量储存。

二、水利水电施工企业易燃物品的安全管理

1. 易燃物品的储存

（1）贮存易燃物品的仓库应执行审批制度的有关规定，并遵守下列规定：

1）库房建筑宜采用单层建筑；应采用防火材料建筑；库房应有足够的安全出口，不宜少于两个；所有门窗应向外开。

2）库房内不宜安装电器设备，如需安装时，应根据易燃物品性质，安装防爆或密封式的电器及照明设备，并按规定设防护隔墙。

3）仓库位置宜选择在有天然屏障的地区，或设在地下、半地下，宜选在生活区和生产区年主导风向的下风侧。

4）不应设在人口集中的地方，与周围建筑物间应留有足够的防火间距。

5）应设置消防车通道和与贮存易燃物品性质相适应的消防设施；库房地面应采用不易打出火花的材料。

6）易燃液体库房，应设置防止液体流散的设施。

7）易燃液体的地上或半地下贮罐应按有关规定设置防火堤。

（2）应分类存放在专门仓库内。与一般物品以及性质互相抵触和灭火方法不同的易燃、可燃物品应分库贮存，并标明贮存物品的名称、性质和灭火方法。

（3）堆存时堆垛不应过高、过密，堆垛之间，以及堆垛与堤墙之间，应留有一定间距、通道和通风口，主要通道的宽度不应小于 2m，每个仓库应规定贮存限额。

（4）遇水燃烧、爆炸和怕冻、易燃、可燃的物品，不应存放在潮湿、露天、低温和容易积水的地点。库房应有防潮、保温等措施。

（5）受阳光照射容易燃烧、爆炸的易燃、可燃物品，不应在露天或高温的地方存放。应存放在温度较低、通风良好的场所，并应设专人定时测温，必要时采取降温及隔热措施。

（6）包装容器应当牢固、密封，发现破损、残缺、变形、渗漏和物品变质、分解等情况时，应立即进行安全处理。

（7）在入库前，应有专人负责检查，对可能带有火险隐患的易燃、可燃物品，应另行存放，经检查确无危险后，方可入库。

（8）性质不稳定、容易分解和变质以及混有杂质而容易引起燃烧、爆炸的易燃、可燃物品，应经常进行检查、测温、化验，防止燃烧、爆炸。

（9）贮存易燃、可燃物品的库房、露天堆垛、贮罐规定的安全距离内，严禁进行试验、分装、封焊、维修、动用明火等可能引起火灾的作业和活动。

（10）库房内不应设办公室、休息室，不应住人，不应用可燃材料搭建货架；仓库区应严禁烟火。

（11）库房不宜采暖，如贮存物品需防冻时，可用暖气采暖；散热器与易燃、可燃物品堆垛应保持安全距离。

（12）对散落的易燃、可燃物品应及时清除出库。

（13）易燃、可燃液体贮罐的金属外壳应接地，防止静电效应起火，接地电阻应不大于 10Ω。

2. 易燃物品的使用

（1）使用易燃物品，应有安全防护措施和安全用具，建立和执行安全技术操作规程和各种安全管理制度，严格用火管理制度。

（2）易燃、易爆物品进库、出库、领用，应有严格的制度。

（3）使用易燃物品应指定专人管理。

（4）使用易燃物品时，应加强对电源、火源的管理，作业场所应备足相应的消防器材，严禁烟火。

（5）遇水燃烧、爆炸的易燃物品，使用时应防潮、防水。

（6）怕晒的易燃物品，使用时应采取防晒、降温、隔热等措施。

（7）怕冻的易燃物品，使用时应保温、防冻。

（8）性质不稳定、容易分解和变质以及性质互相抵触和灭火方法不同的易燃物品应经常检查，分类存放，发现可疑情况时，及时进行安全处理。

（9）作业结束后，应及时将散落、渗漏的易燃物品清除干净。

三、水利水电施工企业有毒有害物品的安全管理

1. 有毒有害物品的储存

（1）有毒有害物品贮存库房应符合下列要求：

1）化学毒品应贮存于专设的仓库内，库内严禁存放与其性能有抵触的物品。

2）库房墙壁应用防火防腐材料建筑，应有避雷接地设施，应有与毒品性质相适应的消防设施。

3）仓库应保持良好的通风，有足够的安全出口。

4）仓库内应备有防毒、消毒、人工呼吸设备和备有足够的个人防护用具。

5）仓库应与车间、办公室、居民住房等保持一定安全防护距离。安全防护距离应同当地公安局、劳动、环保等主管部门根据具体情况决定，但不宜少于100m。

（2）有毒有害物品应储存在专用仓库、专用储存室（柜）内，并设专人管理，剧毒化学品应实行双人收发、双人保管制度。

（3）化学毒品库应建立严格的进、出库手续，详细记录入库、出库情况。记录内容应包括：物品名称，入库时间，数量来源和领用单位、时间、用途，领用人，仓库发放人等。

（4）对性质不稳定、容易分解和变质以及混有杂质可引起燃烧、爆炸的化学毒品，应经常进行检查、测量、化验，防止燃烧爆炸。

2. 有毒有害物品的使用

（1）使用有毒物品作业的单位应当使用符合国家标准的有毒物品，不应在作业场所使用国家明令禁止使用的有毒物品或者使用不符合国家标准的有毒物品。

（2）使用有毒物品作业场所，除应当符合职业病防治法规定的职业卫生要求外，还应符合下列要求：

1）作业场所与生活场所分开，作业场所不应住人。

2）有害作业场所与无害作业场所分开，高毒作业场所与其他作业场所隔离。

3）设置有效的通风装置；可能突然泄漏大量有毒物品或者易造成急性中毒的作业场所，设置自动报警装置和事故通风设施。

4）高毒作业场所设置应急撤离通道和必要的泄险区。

5）在其醒目位置，设置警示标志和中文警示说明；警示说明应当载明产生危害的种类、后果、预防以及应急救治措施等内容。

6）使用有毒物品作业场所应当设置黄色区域警示线、警示标志；高毒作业场所应当设置红色区域警示线、警示标志。

（3）从事使用高毒物品作业的用人单位，应当配备应急救援人员和必要的应急救援器材、设备、物资，制订事故应急救援预案，并根据实际情况变化对应急救援预案适时进行修订，定期组织演练。

（4）使用单位应当确保职业中毒危害防护设备、应急救援设施、通信报警装置处于正常适用状态，不应擅自拆除或者停止运行。对其进行经常性的维护、检修，定期检测其性能和效果，确保其处于良好运行状态。

（5）有毒物品的包装应当符合国家标准，并以易于劳动者理解的方式加贴或者拴挂有毒物品安全标签。有毒物品的包装应有醒目的警示标志和中文警示说明。

（6）使用化学危险物品，应当根据化学危险物品的种类、性能，设置相应的通风、防火、防爆、防毒、监测、报警、降温、防潮、避雷、防静电、隔离操作等安全设施。并根据需要，建立消防和急救组织。

（7）盛装有毒有害物品的容器，在使用前后，应进行检查，消除隐患，防止火灾、爆炸、中毒等事故发生。

（8）化学毒品领用，应遵守下列规定：

1）化学毒品应经单位主管领导批准，方可领取，如发现丢失或被盗，应立即报告。

2）使用保管化学毒品的单位，应指定专人负责，领发人员有权负责监督投入生产情况，一次领用量不应超过当天所用数量。

3）化学毒品应放在专用的橱柜内，并加锁。

（9）禁止在使用化学毒品的场所吸烟、就餐、休息等。

（10）使用化学毒品的工作人员，应穿戴专用工作服、口罩、橡胶手套、围裙、防护眼镜等个人防护用品；工作完毕，应更衣洗手、漱口或洗澡；应定期进行体检。

（11）使用化学毒品场所、车间还应备有防毒用具、急救设备。操作者应熟悉中毒急救常识和有关安全卫生常识；发生事故应采取紧急措施，保护好现场，并及时报告。

（12）使用化学毒品的场所或车间，应有良好的通风设备，保证空气清洁，各种工艺设备应尽量密闭，并遵守有关的操作工艺规程；工作场所应有消防设施，并注意防火。

（13）工作完毕，应清洗工作场所和用具；按照规定妥善处理废水、废气、废渣。

（14）销毁、处理有燃烧、爆炸、中毒和其他危险的废弃有毒有害物品，应当采取安全措施，并征得所在地公安和环境保护等部门同意。

四、水利水电施工企业油库的安全管理

（1）应根据实际情况，建立油库安全管理制度、用火管理制度、外来人员登记制度、岗位责任制和具体实施办法。

（2）油库员工应懂得所接触油品的基本知识，熟悉油库管理制度和油库设备技术操作规程。

（3）在油库与其周围不应使用明火；因特殊情况需要用火作业的，应当按照用火管理制度办理用火证，用火证审批人应亲自到现场检查，防火措施落实后，方可批准。危险区应指定专人防火，防火人有权根据情况变化停止用火。用火人接到用火证后，要逐项检查防火措施，全部落实后方可用火。

（4）罐装油品的贮存保管，应遵守下列规定：

1）油罐应逐个建立分户保管账，及时准确记载油品的收、发、存数量，做到账货相符。

2）油罐储油不应超过安全容量。

3）对不同品种、不同规格的油品，应实行专罐储存。

（5）桶装油品的贮存保管，应遵守下列规定：

1）保管要求

①应执行夏秋、冬春季定量灌装标准，并做到标记清晰、桶盖拧紧、无渗漏。

②对不同品种、规格、包装的油品，应实行分类堆码，建立货堆卡片，逐月盘点数量，定期检验质量，做到货、卡相符。

③润滑脂类、变压器油、电容器油、汽轮机油、听装油品及工业用汽油等应入库保管，不应露天存放。

2）库内堆垛要求

①油桶应立放，宜双行并列，桶身紧靠。

②油品闪点在28℃以下的，不应超过2层；闪点在28 ~ 45℃的，不应超过3层；闪点在45℃以上的，不应超过4层。

③桶装库的主通道宽度不应小于1.8m，垛与垛的间距不应小于1m，垛与墙的间距不应小于0.25 ~ 0.5m。

3）露天堆垛要求

①堆放场地应坚实平整，高出周围地面0.2m，四周有排水设施。

②卧放时应做到：双行并列，底层加垫，桶口朝外，大口向上，垛高不超过3层；放时要做到：下部加垫，桶身与地面成75°角，大口向上。

③堆垛长度不应超过25m，宽度不应超过15m。堆垛内排与排的间距，不应小于1m；垛与垛的间距，不应小于3m。

④汽、煤油要斜放，不应卧放。润滑油要卧放，立放时应加以遮盖。

（6）油库消防器材的配置与管理

1）灭火器材的配置

①加油站油罐库罐区，应配置石棉被、推车式泡沫灭火机、干粉灭火器及其他灭火设备。

②各油库、加油站应根据实际情况制订应急救援预案，成立应急组织机构。消防器材摆放的位置、品名、数量应绘成平面图并加强管理，不应随便移动和挪作他用。

2）消防供水系统的管理和检修

①消防水池要经常存满水，池内不应有水草杂物。

②地下供水管线要常年充水，主干线阀门要常开。地下管线每隔 2 ~ 3 年，要局部挖开检查，每半年应冲洗一次管线。

③消防水管线（包括消火栓），每年要做一次耐压试验，试验压力应不低于工作压力的 1.5 倍。

④每天巡回检查消火栓。每月做一次消火栓出水试验。距消火栓 5m 内，严禁堆放杂物。

⑤固定水泵要常年充水，每天做一次试运转，消防车要每天发动试车并按规定进行检查、养护。

⑥消防水带要盘卷整齐，存放在干燥的专用箱里，防止受潮霉烂。每半年对全部水带按额定压力做一次耐压试验，持续 5min，不漏水者合格。使用后的水带要晾干收好。

3）消防泡沫系统的管理和检修

①灭火剂的保管：空气泡沫液应储存于温度在 5 ~ 40℃的室内，禁止靠近一切热源，每年检查一次泡沫液沉淀状况。化学泡沫粉应储存在干燥通风的室内，防止潮结。

酸碱粉（甲、乙粉）要分别存放，堆高不应超过 1.5m，每半年将储粉容器颠倒放置一次。灭火剂每半年抽验一次质量，发现问题及时处理。

②对化学泡沫发生器的进出口，每年做一次压差测定；空气泡沫混合器，每半年做一次检查校验；化学泡沫室和空气泡沫产生器的空气滤网，应经常刷洗，保持不堵不烂，隔封玻璃要保持完好。

③各种泡沫枪、钩管、升降架等，使用后都应擦净、加油，每季进行一次全面检查。

④泡沫管线，每半年用清水冲洗一次；每年进行一次分段试压，试验压力应不小于 1.18MPa，5min 并且无渗漏。

⑤各种灭火机，应避免暴晒、火烤，冬季应有防冻措施，应定期换药，每隔 1 ~ 2 年进行一次筒体耐压试验，发现问题及时维修。

第七章　渠道、闸门与泵站工程安全管理

本章主要介绍了渠系建筑物、闸门和泵站在施工过程中的主要安全技术，并同时简单介绍了相关的基础知识。

主要依据《建筑施工土石方工程安全技术规范》JGJ 180-2009、《水利水电工程地质勘察规范》GB 50487-2008、《水利水电工程施工通用安全技术规程》SL 398-2007、《水利水电工程土建施工安全技术规程》SL 399-2007、《水利水电工程机电设备安装安全技术规程》SL 400-2016、《水利水电工程施工作业人员安全操作规程》SL 401-2007、《水利水电工程施工安全防护设施技术规范》SL 714-2015 等标准、规范。

第一节　渠道

一、概述

渠道通常指水渠、沟渠，是水流的通道，是为满足工农业用水和城市供水等要求，需要从河道取水，通过渠道等输水建筑物将水送达用户。

（1）渠道的分类

渠道按照用途主要可分为灌溉渠道、动力渠道、供水渠道、同行渠道和排水渠道等。

（2）渠道的横断面

渠道横断面的形状，在土基上多采用梯形，两侧边坡根据土质情况和开挖深度或填筑高度确定，一般用 1 ∶ 1 ~ 1 ∶ 2，在岩基上接近矩形。

断面尺寸取决于设计流量和不冲、不淤流速，可根据给定的设计流量、纵坡等用明渠均匀流公式计算确定。

（3）渠道防渗

实践证明，对渠道进行砌护防渗，不仅可以消除渗漏带来的危害，还能减低渠道糙率，提高输水能力和抗冲能力，进而可以减少渠道断面及渠系建筑物的尺寸。

为减小渗漏量和降低渠床糙率，一般均需在渠床加做护面。护面材料主要有砌石、黏土、灰土、混凝土以及防渗膜等。

（4）渠道施工

渠道施工包括渠道开挖、渠堤填筑和渠道衬砌。渠道施工的特点是工程量大、施工线路长、场地分散，但工种单纯、技术要求较低。

1）渠道开挖

渠道开挖的施工方法有人工开挖、机械开挖和爆破开挖等。开挖方法的选择取决于技术条件、土壤特性、渠道横断面尺寸、地下水位等因素。渠道开挖的土方多堆在渠道两侧用作渠堤，因此，铲运机、推土机等机械得到广泛的应用。

2）渠道衬护

渠道衬护就是用灰土、水混土、缺石、混凝土、沥青、塑料薄膜等材料在渠道内壁铺砌一衬护层。在选择衬护类型时，应考虑以下原则：防渗效果好、因地制宜、就地取材、施工简便、能提高渠道输水。

①灰土衬护：灰土施工时，应先将筛后的细土和石灰粉干拌均匀，再加水拌和，然后堆放一段时间，使石灰粉充分熟化，稍干后即可分层铺筑夯实，拍打坡面消除裂缝。灰土夯实后应养护一段时间再通水。

②砌石衬护：砌石衬护有三种形式，即干砌块石、干砌卵石和浆砌块石。干砌块石用于土质较好的渠道，主要起防冲作用；浆砌块石用于土质较差的渠道，起抗冲防渗作用。

③混凝土衬护：混凝土衬护有现场浇筑和预制装配两种形式。前者接缝少、造价低，适用于挖方渠段；后者受气候影响条件小，适用于填方渠段。

④沥青材料衬护：沥青材料渠道衬护有沥青薄膜和沥青混凝土两大类。沥青薄膜类防渗按施工方法分为现场浇筑和装配式两种。现场浇筑又分为喷洒沥青和沥青砂浆两种。

⑤塑料薄膜衬护：塑料薄膜衬护渠道施工，大致可分为渠床开挖和修整、塑料薄膜的加工和铺设、保护层的填筑等三个施工过程。塑料爆破的接缝可采用焊接或搭接。

二、渠道施工的安全注意事项

（1）渠道施工的一般安全技术规定

1）多级边坡之间应设置马道，以利于边坡稳定、施工安全。

2）渠道施工中如遇到不稳定边坡，视地形和地质条件采取适当支护措施，以保证施工安全。

（2）渠道开挖的安全规定

1）应按先坡面后坡脚、自上而下的原则进行施工，不应倒坡开挖。

2）应做好截、排水措施，防止地表水和地下水对边坡的影响。

3）对永久工程应经设计计算确定削坡坡比，制订边坡防护方案。

4）对削坡范围内和周围有影响区域内的建筑物及障碍物等应有妥善的处置或采取必要的防护措施。

5）深度较浅的渠道最好一次开挖成型，如采用反铲开挖，应在底部预留不小于 30cm 的保护层，采用人工清理。

6）深度较大的渠道一次开挖不能到位时，应自上而下分层开挖。如施工期较长，遇膨胀土或易风化的岩层，或土质较差的渠道边坡，应采取护面或支挡措施。

7）在地下水较为丰富的地质条件下进行渠道开挖，应在渠道外围设置临时排水沟和集水井，并采取有效的降水措施，如深井降水或轻型井点降水，将基坑水位降低至底板以下再开挖。在软土基坑开挖，宜采用钢走道箱铺路，利于开挖及运输设备行走。

8）冻土开挖时，如采用重锤击碎冻土的施工方案，应防止重锤在坑边滑脱，击锤点距坑边应保持 1m 以上的距离。

9）用爆破法开挖冻土时，应采用硝铵炸药，冬季施工严禁使用任何甘油类炸药。

10）不同的边坡监测仪器，除满足埋设规定之外，应将裸露地表的电缆加以防护，终端设观测房集中于保护箱，加以标示并上锁锁闭保护。

（3）边坡衬护的安全规定

1）对软土堤基的渠堤填筑前，应按设计对基础进行加固处理，并对加固后的堤基土体力学指标进行检测，在满足设计要求后方可填筑。

2）为保证渠堤填筑断面的压实度，采用超宽 30 ～ 50cm 的方法。大型碾压设备在碾压作业时，通过试验在满足渠堤压实度的前提下，确定碾压设备距离填筑断面边缘的宽度，保证碾压设备的安全。

3）渠道衬砌应按设计进行，混凝土预制块、干砌石和浆砌石自下而上分层进行施工，渠顶堆载预制块或石块高度宜控制在 1.5m 以内，且距坡面边缘 1.0m，防止石料滚落伤人，对软土堤顶应减少堆载。混凝土衬砌宜采用滑模或多功能渠道衬砌机进行施工。

4）当坡面需要挂钢筋网喷混凝土支护时，在挂网之前，应清除边坡松动岩块、浮渣、岩粉以及其他疏松状堆积物，用水或风将受喷面冲洗（吹）干净。

5）脚手架及操作平台的搭设应遵守以下规定：

①脚手架应根据施工荷载经设计确定，施工常规负荷量不应超过 3.0kPa。脚手架搭成后，须经施工及使用单位技术、质检、安全部门按设计和规范检查验收合格，方准投入使用。

②高度超过 25m 和特殊部位使用的脚手架，应专门设计并报建设单位（监理）审核、批准，并进行技术交底后，方可搭设和使用。

③脚手架基础应牢固，禁止将脚手架固定在不牢固的建筑物或其他不稳定的物件之上，在楼面或其他建筑物上搭设脚手架时，均应验算承重部位的结构强度。

④脚手架安装搭设应严格按设计图纸实施，遵循自下而上、逐层搭设、逐层加固、逐层上升的原则。

⑤脚手架与边坡相连处应设置连墙杆，每 18m 设一个点，且连墙杆的竖向间距不应大于 4m。连墙杆采用钢管横杆，与墙体预埋锚筋相连，以增加整体稳定性。

⑥脚手架的两端、转角处以及每隔 6 ～ 7 根立杆，应设剪刀撑及支杆，剪刀撑和支杆

与地面的角度不应大于 60°，支杆的底端埋入地下深度不应小于 30cm。架子高度在 7m 以上或无法设支杆时，竖向每隔 4m、水平每隔 7m，应使脚手架牢固地连接在建筑物上。

⑦脚手架的支撑杆，在有车辆或搬运器材通过的地方应设置围栏，以免受到通行车辆或搬运器材的碰撞。

⑧搭设架子，应尽量避免夜间工作，夜间搭设架子，应有足够的照明，搭设高度不应超过二级高处作业标准。

6）喷射操作手，应佩戴好防护用具，作业前检查供风、供水、输料管及阀门的完好性，对存在的缺陷应及时修理或更换；作业中，喷射操作手应精力集中，喷嘴严禁朝向作业人员。

7）喷射作业应按下列顺序操作：对喷射机先送风、送水，待风压、水压稳定后再送混合料。结束时与上述相反，即先停供料，再停风和水，最后关闭电源。

8）喷射口应垂直于受喷面，喷射头距喷射面 50 ~ 60cm 为宜。

9）喷混凝土应采用水泥裹砂“潮喷法”，以减少粉尘污染与喷射回弹量，不宜使用干喷法。

第二节　水闸

一、概述

水闸是一种能调节水位、控制流量的低水头的水工建筑物，具有挡水和泄水的双重功能。在防洪、治涝、灌溉、供水、航运、发电等水利工程中占有重要地位，尤其在平原地区的水利建设中，得到广泛的应用。

水闸类型较多，一般按照其建闸的作用来分，一般按照其承担的主要任务可分为七类：

（1）进水闸建在河道、水库或者湖泊的岸边一侧，其任务是为灌溉、发电、供水等控制引水流量。由于它通常建在渠道的首部，又称渠首闸。

（2）拦河闸或在渠道上建造，或接近于垂直河流、渠道布置，其任务是拦截河道、抬高水位、控制下泄流量及上游水位，又称节制闸。

（3）排水闸常见于江河沿岸，用以排除内河或低洼地区对农作物有害的废水和降雨形成的渍水。常建于排水渠末端的冲河堤防处。当江河水位较高时，可以关闸防止江水向堤内倒灌；当江河水位较低时，可以开闸排涝。

（4）挡潮闸在沿海地区，潮水沿入海河道上溯，易使两岸土地盐碱化；在汛期受潮水顶托，容易造成内涝；低潮时内河淡水流失无法充分利用。为了挡潮、御咸、排水和蓄淡，在入海河口附近修建的闸，称为挡潮闸。

（5）分洪闸常建于河道的一侧，在洪峰到来时，用来处理超过下游河道安全泄量的洪水，使之进入预定的蓄洪洼地或湖泊等分洪区，也可分入其他河道或直接分洪入海，及时削减洪峰。

（6）冲沙闸为排除泥沙而设置，防止泥沙进入取水口造成渠道淤积，或将进入渠道内的泥沙排向下游。

（7）此外，还有为了排除冰块、漂浮物而建造的排冰闸及排污闸等。

按照闸室的结构分类，水闸可分为开敞式、胸墙式和封闭式。水闸由上游连接段、闸室和下游连接段组成。

二、闸门工程的主要安全注意事项

闸门工程在施工中主要有土石方开挖和填筑、地基处理、闸门、启闭机安装等施工工序。

（1）土石方开挖、填筑的安全规定

1）建筑物的基坑土方开挖应本着先降水、后开挖的施工原则，并结合基坑的中部开挖明沟加以明排。

2）水措施应视工程地质条件而定，在条件许可时，先进行降水试验，以验证降水方案的合理性。

3）降水期间必须对基坑边坡及周围建筑物进行安全监测，发现异常情况及时研究处理措施，保证基坑边坡和周围建筑物的安全，做到信息化施工。

4）若原有建筑物距基坑较近，视工程的重要性和影响程度，可以采用拆迁或适当的支护处理。基坑边坡视地质条件，可以采用适当的防护措施。

5）在雨季，尤其是汛期必须做好基坑的排水工作，安装足够的排水设备。

6）基坑土方开挖完成或基础处理完成，应及时组织基础隐蔽工程验收，及时浇筑垫层混凝土，对基础进行封闭。

7）基坑降水时应符合下列规定：

①基坑底、排水沟底、集水坑底应保持一定深差。

②集水坑和排水沟应设置在建筑物底部轮廓线以外一定距离。

③基坑开挖深度较大时，应分级设置马道和排水设施。

④流沙、管涌部位应采取反滤导渗措施。

8）基坑开挖时，在负温下，挖除保护层后应采取可靠的防冻措施。

9）土方填筑还应遵守下列规定：

①填筑前，必须排除基坑底部的积水、清除杂物等，宜采用降水措施将基底水位降至0.5m以下。

②填筑土料，应符合设计要求。

③高岸、翼墙后的填土应分层回填、均衡上升。靠近岸墙、翼墙、岸坡的回填土宜用人工或小型机具夯压密实，铺土厚度宜适当减薄。

④高岸、翼墙后的回填土应按通水前后分期进行回填，以减小通水前墙体后的填土压力。

⑤高岸、翼墙后设计应布置排水系统，以减少填土中的水压力。

（2）地基处理的安全规定

1）原状土地基开挖到基底前预留 30 ~ 50cm 保护层，在建筑施工前，宜采用人工挖出，并使得基底平整，对局部超挖或低区域宜采用碎石回填。基底开挖之前宜做好降水、排水，保证开挖在干燥状态下施工。

2）对加固地基，基坑降水应降至基底面以下 50cm，保证基底干燥平整，以利地基处理设备施工安全，施工作业和移机过程中，应将设备支架的倾斜度控制在其规定值之内，严禁设备倾覆事故的发生。

3）对桩基施工设备操作人员，应进行操作培训，取得合格证书后方可上岗。

4）在正式施工前，应先进行基础加固的工艺试验，工艺及参数批准后展开施工。成桩后应按照相关规范的规定抽样，进行单桩承载力和复合地基承载力试验，以验证加固地基的可靠性。

（3）预制构件蒸汽养护规定

①每天应对锅炉系统进行检查，每批蒸养构件之前，应对通汽管路、阀门进行检查，一旦损坏及时更换。

②应定期对蒸养池顶盖的提升桥机或吊车进行检查和维护。

③在蒸养过程中，锅炉或管路发现异常情况，应及时停止蒸汽的供应。同时无关人员不应站在蒸养池附近。

④浇筑后，构件应停放 2 ~ 6h，停放温度一般为 10 ~ 20℃。

⑤升温速率：当构件表面系数大于等于 6 时，不宜超过 15℃ /h；表面系数小于 6 时，不宜超过 10℃ /h。

⑥恒温时的混凝土温度，不宜超过 80℃，相对湿度应为 90% ~ 100%。

⑦降温速率：当表面系数大于等于 6 时，不应超过 10℃ /h；表面系数小于 6 时，不应超过 5℃ /h；出池后构件表面与外界温差不应大于 20℃。

（4）构件安装的安全规定

1）构件起吊前应做好下列准备工作：

①大件起吊运输应有单项安全技术措施；起吊设备操作人员必须具有特种操作许可证。

②起吊前应认真检查所用一切工具设备，均应良好。

③起吊设备起吊能力应有一定的安全储备。必须对起吊构件的吊点和内力进行详细的内力复核验算。非定型的吊具和索具均应验算，符合有关规定后才能使用。

④各种物件正式起吊前，应先试吊，确认可靠后方可正式起吊。

⑤起吊前，应先清理起吊地点及运行通道上的障碍物，通知无关人员避让，并应选择恰当的位置及随物护送的路线。

⑥应指定专人负责指挥操作人员，进行协同吊装作业。各种设备的操作信号必须事先统一规定。

2）构件起吊与安放应遵守下列规定：

①构件应按标明的吊点位置或吊环起吊；预埋吊环必须为I级钢筋（即A3钢），吊环的直径应通过计算确定。

②不规则大件吊运时，应计算出其重心位置，在部件端部系绳索拉紧，以确保上升或平移时的平稳。

③吊运时必须保持物件重心平稳，如发现捆绑松动，或吊装工具发生异样、怪声，应立即停车进行检查。

④翻转大件应先放好旧轮胎或木板等垫物，工作人员应站在重物倾斜方向的对面，翻转时应采取措施防止冲击。

⑤安装梁板，必须保证其在墙上的搁置长度，两端必须垫实。

⑥用兜索吊装梁板时，兜索应对称设置。吊索与梁板的夹角应大于60°，起吊后应保持水平，稳起稳落。

⑦用杠杆车或其他方法安装梁板时，应按规定设置吊点和支垫点，以防梁板断裂，发生事故。

⑧预制梁板就位固定后，应及时将吊环割除或打弯，以防绊脚伤人。

⑨吊装工作区应严禁非工作人员入内。大件吊运过程中，重物上严禁站人，重物下面严禁有人停留或穿行。若起重指挥人员必须在重物上指挥时，应在重物停稳后站上去，并应选择在安全部位和采取必要的安全措施。

⑩气候恶劣及风力过大时，应停止吊装工作。

3）在闸室上、下游混凝土防渗铺盖上行驶重型机械或堆放重物时，必须经过验算。

4）永久缝施工应遵守下列规定：

①一切预埋件应安装牢固，严禁脱落伤人。

②采用紫铜止水片时，接缝必须焊接牢固，焊接后应采用柴油渗透法检验是否渗漏，并须遵守焊接的有关安全技术操作规程。采用塑料和橡胶止水片时，应避免油污和长期暴晒，并有保护措施。

③缝使用柔性材料嵌缝处理时，应搭设稳定牢固的安全脚手架，系好安全带逐层作业。

第三节　泵站

一、概述

泵站是通过水泵的工作体（固体、液体或气体）的运动（旋转运动或往复运动等），把外加的能量（电能、热能、水能、风能或太阳能等）转变成机械能，并传给被抽液体，使液体的位能、压能和动能增加，并通过管道把液体提升到高处，或输送到远处。在生产实践中，水泵的型号规格很多，泵站的类型也各不相同。按泵房能否移动分为固定式泵房和移动式泵房两大类。移动式泵房根据移动方式的不同分为浮船式和缆车式两种类型。

二、泵站施工注意事项

（1）水泵的基础施工

1）水泵基础施工有度汛要求时，应按设计及施工需要，汛前完成度汛工程。

2）水泵基础应优先选用天然地基。承载力不足时，宜采取工程加固措施进行基础处理。

3）水泵基础允许沉降量和沉降差，应根据工程具体情况分析确定，满足基础结构安全和不影响机组的正常运行。

4）水泵基础地基如为膨胀土地基，在满足水泵布置和稳定安全要求的前提下，应减小水泵基础底面积，增大基础埋置深度，也可将膨胀土挖除，换填无膨胀性土料垫层，或采用桩基础。膨胀土地基的处理应遵守下列规定：

①膨胀土地基上泵站基础的施工，应安排在冬旱季节进行，力求避开雨季，否则应采取可靠的防雨水措施。

②基坑开挖前应布置好施工场地的排水设施，天然地表水不应流入基坑。

③应防止雨水浸入坡面和坡面土中水分蒸发，避免干湿交替，保护边坡稳定。可在坡面喷水泥砂浆保护层或用土工膜覆盖地面。

④基坑开挖至接近基底设计标高时，应留 3m 左右的保护层，待下道工序开始前再挖除保护层。基坑挖至设计标高后，应及时浇筑素混凝土垫层保护地基，待混凝土达到 50% 以上强度后，及时进行基础施工。

⑤泵站四周回填应及时分层进行。填料应选用非膨胀土、弱膨胀土或掺有石灰的膨胀土；选用弱膨胀土时，其含水量宜为 1.1 ~ 1.2 倍塑限含水量。

（2）固定式泵站施工安全规定

1）泵站基坑开挖、降水及基础处理的施工应遵守以下规定：

①建筑物的基坑土方开挖应本着先降水、后开挖的施工原则，并结合基坑的中部开挖

明沟加以明排。

②降水措施应视工程地质条件而定，在条件许可时，先进行降水试验，以验证降水方案的合理性。

③降水期间必须对基坑边坡及周围建筑物进行安全监测，发现异常情况及时研究处理措施，保证基坑边坡和周围建筑物的安全，做到信息化施工。

④若原有建筑物距基坑较近，视工程的重要性和影响程度，可以采用拆迁或适当的支护处理。基坑边坡视地质条件，可以采用适当的防护措施。

⑤在雨季，尤其是汛期，必须做好基坑的排水工作，安装足够的排水设备。

⑥基坑土方开挖完成或基础处理完成，应及时组织基础隐蔽工程验收，及时浇筑垫层混凝土对基础进行封闭。

⑦基坑降水时应符合下列规定：

a. 基坑底、排水沟底、集水坑底应保持一定深差。

b. 集水坑和排水沟应设置在建筑物底部轮廓线以外一定距离。

c. 基坑开挖深度较大时，应分级设置马道和排水设施。

d，流沙、管涌部位应采取反滤层防渗措施。

2）泵房水下混凝土宜整体浇筑。对于安装大、中型立式机组或斜轴泵的泵房工程，可按泵房结构并兼顾进、出水流道的整体性设计分层，由下至上分层施工。

3）泵房浇筑，在平面上一般不再分块。如泵房底板尺寸较大可以采用分期分段浇筑。

4）泵房钢筋混凝土施工应按照相应规定进行。

（3）金属输水管道制作与安装安全规定

1）钢管焊缝应达到标准，且应通过超声波或射线检验，不应有任何渗漏水现象。

2）钢管各支墩应有足够的稳定性，保证钢管在安装阶段不发生倾斜和沉陷变形。

3）钢管壁在对接接头的任何位置表面的最大错位：纵缝不应大于 2mm，环缝不应大于 3mm。

4）直管外表直线平直度可用任意平行轴线的钢管外表一条线与钢管直轴线间的偏差确定：长度为 4m 的管段，其偏差不应大于 3.5mm。

5）钢管的安装偏差值：对于鞍式支座的顶面弧度，间隙不应大于 2mm；滚轮式和摇摆式支座垫板高程与纵、横向中心的偏差不应超过 ±5mm。

（4）缆车式泵房施工安全规定

1）缆车式泵房的岸坡地基必须稳定、坚实。岸坡开挖后应验收合格，才能进行上部结构物的施工。

2）缆车式泵房的压力输水管道的施工，可根据输水管道的类别，按金属输水管道制作与安装安全规定执行。

3）缆车式泵房的施工应遵守下列规定：

①应根据设计施工图标定各台车的轨道、输水管道的轴线位置。

②应按设计进行各项坡道工程的施工。对坡道附近上、下游天然河岸应进行平整，满足坡道面高出上、下游岸坡 300 ~ 400mm 的要求。

③斜坡道的开挖应本着自上而下、分层开挖的原则，在开挖过程中，密切注意坡道岩体结构的稳定性，加强爆破开挖岩体的监测。坡道斜面应优先采用光面爆破或预裂爆破，同时对分段爆破药量进行适当控制，以保证坡道的稳定。

④开挖的坡面的松动石块，在下层开始施工前，应撬挖清理干净。

⑤斜坡道施工中应搭设完善的供人员上下的梯子，工具及材料运输可采用小型矿斗车运料。

⑥在斜坡道上打设插筋、浇筑混凝土、安装轨道和泵车等，均应有完善的安全保障措施，落实后才能施工。

⑦坡轨工程如果要求延伸到最低水位以下，则应修筑围堰、抽水、清淤，保证能在干燥情况下施工。

（5）浮船式泵站施工安全规定

1）浮船船体的建造应按内河航运船舶建造的有关规定执行。

2）输水管道沿岸坡敷设，接头应密封、牢固；如设置支墩固定，支墩应坐落在坚硬的地基上。

3）浮船的锚固设施应牢固，承受荷载时不应产生变形和位移。

4）浮船式泵站位置的选择，应满足下列要求：

①水位平稳，河面宽阔，且枯水期水深不小于 1.0m。

②避开顶冲、急流、大回流和大风浪区以及与支流交汇处，且与主航道保持一定距离。

③河岸稳定，岸坡坡度在 1 ： 1.5—1 ： 4。

④漂浮物少，且不易受漂木、浮筏或船只的撞击。

5）浮船布置应包括机组设备间、船首和船尾等部分。当机组容量较大、台数较多时，宜采用下承式机组设备间。浮船首尾甲板长度应根据安全操作管理的需要确定，且不应小于 2.0m。首尾舱应封闭，封闭容积应根据船体安全要求确定。

6）浮船的设备布置应紧凑合理，在不增加外荷载的情况下，应满足船体平衡与稳定的要求。不能满足要求时，应采取平衡措施。

7）浮船的型线和主尺度（吃水深、型宽、船长、型深）应按最大排水量及设备布置的要求选定，其设计应符合内河航运船舶设计规定。在任何情况下，浮船的稳性衡准系数不应小于 1.0。

8）浮船的锚固方式及锚固设备应根据停泊处的地形、水流状况、航运要求及气象条件等因素确定。当流速较大时，浮船上游方向固定索不应少于 3 根。

9）船员必须经过专业培训，取得船员合格证件，才可上岗操作。船员应有较好的水性，基本掌握水上自救技能。

第八章　机电设备安装安全管理

本章主要介绍了机电设备安装基础知识和安全管理的要求，并同时介绍了泵站主泵房安装、水轮机安装、发电机安装和电气设备安装的注意事项。

主要依据《水利水电工程施工通用安全技术规程》SL 398-2007、《水利水电工程土建施工安全技术规程》SL 399-2007、《水利水电工程机电设备安装安全技术规程》SL 400-2016、《水利水电工程施工作业人员安全操作规程》SL 401-2007、《水利水电工程施工安全防护设施技术规范》SL 714-2015、《水利水电工程施工安全管理导则》SL 721-2015等标准、规范。

第一节　基本规定

水利水电建设施工中，机电设备安装不安全因素较多，并且在这一环节中，操作者不仅在十分复杂、危险的场所进行作业，也必然会在作业过程中接触到各种储存、生产和供给能量的设施、设备，易造成高处坠落、触电、物体打击、坍塌、起重伤害、机械伤害等安全生产事故。为提高水利水电工程机电设备安装安全水平，必须对机电设备安装进行安全生产全过程控制，保障人的安全健康和设备安全。

一、机电设备安装的安全管理要求

（1）参建各方应设置安全生产管理机构，按规定配备安全生产管理人员，明确各岗位安全生产职责，建立安全生产责任制。

（2）参建各方应制订安全生产规章制度，施工单位应制订操作规程。

（3）项目负责人和安全生产管理人员应具备机电设备安装相应的安全知识和管理能力。应对从业人员进行安全生产教育和培训，未经安全生产教育和培训合格的从业人员不得上岗。特种作业人员必须按国家有关规定经专门的安全作业培训，取得相应资格证书，持证上岗。

（4）应按有关规定提取、使用安全生产费用。

（5）参建各方应为从业人员配备合格的安全防护用品和用具，并定期检验或更换。从业人员在施工作业区域内，应正确使用安全防护用品和用具。

（6）施工前，应编制机电设备安全事故专项应急预案和现场应急处置方案，配备应急物资，组织相关人员进行应急培训。应定期开展应急预案演练。

（7）工程施工现场危险场所、危险部位应设置明显的符合国家标准的安全警示标志、标牌，告知危险的种类、后果及应急措施等，并定期维护。

（8）现场办公区、生活区应与作业区分开设置，并保持安全距离，施工现场、生产区、生活区、办公区应按规定配备满足要求且有效的消防设施和器材。

（9）施工前，应全面检查施工现场、机具设备及安全防护设施等，施工条件应符合安全要求。两个以上施工单位在同一施工现场作业，应签订安全协议并由专人负责监督。

（10）危险性较大的单项工程的施工应编制安全专项施工方案，对于超过一定规模的危险性较大的单项工程，应组织专家对安全专项施工方案进行论证。

（11）施工前必须进行安全技术交底，按施工方案组织施工。

二、机电设备安装现场安全防护要求

（1）施工生产区域应根据工作及工艺要求实行封闭管理。主要进出口处应设有明显的施工警示标志、安全生产和文明施工规定、禁令牌，与施工无关的人员、设备、材料不得进入封闭作业区。

（2）应结合现场安装部位交面及施工计划，遵循合理使用场地、有利施工、便于管理等基本原则，实行区域定置化管理。

（3）现场存放设备、材料的场地应平整坚固，设备、材料存放应整齐有序，宜采用活动式栏杆等方式进行隔离，应保证周围通道畅通，且人行通道不应小于 1m。

（4）现场的施工设施，应符合防洪、防火、防强风、防雷击、防砸、防坍塌以及职业健康等安全要求。

（5）现场的排水系统应布置合理，沟、管、网排水应畅通，不得影响道路交通。

（6）安装现场对预留进人孔、排水孔、吊物孔、放空阀等洞（孔）、坑、沟应加防护栏杆或盖板封闭，并悬挂警示标志。

（7）高处施工通道、作业平台应铺满，并绑扎牢固；临空面应设置高度不低于 1.2m 的安全防护栏杆，应设置高度不低于 0.2m 的挡脚板。

（8）施工现场脚手架和作业平台搭设应制订专项方案，经审批后方可实施。脚手架和作业平台搭设完成后，应经验收合格后方可使用，并悬挂标示牌。脚手架、平台拆除时，在拆除坠落范围的外侧应设有安全围栏与醒目的安全警示标志，现场应设专人监护。

（9）在电梯井、电缆井等井道口（内）安装作业，应根据作业面积情况，在其下方井道内设置可靠的水平刚性平台或安全网作隔离防护层。

（10）施工现场的工具房、休息室、临时工棚等应采用活动板式结构，便于移动、拆除，材料、尺寸、颜色应符合现场安全设施标准化要求。

（11）危险作业场所应按规定设置警戒区、事故报警装置、紧急疏散通道，并悬挂警示标志。

三、机电设备安装施工工具

机电设备安装施工工具分为电动工具、螺栓拉伸器和起吊工具。

1. 电动工具

（1）使用前，应检查电动工具外观完好、无污物。

（2）检查电动工具绝缘是否良好，电源引线及插头应无破损伤痕。

（3）检查电动工具零部件应无松动，带电体应清洁、干燥。

（4）检查电动工具转动轮、转动片应完好、结实、紧固，转动体与非转动体之间应有间隙，无卡阻现象。

（5）手持式电动工具安全使用应符合下列规定：

1）在一般场所，应选用Ⅱ类电动工具，当使用Ⅰ类电动工具时，应采取装设漏电保护器、安全隔离变压器等安全保护措施。

2）在潮湿环境或电阻率偏低的作业场应使用Ⅱ类或Ⅲ类电动工具。如使用Ⅰ类电动工具，应装设额定漏电电流不大于 30mA、动作时间不大于 0.Is 的漏电保护器。

3）在狭窄场所，如锅炉、金属容器、管道内等应使用Ⅲ类电动工具，如使用Ⅱ类电动工具，应装设动作电流不大于 15mA、动作时间不大于 0.1s 的漏电保护器。

（6）在管道内或通风不良部位使用打磨电动工具时，应布置专用通风设备，并指派专人监护作业。

（7）电动工具使用中出现过热现象，应停止作业。

（8）使用角磨机、砂轮机时，应戴防护眼镜，应将火星朝向无人、无设备的一边。

（9）使用电动砂轮机应符合下列规定：

1）砂轮机首次启动时，应点启动，检查电机旋转方向是否正确，工作时旋转方向不应对着设备及通道。

2）使用砂轮机应先启动，达到正常转速后，再接触工作。

3）工作托架应安装牢固，托架平台应平整，防护罩应安装完好，应及时调整托架和砂轮外围间隙，间隙不宜大于 5mm。

4）作业人员应戴防护眼镜，站在砂轮机的侧面，且用力不应过猛。

5）大型或重量达到 5kg 以上的物件，不得在固定砂轮机上磨削，砂轮片形状不圆、有裂纹或磨损接近固定夹板时，应及时更换。

（10）使用砂轮切割机应符合下列规定：

1）砂轮切割机应放置平稳，坚固件应无松动。

2）电机及其操作回路绝缘应良好，电机应空转检查转向正确后方可装砂轮机片。

3）磨切工件应使用夹具夹牢放稳，严禁手拿工件打磨、切割。

4）砂轮片接触工件应缓慢，用力不得过猛。

5）砂轮片应符合该机的规格以及质量要求。

2. 螺栓拉伸器

（1）使用前，应检查各部零件和密封是否良好。

（2）气压胶管应完好，接头应牢固密封。

（3）油管应采用无缝钢管或专用高压软管，接头应焊牢和密封。若发现有渗油现象，应及时更换。

（4）油泵放置应稳固，升压应缓慢。在升压过程中应认真观察螺栓伸长值，油泵压力不得超压。

（5）拉伸器应放平，不得歪斜。活塞应压到底。在升压过程中，应观察活塞行程，严禁超过工作行程。

（6）被紧固的螺栓，连续拉伸次数不得超过 4 次。

（7）工作人员不得站在拉伸器上方，应选择安全位置。

（8）拉伸器工作完毕，应先降压排油至零，再拆除拉伸工具螺栓。

3. 起吊工具

（1）厂内起吊机应集中保管，并健全检查、试验、保养、更新制度，不符合安全要求的工具不得使用。

（2）钢丝绳使用应符合下列规定：

1）起吊用钢丝绳应定期检查，不得超负荷使用，当钢丝绳径向磨损、断丝、腐蚀造成直径变小、松股、打结、绳芯外露、整股断裂以及其他损坏达到规定报废标准的应立即报废。

2）钢丝绳绳套（又称吊头、八股头）索扣插编，在单根吊索中，每一端索扣的插编部分的最小长度不得小于钢丝绳公称直径的 15 倍，并不小于 300mm。手工插编操作对每一股应至少穿插 5 次，而且 5 次中至少有 3 次应整股穿插。机械操作应 3 股穿插 4 次、另外 3 股穿插 5 次而成。

3）吊装时应根据重物尺寸及重量大小选择合适的钢丝绳，并进行校核计算。

（3）手拉葫芦使用应符合下列规定：

1）手拉葫芦使用前应进行检查，检查吊钩、链条、轴是否变形损坏；拴挂手拉葫芦时应牢靠，所吊物的重量不得超过葫芦标定安全承载能力。

2）操作室应先慢慢起升，待受力确认可靠后方可继续工作。拉链人数应由葫芦起重能力大小决定，起重能力小于 50kN 时，拉链人数宜为 1 人；起重能力不小于 50kN 时，拉链人数宜为 2 人，不得随意增加拉链人数。如遇拉不动时，应检查是否有损坏。

3）已吊装重物需停留稍长时，应将手拉链拴在起重链上。

（4）卷扬机使用应符合下列规定：

1）使用前应检查卷扬机锚固装置是否够牢固，检查离合器、制动器是否灵敏、可靠，检查电气设备绝缘是否良好，接地接零应完好正确。

2）钢丝绳在卷筒上应排列整齐，放出时，卷筒上至少应保留 3 圈。

3）工作中应注意监视运转情况，如发现电压下降、触点冒火、温度过高、响声不正常或制动不灵、钢丝绳发生抖动等情况，应立即停车检修。

4）不得将钢丝绳与带电电线接触，应防止钢丝绳扭结。

（5）千斤顶

1）使用前应检查千斤顶各部件是否完好，丝杆和螺母磨损超过 20% 时应报废，机壳和底座有裂缝，严禁使用。液压千斤顶的活塞、阀门应良好无损。

2）千斤顶不得加长摇柄长度和超负荷使用。

3）千斤顶顶升工件的最大行程不应超过该产品规定值（当套筒出现红色警戒线时，表示已升至额定高度），或丝杆、活塞总高度的 3/4。

4）操作时，千斤顶应放在坚实的基础上，用枕木支垫千斤顶时应与载荷作用线对正，不得歪斜。必要时底部和顶部可同时加垫木防滑。应先将重物稍稍顶起，检查无异常现象，再继续顶升。

5）使用油压千斤顶时，应检查副油箱油位线，如需添加，应加入干净无杂质的压油。顶升前应检查换向阀开关是否到位。

6)使用油压千斤顶时,工作人员不得站在保险塞对面,重物顶升后,应用木方将其垫实。

7）用两台及多台千斤顶合抬一重物时，应符合下列规定：

①尽量选用同一规格、型号的千斤顶。应考虑动载情况下的不均载系数，按总负荷留 20% 备用容量，并事先检查和试验所用千斤顶，确认合格后方可投入使用。

②顶升作业时，应受力均匀，顶点布置应合理，力矩应对称，顶升速度尽可能同步，设专人指挥和监护，使重物平行上升，发现上升不一致时，及时调整重物水平。一般宜采用分离式液压千斤顶，它由一个油泵同时向几个千斤顶供油，可避免受力不均。

8）高处使用千斤顶时，应用绳索系牢，操作人员严禁在千斤顶两侧或下方。

9）顶升重物时，应掌握重物重心，防止倾倒。重物顶起应采取保护措施，随起随垫，保证安全。

10）大型油压千斤顶的油泵站工作时，使用前应检查和试运行合格。

四、焊接与切割

焊接与切割是施工现场应用较为广泛的金属加工方法。焊接是借助于原子的结合，把两个分离的物体联结成为一个整体的过程，目前应用最多的是金属焊接。切割是利用压力或高温的作用断开物体的连接，把板材或型材等切割成所需形状和尺寸的坯料或工件的过程，它在人们的生产、生活中有着极为重要的作用。

1. 分类

（1）焊接

按照焊接过程中金属所处的状态不同，金属焊接可分为熔焊、压力焊和钎焊三种类型。

1）熔焊

熔焊，又称为熔化焊，即是利用局部加热的方法将连接处的金属加热至熔化状态而完成的一种焊接方法。

熔焊的关键是要有一个热量集中的局部加热源，在加热的条件下，增强金属原子的功能，促进原子间的相互扩散，当被焊接金属加热至熔化状态形成液态熔池时，原子之间可以充分扩散和紧密接触，当冷却凝固后，即形成牢固的焊接接头。常见的气焊、电弧焊、电渣焊、气体保护焊、等离子弧焊等均属于熔化焊的范畴。

2）压力焊

压力焊，即是在焊接时施加一定的压力，从而完成焊接的一种方法。

压力焊有两种基本形式，一是将被焊金属接触部分加热至塑性状态或局部熔化状态，然后施加一定压力，以使金属原子间相互结合并形成牢固的焊接接头，如锻焊、接触焊、摩擦焊和气压焊等即属于这种类型；二是不进行加热，仅在被焊金属接触面上施加足够大的压力，借助压力所引起的塑性变形，以使原子间相互接近而获得牢固的压挤接头，这种压力焊的方法有冷压焊、爆炸焊等。

施工现场常用的压力焊主要是电阻焊，即是利用电流通过焊件及接触处产生的电阻热作为热源，将焊件局部加热至塑性或熔化状态，然后在压力下形成焊接接头的一种焊接方法。电阻焊具有生产率高、焊件变形小、作业人员劳动条件好、不需要添加焊接材料、易于自动化等特点，但其设备较一般熔化焊较为复杂，耗电量也很大，适用的接头形式与可焊工件的厚度（或断面）受到限制。

3）钎焊

钎焊，即是利用熔点比焊接金属低的钎料作填充金属，通过加热将钎料熔化，把处于固态的工件连接到一起的一种焊接方法。焊接时，被焊金属处于固体状态，工件无须受到压力的作用，只需适当加热，依靠液态金属与固态金属之间的原子扩散而形成牢固的焊接接头。

钎焊是一种古老的金属永久连接工艺，但由于钎焊的金属结合机理与熔焊和压力焊不同，并具有一些特殊性能，所以在现代焊接技术中仍占有一定的地位，常见的钎焊方法有烙铁钎焊、火焰钎焊和感应钎焊等多种。

（2）切割

金属的切割方法很多，分为冷切割和热切割。

1）冷切割包括锯切割、线切割、超高压水切割等，冷切割能够保持现有的材料特性。

2）热切割是利用集中热源使材料分离的一种方法。根据热源的产生情况不同，可分为火焰切割、等离子弧切割、电弧切割和激光切割等，氧气 - 乙炔切割是建筑施工现场常用的火焰切割方法。

2. 焊接和切割的基本安全规定

（1）本章适用于焊条电弧焊、埋弧焊、二氧化碳气体保护焊、手工钨极氩弧焊（其他气体保护焊的安全规定可以参照二氧化碳气体保护焊及手工钨极氩弧焊的有关条款）、碳弧气刨、气焊与气割安全操作。

（2）凡从事焊接与气割的工作人员，应熟知本标准及有关安全知识，并经过专业培训考核取得操作证，持证上岗。

（3）从事焊接与气割的工作人员应严格遵守各项规章制度，作业时不应擅离职守，进入岗位应按规定穿戴劳动防护用品。

（4）焊接和气割的场所，应设有消防设施，并保证其处于完好状态。焊工应熟练掌握其使用方法，能够正确使用。

（5）凡有液体压力、气体压力及带电的设备和容器、管道，无可靠安全保障措施禁止焊割。

（6）对贮存过易燃易爆物及有毒气体的容器、管道进行焊接与切割时，要将易燃物和有毒气体放尽，用水冲洗干净，打开全部管道窗、孔，保持良好通风，方可进行焊接和切割，容器外要有专人监护，定时轮换休息。密封的容器、管道不应焊割。

（7）禁止在油漆未干的结构和其他物体上进行焊接和切割。禁止在混凝土地面上直接进行切割。

（8）严禁在贮存易燃易爆的液体、气体、车辆、容器等的库区内从事焊割作业。

（9）在距焊接作业点火源 10m 以内，在高空作业下方和火星所涉及范围内，应彻底清除有机灰尘、木材木屑、棉纱棉布、汽油、油漆等易燃物品。如有不能撤离的易燃物品，应采取可靠的安全措施隔绝火星与易燃物接触。对填有可燃物的隔层，在未拆除前不应施焊。

（10）焊接大件需有人辅助时，动作应协调一致，工件应放平垫稳。

（11）在金属容器内进行工作时应有专人监护，要保证容器内通风良好，并应设置防尘设施。

（12）在潮湿地方、金属容器和箱型结构内作业，焊工应穿干燥的工作服和绝缘胶鞋，身体不应与被焊接件接触，脚下应垫绝缘垫。

（13）在金属容器中进行气焊和气割工作时，焊割炬应在容器外点火调试，并严禁使用漏燃气的焊割炬、管、带，以防止逸出的可燃混合气遇明火爆炸。

（14）严禁将行灯变压器及焊机调压器带入金属容器内。

（15）焊接和气割的工作场所光线应保持充足。工作行灯电压不应超过 36V，在金属容器或潮湿地点，工作行灯电压不应超过 12V。

（16）风力超过 5 级时，禁止在露天进行焊接或气割。风力在 3 级以上、5 级以下时，应搭设挡风屏，以防止火星飞溅引起火灾。

（17）离地面 1.5m 以上进行工作应设置脚手架或专用作业平台，并应设有 1m 高的防护栏杆，脚下所用垫物要牢固可靠。

（18）工作结束后应拉下焊机闸刀，切断电源。对于气割（气焊）作业则应解除氧气、乙炔瓶（乙炔发生器）的工作状态。要仔细检查工作场地周围，确认无火源后方可离开现场。

（19）使用风动工具时，先检查风管接头是否牢固，选用的工具是否完好无损。

（20）禁止通过使用管道、设备、容器、钢轨、脚手架、钢丝绳等作为临时接地线（接零线）的通路。

（21）高空焊割作业时，还应遵守下列规定：

1）高空焊割作业须设监护人，焊接电源开关应设在监护人近旁。

2）焊割作业坠落点场面上，至少 10m 以内不应存放可燃或易燃易爆物品。

3）高空焊割作业人员应戴好符合规定的安全帽，应使用符合标准规定的防火安全带，安全带应高挂低用、固定可靠。

4）露天下雪、下雨或有 5 级大风时严禁高处焊接作业。

3. 焊接场地与设备的安全规定

（1）焊接场地

1）焊接与气割场地应通风良好（包括自然通风或机械通风），应采取措施避免作业人员直接呼吸到焊接操作所产生的烟气流。

2）焊接或气割场地应无火灾隐患。若需在禁火区内焊接、气割时，应办理动火审批手续，并落实安全措施后方可进行作业。

3）在室内或露天场地进行焊接及碳弧气刨工作，必要时应在周围设挡光屏，防止弧光伤眼。

4）焊接场所应经常清扫，焊条和焊条头不应到处乱扔，应设置焊条保温筒和焊条头回收箱，焊把线应收放整齐。

（2）焊接设备

1）电弧焊电源应有独立而容量足够的安全控制系统，如熔断器或自动断电装置、漏电保护装置等：控制装置应能可靠地切断设备最大额定电流。

2）电弧焊电源熔断器应单独设置，严禁两台或以上的电焊机共用一组熔断器，熔断丝应根据焊机工作的最大电流来选定，严禁使用其他金属丝代替。

3）焊接设备应设置在固定或移动式的工作台上，电弧焊机的金属机壳应有可靠独立的保护接地或保护接零装置。焊机的结构应牢固和便于维修，各个接线点和连接件应连接牢靠且接触良好，不应出现松动或松脱现象。

4）电弧焊机所有带电的外露部分应有完好的隔离防护装置。焊机的接线桩、极板和接线端应有防护罩。

5）电焊把线应采用绝缘良好的橡皮软导线，其长度不应超过 50m。

6）焊接设备使用的空气开关、磁力启动器及熔断器等电气元件应装在木制开关板或绝缘性能良好的操作台上，严禁直接装在金属板上。

7）露天工作的焊机应设置在干燥和通风的场所，其下方应防潮且高于周围地面，上方应设棚遮盖和有防砸措施。

4. 现场施工常用焊接和切割

（1）电弧焊

电弧焊即是利用焊材与焊件之间的电弧热量熔化金属之后进行的连接。电弧焊不仅可以焊接各种碳素钢、低合金结构钢、不锈钢、铸铁以及部分高合金钢，还能焊接多种有色金属，如铝、铜、镣及其合金，是一种应用最为广泛的焊接方法。

电弧焊安全注意事项：

1)从事焊接工作时,应使用镶有滤光镜片的手柄式或头戴式面罩。清除焊渣、飞溅物时，应戴平光镜，并避免对着有人的方向敲打。

2）电焊时所使用的凳子应用木板或其他绝缘材料制作。

3）露天作业遇下雨时，应采取防雨措施，不应冒雨作业。

4）在推入或拉开电源闸刀时，应戴干燥手套，另一只手不应按在焊机外壳上，推拉闸刀的瞬间面部不应正对闸刀。

5）在金属容器、管道内焊接时，应采取通风除烟尘措施，其内部温度不应超过 40℃，否则应实行轮换作业，或采取其他对人体的保护措施。

6）在坑井或深沟内焊接时，应首先检查有无集聚的可燃气体或一氧化碳气体，如有应排除并保持通风良好。必要时应采取通风除尘措施。

7）电焊钳应完好无损，不应使用有缺陷的焊钳；更换焊条时，应戴干燥的帆布手套。

8）工作时禁止将焊把线缠在、搭在身上或踏在脚下，当电焊机处于工作状态时，不应触摸导电部分。

9）身体出汗或其他原因造成衣服潮湿时，不应靠在带电的焊件上施焊。

（2）埋孤焊

埋弧焊（含埋弧堆焊及电渣堆焊等）是一种电弧在焊剂层下燃烧进行焊接的方法。

其固有的焊接质量稳定、焊接生产率高、无弧光及烟尘很少等优点，使其成为压力容器、管段制造、箱型梁柱等重要钢结构制作中的主要焊接方法。

埋弧焊安全注意事项：

1）操作自动焊、半自动焊埋弧焊的焊工，应穿绝缘鞋和戴皮手套或线手套。

2）埋弧焊会产生一定数量的有害气体，在通风不良的场所或构件内工作，应有通风设备。

3）开机前应检查焊机的各部分导线连接是否良好、绝缘性能是否可靠、焊接设备是否可靠接地、控制箱的外壳和接线板上的外罩是否完好、埋弧焊用电缆是否满足焊机额定焊接电流的要求，发现问题应修理好后使用。

4）在调整送丝机构及焊机工作时，手不应触及送丝机构的滚轮。

5）焊接过程中应保持焊剂连续覆盖，注意防止焊剂突然供不上而造成焊剂突然中断，露出电弧光辐射损害眼睛。

6）焊接转胎及其他辅助设备或装置的机械传动部分，应加装防护罩。在转胎上施焊的焊件应压紧卡牢，防止松脱掉下砸伤人。

7）埋弧焊机发生电气故障时应由电工进行修理，不熟悉焊机性能的人不应随便拆卸。

8）罐装、清扫、回收焊剂应采取防尘措施，防止吸入粉尘。

（3）二氧化碳保护焊

二氧化碳保护焊是以二氧化碳作为保护系统的一种电弧焊方法，它能用可熔化的细丝焊接汽车上的薄钢板构件、焊补铸铁类壳体零件以及堆焊曲轴等，具有成本低、生产效率高、质量好、易于掌握等特点。

二氧化碳保护焊安全注意事项：

1）凡从事二氧化碳气体保护焊的工作人员应严格遵守本章基本规定和本章焊条电弧焊的规定。

2）焊机不应在漏水、漏气的情况下运行。

3）二氧化碳在高温电弧作用下，可能分解产生一氧化碳有害气体，工作场所应通风良好。

4）二氧化碳气体保护焊焊接时飞溅大，弧光辐射强烈，工作人员应穿白色工作服、戴皮手套和防护面罩。

5）装有二氧化碳的气瓶不应在阳光下暴晒或接近高温物体，以免引起瓶内压力增大而发生爆炸。

6）二氧化碳气体预热器的电源应采用 36V 电压，工作结束时应将电源切断。

（4）气焊与切割

气焊和切割是利用助燃气体与可燃气体混合燃烧所释放出的热量作为热源进行金属材料的焊接或切割，是金属材料热加工常用的工艺方法之一。气焊与气割技术在现代工业生产中具有极其重要的地位，用途很广。

气焊，是利用助燃气体与可燃气体的混合气体燃烧火焰作为热源将两个工件的接头部分熔化，并熔入填充金属，熔池凝固后使之成为一个牢固整体的一种熔化焊接方法。

气割，是利用气体火焰的热能将工件切割处预热到一定温度后，喷出高速切割氧流，使材料燃烧并放出热量实现切割的方法。气割的实质是被切割材料在纯氧中燃烧的过程，不是熔化过程。

1）常见易燃与助燃气体背景

气焊、气割作业所适用的气体可分为助燃气体和可燃气体。常用的助燃气体为氧气，可燃气体为乙炔。

①氧气

a. 在常温和标准大气压下，氧气是一种无色、无味、无毒的活泼性助燃气体，是一种强氧化剂。空气中含氧 20.9%，气焊与气割作业用的一级纯氧纯度为 99.2%，二级纯氧纯度为 98.5%，增加氧的纯度和压力会使氧化反应加剧，金属的燃点随着氧气压力的增高而降低。

b. 压缩气态氧与矿物油、油脂类接触，会发生氧化反应，产生大量的热，在常温下会发生自燃。氧气几乎能与所有的可燃气体和可燃蒸汽形成爆炸性混合气体，而且具有很宽的爆炸极限范围。

②乙炔

常温常压下，乙炔是一种无色的不饱和碳氢化合物，具有较高的键能。纯乙炔在空气中的燃烧温度可达到2100℃左右，在氧气中燃烧时可达到3600℃。乙炔的化学性质很活泼，能起加成、氧化、聚合及金属取代等反应。此外，乙炔的自燃点仅为305℃，容易受热自燃。

2）常用气瓶的构造

气瓶是指在正常环境条件下（-40 ~ 60℃）可重复进行充气使用的，公称工作压力为 1.0 ~ 30MPa（表压），公称容积为 0.4 ~ 1000L，盛装永久气体、液化气体或溶解气体的移动式压力容器。

①氧气瓶。氧气瓶是一种储存、运输高压氧气的高压容器，由瓶体、瓶箍、瓶阀、瓶帽、防震圈等组成。施工现场常用氧气瓶的容积为 40L，在 14.7MPa 的压力下，可以贮存 $6m^3$ 的氧气。

②乙炔瓶。乙炔瓶是一种贮存和运输乙炔用的焊接钢瓶，其主要部分是用优质碳素钢或低合金钢轧制而成的圆柱形无缝瓶体。但它既不同于压缩气瓶，也不同于液化气瓶，其外形与氧气瓶相似，但比氧气瓶略短、直径略粗，由瓶体、瓶帽、填料、易熔塞和瓶阀等组成。

氧气、乙炔瓶的使用注意事项：

①气瓶应放置在通风良好的场所，不应靠近热源和电气设备，与其他易燃易爆物品或火源的距离一般不应小于 10m（高处作业时是与垂直地面处的平行距离）。使用过程中，乙炔瓶应放置在通风良好的场所，与氧气瓶的距离不应小于 5m。

②露天使用氧气、乙炔气时，冬季应防止冻结，夏季应防止阳光直接暴晒。氧气、乙炔气瓶阀冬季冻结时，可用热水或水蒸气加热解冻，严禁用火焰烘烤和用钢材一类器具猛击，更不应猛拧减压表的调节螺丝，以防氧气、乙炔气大量冲出而造成事故。

③氧气瓶严禁沾染油脂，检查气瓶口是否有漏气时可用肥皂水涂在瓶口上试验，严禁用烟头或明火试验。

④氧气、乙炔气瓶如果漏气应立即搬到室外，并远离火源。搬动时手不可接触气瓶嘴。

⑤开氧气、乙炔气阀时，工作人员应站在阀门连接的侧面，并缓慢开放，不应面对减压表，以防发生意外事故。使用完毕后应立即将瓶嘴的保护罩旋紧。

⑥氧气瓶中的氧气不允许全部用完，至少应留有 0 ~ 0.2MPa 的剩余压力；乙炔瓶内气体也不应用尽，应保持 0.05MPa 的余压。

⑦乙炔瓶在使用、运输和储存时，环境温度不宜超过 40℃；超过时应采取有效的降温措施。

⑧乙炔瓶应保持直立放置，使用时要注意固定，并应有防止倾倒的措施，严禁卧放使用。卧放的气瓶竖起来后需待 20min 后方可输气。

⑨工作地点不固定且移动较频繁时，应装在专用小车上；同时使用乙炔瓶和氧气瓶时，应保持一定安全距离。

⑩严禁铜、银、汞等及其制品与乙炔产生接触，应使用铜合金器具时含铜量应低于 70%。

回火防止器的注意事项：

①应采用干式回火防止器。

②回火防止器应垂直放置，其工作压力应与使用压力相适应。

③干式回火防止器的阻火元件应经常清洗以保持气路畅通；多次回火后，应更换阻火元件。

④一个回火防止器应只供一把割炬或焊炬使用，不应合用。当一个乙炔发生器向多个割炬或焊炬供气时，除应装总的回火防止器外，每个工作岗位都须安装防火设备。

⑤禁止使用无水封、漏气、逆止阀失灵的回火防止器。

⑥回火防止器应经常清除污物防止堵塞，以免失去安全作用。

⑦回火防止器上的防爆膜（胶皮或铝合金片）被回火气体冲破后，应按原规格更换，严禁用其他非标准材料代替。

减压器（氧气表、乙炔表）的安全注意事项：

①严禁使用不完整或损坏的减压器。冬季减压器易冻结，应采用热水或蒸汽解冻，严禁用火烤，每只减压器只准用于一种气体。

②减压器内，氧气、乙炔瓶嘴中不应有灰尘、水分或油脂，打开瓶阀时，不应站在减压阀方向，以免被气体或减压器脱扣而冲击伤人。

③工作完毕后应先将减压器的调整顶针拧松直至弹簧分开为止，再关氧气、乙炔瓶阀，放尽管中余气后方可取下减压器。

④当氧气管、乙炔管、减压器自动燃烧或减压器出现故障时，应迅速将氧气瓶的气阀关闭，然后再关乙炔气瓶的气阀。

使用橡胶软管的安全注意事项：

①氧气胶管为红色，严禁将氧气管接在焊、割炬的乙炔气进口上使用。

②胶管长度每根不应小于 10m，以 15 ~ 20m 为宜。

③胶管的连接处应用卡子或铁丝扎紧，铁丝的丝头应绑牢在工具嘴头方向，以防止被气体崩脱而伤人。

④工作时胶管不应沾染油脂或触及高温金属和导电线。

⑤禁止将重物压在胶管上。不应将胶管横跨铁路或公路，如需跨越应有安全保护措施。胶管内有积水时，在未吹尽之前不应使用。

⑥胶管如有鼓包、裂纹、漏气现象，不应采用贴补或包缠的办法处理，应切除或更新。

⑦若发现胶管接头脱落或着火时，应迅速关闭供气阀，不应用手弯折胶管等待处理。

⑧严禁将使用中的橡胶软管缠在身上，以防发生意外起火引起烧伤。

焊、割炬的使用安全注意事项：

①工作前应检查焊、割炬各连接处的严密性及其嘴子有无堵塞现象，禁止用纯铜丝（紫铜）清理嘴孔。

②焊、割炬点火前应检查其喷射能力，是否漏气，同时检查焊嘴和割嘴是否畅通；无喷射能力不应使用，应及时修理。

③不应使用小焊枪焊接厚的金属，也不应使用小嘴子割枪切割较厚的金属。

④严禁在氧气和乙炔阀门同时开启时用手或其他物体堵住焊、割枪嘴子的出气口，以防止氧气倒流入乙炔管或气瓶而引起爆炸。

⑤焊、割枪的内外部及送气管内均不允许沾染油脂，以防止氧气遇到油类燃烧爆炸。

⑥焊、割枪严禁对人点火，严禁将燃烧着的焊炬随意摆放，用毕及时熄灭火焰。

⑦焊炬熄火时应先关闭乙炔阀，后关氧气阀；割炬则应先关高压氧气阀，后关乙炔阀和氧气阀以免回火。

⑧焊、割炬点火时须先开氧气，再开乙炔，点燃后再调节火焰；遇不能点燃而出现爆声时，应立即关闭阀门并进行检查和通畅嘴子后再点，严禁强行硬点以防爆炸；焊、割时间过久，枪嘴发烫出现连续爆炸声并有停火现象时，应立即关闭乙炔，再关氧气。将枪嘴浸冷水疏通后再点燃工作，作业完毕熄火后应将枪吊挂或侧放，禁止将枪嘴对着地面摆放，以免引起阻塞而再用时发生回火爆炸。

⑨阀门不灵活、关闭不严或手柄破损的一律不应使用。

⑩工作人员应配戴有色眼镜，以防飞溅火花灼伤眼睛。

五、廊道、洞室及有限空间作业

（1）廊道及洞室内安全作业的注意事项

1）进入人员不得少于两人，并应配备通信和备用便携式照明器具。

2）作业前应检查周边孔的盖板、安全防护栏杆，盖板和护栏应安全牢固。

3）运输作业时，应规划便于人员通行的安全通道或采取其他保障人员安全逃生的措施。

岔道处应设置交通安全警示标志。

4）地下洞室内存在塌方等安全隐患的部位，应及时处理，并悬挂安全警示标志，无关人员不得入内。

5）施工廊道应视其作业环境情况，设置安全可靠的通风、除尘、排水等设施，运行人员应坚守岗位。

（2）在有限空间作业的安全注意事项

1）严格实行作业审批制度，不得擅自进入有限空间作业。

2）“先通风、再检测、后作业”，通风、检测不合格不得作业。

3）配备个人防中毒窒息的防护装备，设置安全警示标志，无防护监护措施不得作业。

4）对作业人员进行安全教育培训，教育培训不合格不得上岗作业。

5）制订应急措施，现场配备应急装备，不得盲目施救。

六、起重运输作业安全技术

（1）机电设备安装中的起重吊装、运输作业施工前应编制专项施工方案和安全技术措施，按程序要求经审批后实施，对于超过一定规模的危险性较大的单项工程，应组织专家对专项方案进行论证。专项方案实施前，应组织进行安全技术交底，并组织专门人员监护实施。

（2）工作前，认真检查所需的一切工具设备，均应良好。

（3）起重工应熟悉、正确运用并及时发出各种规定的手势、旗语等信号。多人工作时，应指定一人负责指挥。

（4）工作前，应根据物件的重量、体积、形状、种类选用适宜的方法。运输大件应符合交通规则规定，配备指挥车，并事先规定前后车辆的联络信号，还应悬挂明显标志（白天宜插红旗，晚上宜悬红灯）。

（5）各种物件正式起吊前，应先试吊，确认可靠后方可正式起吊。

（6）使用三脚架起吊时，绑扎应牢固，杆距应相等，杆脚固定应牢靠，不宜斜吊。

（7）使用滚杠运输时，其两端不宜超出物件底面过长，摆滚杠的人不应站在重物倾斜方向一侧，不应戴手套，应用手指插在滚杠筒内操作。

（8）拖运物件的钢丝绳穿越道路时，应挂明显警示标志。

（9）起吊前，应先清理起吊地点及运行通道上的障碍物，通知无关人员避让，作业人员应选择恰当的位置及随物护送的路线。

（10）吊运时应保持物件重心平稳。如发现捆绑松动，或吊装工具发生异常情况，应立即停车进行检查。

（11）翻转大件应先放好旧轮胎或木板等垫物，翻转时应采取措施防止冲击，工作人员应站在重物倾斜方向的反面。

（12）对表面涂油的重物，应将捆绑处油污清理干净，以防起吊过程中钢丝绳滑动。

（13）起吊重物前，应将其活动附件拆下或固定牢靠，以防因其活动引起重物重心变化或滑落伤人。重物上的杂物应清扫干净。

（14）吊运装有液体的容器时，钢丝绳应绑扎牢固，不应有滑动的可能性。容器重心应在吊点的正下方，以防吊运途中容器倾倒。

（15）吊运成批零星小件时，应装箱整体吊运。

（16）吊运长形等大件时，应计算出其重心位置，起吊时应在长、大部件的端部系绳索拉紧。

（17）大件起吊运输和吊运危险的物品时，应制订专项安全技术措施，按规定要求审批后，方能施工。

（18）大件吊运过程中，重物上严禁站人，重物下面严禁有人停留或穿行。若起重指挥人员需要在重物上指挥时，应在重物停稳后站上去，并应选择在安全部位和采取必要的安全措施。

（19）设备或构件在起吊过程中，应保持其平稳，避免产生歪斜；吊钩上使用的绳索不应滑动，以保证设备或构件的完好无缺。

（20）起吊拆箱后的设备或构件时，应对其油漆表面采取防护措施，不应使漆皮擦伤或脱落。

（21）大型设备的吊运，宜采取解体分部件的吊运方法，边起吊，边组装，其绳索的捆绑应符合设备组装的要求。

（22）在起吊过程中，绳索与设备或构件的棱角接触部分，均应加垫麻布、橡胶及木块等非金属材料，以保护绳索不受损伤。

（23）两台起重机抬一台重物时，应遵守下列规定：

1）根据起重机的额定荷载，计算好每台起重机的吊点位置，最好采用平衡梁抬吊。

2）每台起重机所分配的荷载不应超过其额定荷载的 75% ~ 80%。

3）应有专人统一指挥，指挥者应站在两台起重机司机都可以看见的位置。

4）重物应保持水平，钢丝绳应保持铅直受力均衡。

5）具备经有关部门批准的安全技术措施。

七、机电设备安装作业人员安全要求

（1）作业人员上岗应符合下列规定：

1）上岗前应经安全教育培训并考试合格，熟悉业务，掌握本岗位操作技能。

2）身体体检合格，无职业禁忌。

3）遵守劳动纪律，服从安全员和现场管理人员的指挥和监督，坚守岗位，不酒后上岗。

4）严格执行岗位操作规程，不得为智能作业。

5）特种作业人员必须持有效的特种作业操作证，配备相应的安全防护用具。

（2）作业人员安全防护应符合下列规定：

1）正确穿戴个人安全防护用品。

2）正确使用防护装置和防护设施，对各种防护装置、防护设施和安全警示标志灯不得任意拆除和随意挪动。

3）遵守岗位责任制和交接班制度，并熟知本工种的安全技术操作规程。多工种联合作业时，应遵守相关工种的安全技术规程。

4）夜间作业时，应保证良好照明，每个施工部位应至少安排两人工作，不得单人独立作业。检查密封构件或设备内部时，应使用安全行灯或手动照明。

5）作业前，应认真检查所使用的设备、工器具等，不得使用不符合安全要求的设备和工器具。若发现事故隐患应立即进行整改或向现场管理人员、安全人员报告。

6）施工现场行走应注意安全，严禁攀越脚手架、电气盘柜、通风管道等危险部位。

第二节　泵站主机泵安装的安全

一、水泵部件拆装检查

（1）利用起重机械将水泵吊放至拆装现场，应对水泵进行拆装检查及必要的清洗。设备清扫时，应根据设备特点选择合适的清扫方法和保护措施，防止损坏设备。

（2）拆装现场搭设的临时设施应满足防风、防雨、防尘及消防要求；施工现场应保持清洁并有足够的照明及相应的安全设施。

（3）主泵零件结合面的浮锈、油污及所涂保护层应清理消除。使用脱漆剂等清扫设备时，作业人员应戴口罩、防护眼镜和防护手套，严防溅落在皮肤和眼睛上；清扫现场应进行隔离，15m 内不得动火（及打磨）作业；清扫现场应配备足够数量的灭火器。

（4）组合分瓣大件时，应先将一瓣调平垫稳，支点不得少于 3 点。组合第二瓣时，应防止碰撞，工作人员手脚严禁伸入组合面，应对称拧紧组合螺栓，位置均匀对称分布且只数不得少于 4 个，设备垫稳后，方可松开吊钩。

（5）设备翻身时，设备下方应设置方木或软质垫层予以保护。翻身时，钢丝绳与设备棱角接触的位置应垫保护材料，且应设置警戒区，设备下方严禁有人行走或逗留。翻身副钩起吊能力不低于设备本身重量的 1.2 倍。

（6）安装设备、工器具和施工材料应堆放整齐，场地应保持清洁，通道畅通，应“工完、料净、场清”，做到文明生产。

二、水泵固定、转动部分安装

（1）水泵机组安装时，应先安装固定部分，后安装转动部分。各部件在安装过程中，应严格遵守安装安全技术措施要求。

（2）水泵固定部分安装前，应对施工现场的杂物及积水进行清理，并设置机坑排水设施，检查合格后方可安装。

（3）施工现场应配备足够的照明，配电盘应设置漏电和过电流保护装置。潮湿部位应使用不大于 24V 的照明设备，泵壳内应使用不大于 12V 的照明设备，不得将行灯变压器带入泵壳内使用。

（4）水泵固定部件安装前，应预先在底部进水池内安装钢支撑架，钢支撑架的强度应能满足全部承载件重量的 2 倍，将轮毂、中心叶轮依次吊放在支撑架上，并采取稳固措施。

（5）水泵层标高、中心等位置性标记的标示应清晰、牢靠，且进行有效防护。

（6）伸缩节、进水锥管、底座安装时，应保证充足照明，千斤顶、拉伸器等应固定。

（7）吊装水泵主轴时，应采取防止主轴起吊时发生旋转的措施，在主轴下法兰处垫设方木加以防护，人员撤离至安全位置。

（8）在泵主轴吊装接近填料函法兰口处时，在法兰四周应采用合适的橡胶板或纸质板条导向防护，并保证四周间隙均匀。

（9）连接主轴和叶轮时，应有专人指挥。楔紧螺栓连接时应使用配套的力矩扳手或专用工具。叶轮运行时，楔子应对称、均匀楔紧。确认支撑平稳后，方可松去吊钩。在四周设置防护栏，并悬挂警示标志。

三、水泵主轴和电机主轴连接

（1）吊装时，应对起重机械和专用吊具进行全面检查，制动系统应重新进行调整试验，应有专人指挥，指挥人员和操作人员应配备专用通信设备。

（2）当电机主轴完成试吊并提升到一定高度后，可清扫电机主轴法兰和水泵主轴等部位，如需用扁铲或平光机打磨时，应戴防护眼镜。需要采用电焊、气焊作业时，应及时清除化学溶剂、抹布等易燃物后再进行作业，并有专人监护。

（3）电机主轴应缓慢穿过定子和下机架中心，定子周围应采用合适的导向橡胶板或纸质板条导向防护，保证四周间隙均匀。站在定子上方的人员应选择合适的站立位置，不得踩踏定子绕组。

（4）联轴采用锤击法紧回螺栓时，扳手应紧靠，与螺母配合尺寸应一致。锤击人员与扶扳手的人员成错开角度。高处作业时，应搭设牢固的工作平台，扳手及工器具应用绳索系住。

四、定子、转子吊装

（1）定子安装

1）起吊定子时，应对桥机及轨道进行检查、维护和保养。

2）起吊平衡梁与定子组装时，连接螺栓应用专用扳手紧固。

3）应核对定子吊装方位，清除障碍物，检查、测量吊钩的提升高度是否满足起吊要求。

4）起重指挥、操作人员及其他相关人员应明确分工、各司其职。吊运中，噪声较大的施工应暂停作业。

5）定子安装调整时，应在对称、均布的八个方向各放置一个千斤顶，配以钢支撑进行定子径向调整，严禁超负荷使用千斤顶，同时应检测定子局部变形。

（2）转子吊装

1）转子吊装准备工作应符合下列规定：

①吊装前，应对起重机械和吊具进行全面检查，制动系统应重新进行调整试验。采用两台桥机吊装时，应制订专项吊装方案，进行并车试验，并保证起吊电源可靠。

②吊装前，应制订安全技术措施和应急预案，并进行安全技术交底，指定专人统一指挥。

③转子吊装前，应计算好起吊高度，制订好起吊路线，并应清理路线内妨碍吊装的障碍物。

④吊具安装完成后，应经过认真检查、确认连接正确无误后，方可进行吊装。

⑤吊装使用的导向橡胶或纸质板条、对讲机等有关工器具应准备就绪。

2）转子吊装应符合下列规定：

①应缓慢起升转子，原位进行3次起落试验，检查桥机主钩制动情况，必要时进行调整。

②当转子完成试吊提升到一定的高度后，可清扫法兰、制动环等转子底部各部位，用扁铲或砂轮机打磨时，应戴防护眼镜。

③当转子吊装定子时，应缓慢下降，硬度计定子上方周围派人手持导向橡胶板或纸质板条插入定子、转子空气间隙中，并不停上下抽动，预防定子、转子碰撞挤伤。定子上方宜采用专用工作平台，供人员站立，不得踩踏定子绕组。

④应利用起重机械配合进行转子下法兰与下端轴上法兰对正调整，采用锤击法紧固螺栓时，扳手应紧靠，与螺母配合尺寸应一致。锤击人员与扶扳手的人员成错开角度。高处作业时，应搭设牢固的工作平台，扳手应用绳索系住。

⑤吊装过程中严禁将手伸入组合面之间。

五、电机、水泵机组清扫、检查、喷漆

（1）电机设备

1）设备清扫时，应根据设备特点，选择合适的清扫工具及清洗溶剂。

2）安装场地应满足设备清扫组装时的防雨、防尘及消防等要求，清扫现场应配备足量的通风设施和消防器材。

（2）水泵机组

1）清扫水泵壳体和电机时，应做好空气压缩机开机前的准备工作，保证各连接部位紧固，各部位阀门应开闭灵活，安全防护装置应齐全可靠。

2）清扫、喷漆时，作业人员应配戴口罩或防毒面具。

3）工作场地应配备充足的消防器材。施工场地应通风良好，必要时设置通风设施加强通风。

4）喷漆时，15m 内严禁有明火作业。

5）所用的溶剂、油漆取用后，容器应及时盖严。油漆、汽油、酒精、香蕉水以及其他易燃有毒材料，应分别设储藏室密封存放，专人保管，严禁烟火。

6）工作结束后，应整理工器具，将工作场地散落的危险物品清理干净。

第三节　水电站水轮机安装的安全

一、水轮机的清扫与组合

（1）设备清扫时，应根据设备的特点，选择合适的清扫工具和清洗溶剂。

（2）露天场所清扫组装设备，应搭设临时工棚。工棚应满足设备清扫组装时的防雨、防尘及消防要求。

（3）组合分瓣大件时，应先将一瓣调平垫稳，支点不得少于 3 点。组合第二瓣时，应防止碰撞，工作人员手脚严禁伸入组合面，应对称拧紧组合螺栓，位置均匀对称分布且只数不得少于 4 个，设备垫稳后，方可松开吊钩。

（4）设备翻身时，设备下方应设置方木或软质垫层予以保护。翻身时，钢丝绳与设备棱角接触的位置应垫保护材料，且应设置警戒区，设备下方严禁有人行走或逗留。翻身副钩起吊能力不低于设备本身重量的 1.2 倍。

（5）采用锤击法紧固螺栓时，扳手应紧靠，与螺母配合尺寸应一致。锤击人员与扶扳手的人员成错开角度。高处作业时，应搭设牢固的工作平台，扳手应用绳索系住。

（6）用加热法紧固组合螺栓时，作业人员应戴防护手套，防止烫伤。直接用加热棒加热螺栓时，工件应做好接地保护，加热所用的电源应配备漏电保护开关，作业人员应穿绝缘鞋、佩戴绝缘手套。

（7）进入转轮体内或轴孔内等封闭空间清扫时，不应单独作业，且连续作业时间不宜过长，应配备符合要求的通风设备和个人防护用品，转轮体内或轴孔内存在可燃气体及粉尘时，应使用防爆器具，并设专人监护。

（8）用液压拉伸工具紧固组合螺栓时，操作前应检查液压泵、高压软管及接头是否完好。升压应缓慢，如发现渗漏，应立即停止作业，操作人员应避开喷射方向。升压过程中，严防活塞超过工作行程；操作人员应站在安全位置，严禁将头手伸到拉伸器上方。

（9）有力矩要求的螺栓连接时，应使用有配套的力矩扳手或专用工具进行连接，不得使用呆扳手或配以加长杆的方法拧紧。

（10）应定期对起吊设备的吊钩、钢丝绳、限位器进行检查，确定系统是否可靠，班前班后应做好设备常规检查、设备运行记录和交班记录，使用过程中应经常保养，避免碰撞。

二、埋件安装

（1）尾水管安装

1）尾水管安装前，应对施工现场的杂物、积水进行清理排除，并设置机轮机坑排水设施。

2）潮湿部位应使用不大于24V的照明设备和灯具，尾水管衬内应使用不大于12V的照明设备和灯具，不应将行灯变压器带入尾管内使用。

3）在安装部位应设置必要的人行通道、工作平台和爬梯，爬梯应设扶手，通道及工作临边应设置护栏和安全网等设施。

4）在尾水管内作业时，使用电焊机、角磨机等电气设备时，应对设备电缆（线）进行检查，不得有破损现象。电缆（线）应悬挂布置，不得随意拖拽，避免损坏电缆（线）造成漏电。

5）拆除平台、爬梯等设施时，应采取可靠的防倾覆、防坠落安全措施。

6）尾水管内支撑拆除应符合下列规定：

①拆除前，除拆除工作所用的跳板外，其他可燃材料应全部清除出去，并确保尾水管内通风良好。

②内支撑拆除前应制订拆除方案，并进行安全技术交底。

③内支撑应从上向下逐层拆除。

④爬梯应固定牢固，并设有护笼。

⑤内支撑平台应采用防火材料，并配有消防器材，平台上不得存放拆除的内支撑。以尾水管内支撑作为安全平台时，应对内支撑的安全强度进行验算，并对内支撑焊缝进行检查。

⑥不得将拆除的内支撑再丢入尾水管下部。

⑦内支撑吊出前，应对绳索绑扎情况进行检查；吊出机坑时，施工人员应及时撤离。

7）尾水管防腐涂漆应符合下列规定：

①尾水管里衬防腐涂漆时，应使用不大于12V的照明设备和灯具。

②尾水管里衬防腐涂漆时，现场严禁有明火作业。

③防腐涂漆现场应布置足够的消防设施。

④涂漆工作平台及脚手架应经联合验收，并悬挂验收合格证书后方可拉入使用。

⑤防腐施工时，施工人员应配备防毒面具及其他防护用具，现场应设置通风及除尘等设施。

（2）座环与蜗壳安装

1）施工部位应按相关规定架设牢固的工作平台和脚手架。

2）使用电动工具对分瓣座环焊接坡口进行打磨处理时，应遵循有关安全操作规程要求。

3）采用双机抬吊或土法等非常规手段吊装座环时，应编制起重专项方案。专项方案应按程序经审批后实施。

4）安装蜗壳时，焊在蜗壳环节上的吊环位置应合适，吊环应采用双面焊接且强度满足起吊要求。蜗壳各环节就位后，应用临时拉紧工具固定，下部用千斤顶支牢，然后方可松去吊钩。蜗壳挂装时，当班应按要求完成加固工作。

5）蜗壳各焊缝的压板等调整工具，应焊接牢固。

6）在蜗壳内进行防腐、环氧灌浆或打磨作业时，应配备照明、防火、防毒、通风及除尘等设施。

7）埋件焊缝探伤时，应采取必要的安全防护措施。探伤作业应设置警戒线和警示标志，进行射线探伤时，作业部位周围施工人员应撤离。

8）埋件需在现场机加工时，应遵守机加工设备的相关安全规程。

三、导水机构安装

（1）机坑清扫、测定和导水机构预装时，机坑内应搭设牢固的工作平台。

（2）导叶吊装时，作业人员注意力应集中，严禁站在固定导叶与活动导叶之间，防止挤伤。

（3）吊装顶盖等大件前，组合面应清扫干净、磨平高点，吊至安装位置0.4 ~ 0.5m处，再次检查清扫安装面，此时吊物应停稳，桥机司机和起重人员应坚守岗位。

（4）在蜗壳内工作时，应随身携带便携式照明设备。

（5）导叶工作高度超过2m时，研磨立面间隙和安装导叶密封应在牢固的工作平台上进行。

（6）水轮机室和蜗壳内的通道应保持畅通，不得将吊物作为交通通道或排水通道。

（7）采用电镀或刷镀对工件缺陷进行处理时，作业人员应做好安全防护。采用金属喷涂法处理工件缺陷时，应做好防护，防止高温灼伤。

四、转轮安装

（1）转浆式转轮组装应符合下列规定：

1）使用制造厂提供的专用工具安装部件时，应首先了解其使用方法，并检查有无缺陷和损坏情况。

2）转轮各部件装配时，吊点应选择合适，吊装应平稳，速度应缓慢均匀。作业人员应服从统一指挥。

3）装配叶片传动机构时，每吊装一件都应临时固定牢靠。

4)用桥机紧固螺栓时,应事先计算出紧固力矩,选好匹配的钢丝绳和卡扣。紧固过程中,应设置有效的监控手段，扳手与钢丝绳夹角宜为 75° ～ 105° 。导向滑轮位置应合适，并应采取防止扳手滑出或钢丝绳绷出的措施。

5）使用电加热器紧固螺栓时，应事先检查加热器与加热装置绝缘是否良好。作业人员应戴绝缘手套，并遵守操作规程。

6）砂轮机翻身时，应做好钢丝绳的防护工作，防止钢丝绳损伤。

（2）混流式转轮组装应符合下列规定：

1）分瓣转轮组装时，应预先将支墩调平固定。卡栓烘烤时应派专人对烘箱温度进行监测，卡栓安装时应佩戴防护手套。

2）混流式分瓣转轮刚度试验时，力源应安全可靠，支承块焊接应牢固，工作人员应站在安全位置，服从统一指挥。

3）在专用临时棚内焊接分瓣转轮时，应有专门的通风排烟消防措施。当连续焊接超过 8h 时，作业人员应轮流休息。

4）进行静平衡试验时，应在转轮下方设置方木垫或钢支墩。当焊接转轮配重块时，应将平衡球与平衡板脱离或连接专用接地线。

（3）转轮吊装应符合下列规定：

1）轴流式机组安装时，转轮室内应清理干净。混流式机组安装时，应在基础环下搭设工作平台，直到充水前拆除，平台应将锥管完全封闭。

2)轴流式转轮吊入机坑后，如需用悬吊工具悬挂转轮，悬挂应可靠，并经检查验收后，方可继续施工。

3）贯流式转轮操作油管安装好后进行动做试验时，转轮室内应派专人监护。

4）大型水轮机转轮在机坑内调整，宜采用桥机辅助和专用工具进行调整的方法，应避免强制顶靠或锤击造成设备的损伤，甚至损坏。

5）在机坑内进行主轴水平度、垂直度测量时，在主轴法兰上的人员应系安全带。

6）进入主轴内进行清扫、焊接、设备安装等作业，应设置通风、照明、消防等设施，焊接应设专用接地线。

7）转轮吊装时机坑及转轮室应有充足的安全照明。

8）转轮室工作人员应不少于 3 人，并配备便携式照明器具，不得一人单独工作。

五、导轴承与主轴密封安装

（1）零部件存放及安装地点，应有充足照明，并配备必要的电压不大于 36V 的安全行灯。

（2）导轴承油槽做煤油渗漏试验时，应有防漏、防火的安全措施，不得将任何火种带入工作场所，机坑内不得进行电焊或电气试验。

（3）轴瓦吊装方法应稳妥可靠，单块瓦重 40kg 以上的应采用手拉葫芦等机械方法吊运。

（4）导轴承油槽上端盖安装完成后，应对密封间隙进行防护。

（5）在水轮机转动部分进行电焊作业时，应安装专用接地线，以保证转动部分处于良好的接地状态。

（6）密封装置安装应排除作业部位的积水、油污及杂物。与其他工作上下交叉作业时，中间应设防护板。

（7）使用手拉葫芦安装导轴承或密封装置时，手拉葫芦应固定牢靠，部件绑扎应牢靠，吊装应平稳，工作人员应服从统一指挥。

六、接力器安装

（1）现场分解接力器或安装、拆装有弹簧预压力的零件时，应防止弹簧突然弹出伤人；拆装活塞涨圈时，应使用专用工具。

（2）接力器安装时，吊装应平衡，不得碰撞。

（3）油压试验应符合下列规定：

应使用校验合格的压力表，管路应完好，接头、法兰连接应牢固、无渗漏。使用电动油泵加压时，应装设经相关检测单位检验合格的安全阀，以防油压操作时应分级缓慢升压，停泵稳压后方可进行检查。遇有缺陷需拆卸处理时，应将油压降到零并排油后进行。补焊处理时应有专人监护。工作人员不得站在堵板、法兰、焊口、丝扣处对面，或在其附近停留。试验场地应配置消防器材，试验区不得进行动火及打磨作业。

（4）进入回油箱及压油罐内清扫时，应采取充足的供氧、通风措施，施工照明应采用 12V 低压照明灯具。

（5）调速器调试阶段，应成立专门的指挥领导小组，负责协调统一。导水机构动作时，相关部位应停止其他一切工作，人员撤离，并设专人监护。

（6）调速器无水调试完成后，应投入机械锁定，关闭系统主供油阀，并悬挂“禁止操作，有人工作”标志牌。

（7）调速器有水调试应按厂家相关安全规定进行，并服从机组启动试运行委员会统一指挥。

七、蝴蝶阀及筒形阀安装

（1）蝴蝶阀和球阀安装应符合下列规定：

1）组装蝴蝶阀活门用的方木支墩应牢靠，并相互连成整体。

2）蝴蝶阀和球阀平压阀、排气阀等操作阀门安装前应进行密封试验，试验时阀门应支撑牢固。

3）真空破坏间进行压力检查时，应固定好弹簧，防止弹簧弹出伤人。操作过程中应防止手或杂物进入密封面之间。

4）伸缩节安装时，钢管与活动法兰之间配合间隙应保持均匀，密封压环应均匀、对称压紧。

5）蝴蝶阀和球阀动作试验前，应检查铜管内和活门附近有无障碍物及人员。试验时应在进入门处悬挂“禁止入内”警示标志，并设专人监护。

6）进入蝴蝶阀和球阀、钢管内检查或工作时应关闭油源，投入机械锁锭，并挂上“有人工作，禁止操作”警示标志，并设人监护。

7）进水阀有水调试应按厂家相关安全规定进行，并服从机组启动试运行委员会统一指挥。

（2）筒形阀安装应符合下列规定：

1）筒体组装时，组装支墩应与基础固定牢靠。

2）筒体组装后，应对其水平及圆度进行检查。当圆度超差时，应按设计要求进行处理，不宜采用火焰校正。

3）接力器清扫检查时，应做好人员、设备安全防护，零部件组装前应对清扫好的精密部件进行防尘保护。

4）活塞杆与筒体连接后应进行垂直度测量，需在活塞杆底部加设垫片时，垫片应进行可靠固定。

5）机坑内工作部位应设置防护栏及防护网，并布置充足的安全照明。

6）导向板等部件打磨时，操作人员应戴防护镜，使用电气设备应做好触电防护措施。

7）筒形阀在无水动作试验前，应对筒形阀及其导向板等进行彻底清扫，保持通信畅通。监测人员严禁将头、手伸入筒体下方。

8）动作试验过程中，如筒阀出现卡阻或抖动，应立即停止试验，查明原因，消除问题。

9）筒形阀无水调试完毕，在蜗壳内进行导水机构安装工作前，应将筒形阀置全开位置，安装机械锁定螺栓，撤除系统油压，关闭筒形阀系统主供油阀并悬挂“禁止操作，有人工作”的标志牌。

10）筒形阀有水调试期间每次调试工作完成后，应将筒形阀关闭，并切换至“切除”控制方式，悬挂“禁止操作”的安全标志。

第四节　水电站发电机安装的安全

一、发电机设备清扫与检查

（1）设备清扫时，应根据设备特点，选择合适的清扫工具及清扫液，防止损坏设备。

（2）清扫连续作业时间不宜过长，应配备符合要求的通风设备和个人防护用品，密封空间内存在可燃气体和粉尘时，应使用防爆器具，设专人监护。

（3）清扫现场应配备足量的消防器材。

（4）露天场所清扫设备时，应搭设临时工棚，工棚应满足防雨、防尘及消防等要求。

二、基础埋设

（1）在发电机机坑内工作，应符合高处作业的有关安全技术规定。

（2）下部风洞盖板、下机架及风闸基础埋设时，应架设脚手架、工作平台及安全防护栏杆，并应与水轮机室有隔离防护措施，不得将工具、混凝土渣等杂物掉入水轮机室。

（3）向机坑中传送材料或工具时，应用绳子或吊篮传送，不得抛掷传送。

（4）上层排水不得影响水轮机设备和工作。

（5）在机坑中进行电焊、气割作业时，应有防火措施，作业前应检查水轮机室及以下是否有汽油、抹布和其他易燃物，并在水轮机室设专人监护，作业完成后应检查水轮机室有无高温残留物，监护人员应彻底检查作业面下层，确认无隐患后，方可撤离。

（6）修凿混凝土时，作业人员应戴防护眼镜，手锤、钢钎应拿牢，不得戴手套工作，并应做好周围设备的防护工作。

三、定子组装及安装

（1）分瓣定子组装应符合下列规定：

1）定子基础清扫及测定时，应制订防止落物或坠落的措施，遵守机坑作业安全技术要求。

2）定子在安装间进行组装时，组装场地应整洁干净。临时支墩应平稳牢固，调整用楔子板应有 2/3 的接触面。测圆架的中心基础板应埋设牢靠。

3）定子在机坑内组装时，机坑外围应设置安全栏杆和警示标志，栏杆高度应满足安全要求。

4）机坑内工作平台应牢固，孔洞应封堵，并设置安全网和警示标志。使用测圆架调整定子中心和圆度时，测圆架的基础应有足够的刚度，并与工作平台分开设置，工作平台应有可靠的梯子和栏杆。

5）分瓣定子起吊前应确保起吊工具安全可靠，钢丝绳无断丝、磨损，吊运应有专人负责和专人指挥。

6）分瓣定子组合，第一瓣定子就位时，应临时固定牢靠，经检查确认垫稳后，方可松开吊钩。此后应每吊一瓣定子与前一瓣定子组合成整体，组合螺栓全部套上，均匀地拧紧 1/3 以上的螺栓，并支垫稳妥后，方可松开吊钩，直到组合成整体。

7）定子组合时，作业人员的手严禁伸进组合面之间。上下定子应设置爬梯，不得踩踏线圈，紧固组合螺栓时，应有可靠的工作平台和栏杆。

8）对定子机座组合缝进行打磨时，作业人员应戴防护镜和口罩。

9）在定子的任何部位施焊或气割时，应遵守焊接安全操作规程并派专人监护，严防火灾。

（2）定子安装和调整应符合下列规定：

1）定子吊装应编制专项安全技术措施及应急预案，并成立专门的组织机构。

2）定子吊装前应对桥机进行全面检查，逐项确认，应确保桥机电源正常可靠。

3）定子吊装时，应由专人负责统一指挥；定子起吊前应检查桥机起升制动器。

4）定子安装调整时，测量中心的求心器装置，应装在发电机层。测量人员在机坑内的工作平台，应有一定的刚度要求，且应有上下梯子、走道及栏杆等。

5）定子在机坑调整工程中，应在孔洞部位搭设安全网，高处作业人员必须系安全带。

四、转子组装

转子支架组装和焊接应符合下列规定：

（1）转子支架组焊场地应通风良好，配备灭火器材。

（2）中心体、轮臂或圆盘支架焊缝坡口打磨时，操作人员应配戴口罩、防护镜等防护用品。

（3）轮臂或圆盘支架挂装时，中心体应先调平并支撑平稳牢固。轮臂或圆盘支架应对称挂装，垫、放稳后，应穿入 4 个以上螺栓，并初步拧紧后方可松去吊钩。

（4）作业人员上下转子支架应设置爬梯。

（5）在专用临时棚内焊接转子支架时，应有专门的通风排烟及消防措施。

（6）轮臂连接或圆盘组装时，轮臂或圆盘支架的扇形体与中心体应连接可靠并垫平稳后，方可松开吊钩。

（7）转子焊接时，应设置专用引弧板，引弧部位材质应与母材相同。不应在工件上引弧。焊接完成后，应割除引弧板并对焊接接口部位进行打磨。

（8）对焊缝进行探伤检查时，应设置警戒线和警示标志。

（9）转子喷漆前应对转子进行彻底清扫，转子上不得有任何灰尘、油污或金属颗粒。

对非喷漆部位应进行防护。

（10）涂料存放场、喷漆场地应通风良好，并配备相应的灭火器材。设置明显的防火安全警示标志，喷漆场地应隔离。

五、机组整体清扫、喷漆

（1）转子、定子喷漆前应将定子上、下通风沟槽内用干燥无油的压缩空气清扫干净。油漆不得堵塞定子、转子通风槽或减小通风槽的截面积。

（2）喷漆时应戴口罩或防毒面具。

（3）工作场地应配有灭火器材等消防器材，并保持通风良好，必要时应设置通风设施加强通风。

（4）喷漆时附近严禁有明火作业。

（5）工作时照明应装防爆灯，开关的带电部分不得裸露。

（6）所用的溶剂、油漆取用后应将容器及时盖严。油漆、汽油、酒精、香蕉水等以及其他易燃有毒材料，应分别密封存放，由专人保管，附近不得有明火作业。

（7）剩余的油漆应分类收集，密闭存放，妥善处理。

（8）工作结束后，应整理工器具，将工作场地及储藏室清理干净，如发现遗留或散落的危险易燃品，应及时清除干净。

第九章　水利工程施工应急管理

本章主要介绍了应急管理的基本知识、应急救援体系、应急具体措施和应急预案、事故报告和处理以及工程有关保险等内容。

水利工程涉及工序及内容多，容易发生各类安全事故，一旦发生安全事故后，现场的应急处置则成为影响事故造成的影响因素之一。做好安全生产应急管理有助于提高事故防范和应急处置能力，采取积极有效的措施能够减小损失。应急管理应遵循预防为主原则，当事故发生时，及时启动安全生产应急预案，可以及时采取各类有效措施，而事故发生后，应按照具体的流程进行上报和处理。

第一节　应急管理基本概念与任务

一、基本概念

“应急管理”是指政府、企业以及其他公共组织，为了保护公众生命财产安全，维护公共安全、环境安全和社会秩序，在突发事件事前、事发、事中、事后所进行的预防、响应、处置、恢复等活动的总称。

近几十年，在突发事件应对实践中，世界各国逐渐形成了现代应急管理的基本理念。

主要包括如下十大理念。

理念一：生命至上。

理念二：主体延伸。

理念三：重心下沉。

理念四：关口前移。

理念五：专业处置。

理念六：综合协调。

理念七：依法应对。

理念八：加强沟通，第一时间让社会各界知情。

理念九：注重学习，发现问题并总结经验更重要。

理念十：依靠科技，从“人海战术”到科学应对。

这些理念代表了目前应急管理的发展方向，对水利工程的应急管理有着重要的启发作用。

2003年“非典”之后，我国更加注重应急管理，2006年国务院出台了《关于全面加强应急管理工作的意见》，2007年8月出台了《中华人民共和国突发事件应对法》。此外，《中华人民共和国安全生产法》《建筑工程安全管理条例》等均对应急管理有明确的规定。

二、基本任务

（1）预防准备。应急管理的首要任务是预防突发事件的发生，要通过应急管理预防行动和准备行动，建立突发事件源头防控机制，建立健全应急管理体制、制度，有效控制突发事件的发生，做好突发事件应对准备工作。

（2）预测预警。及时预测突发事件的发生并向社会预警是减少突发事件损失的最有效措施，也是应急管理的主要工作。采取传统与科技手段相结合的办法进行预测，将突发事件消除在萌芽状态。一旦发现不可消除的突发事件，及时向社会预警。

（3）响应控制。突发事件发生后，能够及时启动应急预案，实施有效的应急救援行动，防止事件的进一步扩大和发展，是应急管理的重中之重。特别是发生在人口稠密区域的突发事件，应快速组织相关应急职能部门联合行动，控制事件继续扩展。

（4）资源协调。应急资源是实施应急救援和事后恢复的基础，应急管理机构应在合理布局应急资源的前提下，建立科学的资源共享与调配机制，有效利用可用的资源，防止在应急过程中出现资源短缺的情况。

（5）抢险救援。确保在应急救援行动中，及时、有序、科学地实施现场抢救，安全转送人员，以降低伤亡率、减少突发事件损失，这是应急管理的重要任务。尤其是突发事件具有突然性，发生后的迅速扩散以及波及范围广、危害性大的特点，要求应急救援人员及时指挥和组织群众采取各种措施进行自身防护，并迅速撤离危险区域或可能发生危险的区域，同时在撤离过程中积极开展公众自救与互救工作。

（6）信息管理。突发事件信息的管理既是应急响应和应急处置的源头工作，也是避免引起公众恐慌的重要手段。应急管理机构应当以现代信息技术为支撑，如综合信息应急平台，保持信息的畅通，以协调各部门、各单位的工作。

（7）善后恢复。善后虽然在应急管理中占有的比重不大，但是非常重要，应急处置后，应急管理的重点应该放在安抚受害人员及其家属、清理受灾现场、尽快使工程及时恢复或者部分恢复上，并及时调查突发事件的发生原因和性质，评估危害范围和危险程度。

第二节 应急救援体系

随着社会的发展，生产过程中涉及的有害物质和能量不断增大，一旦发生重大事故，很容易导致严重的生命、财产损失和环境破坏，由于各种原因，当事故的发生难以完全避免时，建立重大事故应急救援管理体系，组织及时有效的应急救援行动，已成为抵御风险的关键手段。应急救援体系实际是应急救援队伍体系和应急管理组织体系的总称，而应急救援队伍体系是由应急救援指挥体系和应急救援执行体系构成的。

一、基本概况

我国现有的应急救援指挥机构基本是由政府领导牵头、各有关部门负责人组成的临时性机构，但在应急救援中仍然具有很高的权威性和效率性。应急救援指挥机构不同于应急委员会和应急专项指挥机构，它具有现场处置的最高权力，各类救援人员必须服从应急救援指挥机构命令，以便统一步调，高效救援。

应急救援执行体系包括武装力量、综合应急救援队伍、专业应急救援队伍和社会应急救援队伍，而在水利工程施工过程中，专业应急救援队伍和综合应急救援队伍是必不可少的，必要时还可以向社会求助，组建由各种社会组织、企业以及各类由政府或有关部门招募建立的由成年志愿者组成的社会应急救援队伍。在突发事件多样性、复杂性形势下，仅靠单一救援力量开展应急救援已不适应形式需要。大量应急救援实践表明，改革应急救援管理模式、组建一支以应急救援骨干力量为依托、多种救援力量参与的综合应急救援队伍势在必行。

突发事件的应对是一个系统工程，仅仅依靠应急管理机构的力量是远远不够的。需要动员和吸纳各种社会力量，整合和调动各种社会资源共同应对突发事件，形成社会整体应对网络，这个网络就是应急管理组织体系。

水利水电工程建设项目应将项目法人、监理单位、施工企业纳入应急组织体系中，实现统一指挥、统一调度、资源共享、共同应急。

各参建单位中，以项目法人为龙头，总揽全局，以施工单位为核心，监理单位等其他单位为主体，积极采取有效方式形成有力的应急管理组织体系，提升施工现场应急能力。同时需要积极加强同周围的联系，充分利用社会力量，全面提高应急管理水平。

二、应急管理体系建设的原则

（1）统一领导，分级管理。对于政府层面的应急管理体系应从上到下在各自的职责范围内建立对应的组织机构，对于工程建设来说，应按照项目法人责任制的原则，以项目法人为龙头，统一领导应急救援工作，并按照相应的工作职责分工，各参建单位承担各自的职责。施工企业可以根据自身特点合理安排项目应急管理内容。

（2）条块结合，属地为主。项目法人及施工企业应按照属地为主原则，结合实际情况建立完善安全生产事故灾难应急救援体系，满足应急救援工作需要。救援体系建立以就近为原则，建立专业应急救援体系，发挥专业优势，有效应对特别重大事故的应急救援。

（3）统筹规划，资源共享。根据工程特点、危险源分布、事故灾难类型和有关交通地理条件，对应急指挥机构、救援队伍以及应急救援的培训演练、物资储备等保障系统的布局、规模和功能等进行统筹规划。有关企业按规定标准建立企业应急救援队伍，参建各方应根据各自的特点建立储备物资仓库，同时在运用上统筹考虑，实现资源共享。对于工程中建设成本较高、专业性较强的内容，可以依托政府、骨干专业救援队伍、其他企业加以补充和完善。

（4）整体设计，分步实施。水利工程建设中可以结合地方行业规划和布局对各工程应急救援体系的应急机构、区域应急救援基地和骨干专业救援队伍、主要保障系统进行总体设计，并根据轻重缓急分期建设。具体建设项目，要严格按照国家有关要求进行，注重实效。

三、应急救援体系的框架

水利水电工程建设应急救援体系主要由组织体系、运作机制、保障体系、法规制度等部分组成。

（一）应急组织体系

水利工程建设项目应将项目法人、监理单位、施工企业等各参建单位纳入应急组织体系中，实现统一指挥、统一调度、资源共享、统一协调。

项目法人作为龙头积极组织各参建单位，明确各参建单位职责，明确相关人员职责，共同应对事故，形成强有力的水利水电工程建设应急组织体系，提升施工现场应急能力。同时，水利水电工程建设项目应成立防汛组织机构，以保证汛期抗洪抢险、救灾工作的有序进行，安全度汛。

（二）应急运行机制

应急运行机制是应急救援体系的重要保障，目标是实现统一领导、分级管理、分级响应、统一指挥、资源共享、统筹安排，积极动员全员参与，加强应急救援体系内部的应急管理，明确和规范响应程序，保证应急救援体系运转高效、应急反应灵敏，取得良好的救援效果。

应急救援活动分为预防、准备、响应和恢复这 4 个阶段，应急机制与这 4 个阶段的应急活动密切相关。涉及事故应急救援的运行机制众多，但最关键、最主要的是统一指挥、分级响应、属地为主和全员参与等机制。

统一指挥是事故应急活动的最基本原则。应急指挥一般可分为集中指挥与现场指挥，或场外指挥与场内指挥，不管采用哪一种指挥系统，都必须在应急指挥机构的统一组织协调下行动，有令则行，有禁则止，统一号令，步调一致。

分级响应要求水利水电工程建设项目的各级管理层充分利用自己管辖范围内的应急资源，尽最大努力实施事故应急救援。

属地为主是强调“第一反应”的思想和以现场应急指挥为主和应急反应就近原则。

全员参与机制是水利水电工程建设应急运作机制的基础，也是整个水利水电工程建设应急救援体系的基础，是指在应急救援体系的建立及应急救援过程中要充分考虑并依靠参建各方人员的力量，使所有人员都参与到救援过程中来，人人都成为救援体系的一部分。在条件允许的情况、在充分发挥参建各方的力量之外，还可以考虑让利益相关方各类人员积极参与其中。

（三）应急保障体系

应急保障体系是体系运转必备的物质条件和手段，是应急救援行动全面展开和顺利进行的强有力的保证。应急保障一般包括通信信息保障、应急人员保障、应急物资装备保障、应急资金保障、技术储备保障以及其他保障。

1. 通信信息保障

应急通信信息保障是安全生产管理体系的组成部分，是应急救援体系基础建设之一。事故发生时，要保证所有预警、报警、警报、报告、指挥等行动的快速、顺畅、准确，同时要保证信息共享。通信信息是保证应急工作高效、顺利进行的基础。信息保障系统要及时检查，确保通信设备 24h 正常畅通。

应急通信工具有：电话（包括手机、可视电话、座机电话等）、无线电、电台、传真机、移动通信、卫星通信设备等。

水利水电工程建设各参建单位应急指挥机构及人员通信方式应在应急预案中明确体现，应当报项目法人应急指挥机构备案。

2. 应急人员保障

建立由水利水电工程建设各参建单位人员组成的工程设施抢险队伍，负责事故现场的工程设施抢险和安全保障工作。

可以由参建单位组成勘察、设计、施工、监理等单位工作人员，也可以聘请其他有关专业技术人员组成专家咨询队伍，研究应急方案，提出相应的应急对策和意见。

3. 应急物资设备保障

根据可能突发的重大质量与安全事故性质、特征、后果及其应急预案要求，项目法人应当组织工程有关施工企业配备充足的应急机械、设备、器材等物资设备，以保障应急救援调用。

发生事故时，应当首先充分利用工程现场既有的应急机械、设备、器材。同时在地方应急指挥机构的调度下，动用工程所在地公安、消防、卫生等专业应急队伍和其他社会资源。

4. 应急资金保障

水利水电工程建设项目应明确应急专项经费的来源、数量、使用范围和监督管理措施，制定明确的使用流程，切实保障应急状态时应急经费能及时到位。

5. 技术储备保障

加强对水利水电工程事故的预防、预测、预警、预报和应急处置技术研究，提高应急监测、预防、处置及信息处理的技术水平，增强技术储备。水利水电工程事故预防、预测、预警、预报和处置技术研究和咨询依托有关专业机构进行。

6. 其他保障

水利水电工程建设项目应根据事故应急工作的需要，确定其他与事故应急救援相关的保障措施，如交通运输保障、治安保障、医疗保障和后勤保障等其他社会保障。

（四）应急法规制度

水利水电工程建设应急救援的有关法规制度是水利水电工程建设应急救援体系的法制保障，也是开展事故应急管理工作的依据。我国高度重视应急管理的立法工作，目前，对应急管理有关工作做出要求的法律法规、规章、标准主要有：《中华人民共和国安全生产法》（主席令第 13 号）、《中华人民共和国突发事件应对法》（主席令第 60 号）、《中华人民共和国防洪法》（主席令第 18 号）、《生产安全事故报告和调查处理条例》（国务院令第 493 号）、《水库大坝安全管理条例》（国务院令第 78 号）、《中华人民共和国防汛条例》（国务院令第 441 号）、《生产安全事故应急预案管理办法》（国家安监总局令第 88 号）、《突发事件应急预案管理办法》（国办发〔2013〕101 号）等。

第三节　应急救援具体措施

应急救援一般是指针对突发、具有破坏力的紧急事件采取预防、预备、响应和恢复的活动与计划。根据紧急事件的不同类型，分为卫生应急、交通应急、消防应急、地震应急、厂矿应急、家庭应急等不同的应急救援。

一、事故应急救援的任务

事故应急救援的基本任务：立即组织营救受害人员；迅速控制事态发展；消除危害后果，做好现场恢复；查清事故原因，评估危害程度。

事故应急救援以“对紧急事件做出的；控制紧急事件发生与扩大；开展有效救援，减少损失和迅速组织恢复正常状态”为工作目标。救援对象主要是突发性和后果与影响严重的公共安全事故、灾害与事件。这些事故、灾害或事件主要来源于重大水利水电工程等突发事件。当事件发生时，立即组织营救受害人员，组织撤离或者采取其他措施保护危险危害区域的其他人员；迅速控制事态，并对事故造成的危险、危害进行监测、检测，测定事故的危害区域、危害性质及维护程度；消除危害后果，做好现场恢复；查明事故原因，评估危害程度。

二、现场急救的基本步骤

（1）脱离险区。首先要使伤病员脱离险区，移至安全地带，如将因滑坡、塌方砸伤的伤员搬运至安全地带；其次对急性中毒的病人应尽快使其离开中毒现场，转移至空气流通的地方；对触电的患者，要立即脱离电源等。

（2）检查病情。现场救护人员要沉着冷静，切忌惊慌失措。应尽快对受伤或中毒的伤病员进行认真仔细的检查，确定病情。检查内容包括意识、呼吸、脉搏、血压、瞳孔是否正常，有无出血、休克、外伤、烧伤，是否伴有其他损伤等。检查时不要给伤病员增加无谓的痛苦，如检查伤员的伤口，切勿一见病人就脱其衣服，若伤口部位在四肢或躯干上，可沿着衣裤线剪开或撕开，暴露其伤口部位即可。

（3）对症救治。根据迅速检查出的伤病情，立即进行初步对症救治。对于外伤出血病人，应立即进行止血和包扎；对于骨折或疑似骨折的病人，要及时固定和包扎，如果现场没有现成的救护包扎用品，可以在现场找适宜的替代品使用；对那些心跳、呼吸骤停的伤病员，要分秒必争地实施胸外心脏按压和人工呼吸；对于急性中毒的病人要有针对性地采取解毒措施。在救治时，要注意纠正伤病员的体位，有时伤病员自己采用的所谓舒适体位，可能促使病情加重或恶化，甚至造成死亡，如被毒蛇咬伤下肢时，要使患肢放低，绝不能抬高，以减缓毒液的扩延；上肢出血要抬高患肢，防止增加出血量等。救治伤病员较多时，一定要分清轻重缓急，优先救治伤重垂危者。

（4）安全转移。对伤病员，要根据不同的伤情，采用适宜的担架和正确的搬运方法。在运送伤病员的途中，要密切注视伤病情的变化，并且不能中止救治措施，将伤病员迅速而平安地运送到后方医院做后续抢救。

三、紧急伤害的现场急救

（一）高空坠落急救

高空坠落是水利水电工程建设施工现场常见的一种伤害，多见于土建工程施工和闸门安装等高空作业。若不慎发生高空坠落伤害，则应注意以下方面：

（1）去除伤员身上的用具和衣袋中的硬物。

（2）在搬运和转送伤者过程中，颈部和躯干不能前屈或扭转，而应使脊柱伸直，绝对禁止一个人抬肩另一个人抬腿的搬法，以免发生或加重截瘫。

（3）应注意摔伤及骨折部位的保护，避免因不正确的抬送，使骨折错位造成二次伤害。

（4）创伤局部妥善包扎，但对疑似颅底骨折和脑脊液渗漏患者切忌作填塞，以免导致颅内感染。

（5）复合伤要求平仰卧位，保持呼吸道畅通，解开衣领扣。

（6）快速平稳地送医院救治。

（二）物体打击急救

物体打击是指失控的物体在惯性力或重力等其他外力的作用下产生运动，打击人体而造成的人身伤亡事故。发生物体打击应注意如下方面：

（1）对严重出血的伤者，可使用压迫带止血法现场止血。这种方法适用于头、颈、四肢动脉大血管出血的临时止血。即用手或手掌用力压住比伤口靠近心脏更近部位的动脉跳动处（止血点）。四肢大血管出血时，应采用止血带（如橡皮管、纱巾、布带、绳子等）止血。

（2）发现伤者有严重骨折时，一定要采取正确的骨折固定方法。固定骨折的材料可以用木棍、木板、硬纸板等，固定材料的长短要以能固定住骨折处上下两个关节或不使断骨错动为准。

（3）对于脊柱或颈部骨折，不能搬动伤者，应快速联系医生，等待携带医疗器材的医护人员来搬动。

（4）抬运伤者，要多人同时缓缓用力平托，运送时，必须用木板或硬材料，不能用布担架，不能用枕头。怀疑颈椎骨折的，伤者的头要放正，两旁用沙袋夹住，不让头部晃动。

（三）机械伤害急救

机械伤害主要指机械设备运动（静止）部件、工具、加工件直接与人体接触引起的夹击、碰撞、剪切、卷入、绞、碾、割、刺等形式的伤害。各类转动机械的外露传动部分（如齿轮、轴、履带等）和往复运动部分都有可能对人体造成机械伤害。若不慎发生机械伤害，则应注意以下方面：

（1）发生机械伤害事故后，现场人员不要害怕和慌乱，要保持冷静，迅速对受伤人员进行检查。急救检查应先查看神志、呼吸，接着摸脉搏、听心跳，再查看瞳孔，有条件者测血压。检查局部有无创伤、出血、骨折、畸形等变化，根据伤者的情况，有针对性地采取人工呼吸、心脏按压、止血、包扎、固定等临时应急措施。

（2）遵循“先救命、后救肢”的原则，优先处理颅脑伤、胸伤、肝、脾破裂等危及生命的内脏伤，然后处理肢体出血、骨折等伤害。

（3）让患者平卧并保持安静，如有呕吐同时无颈部骨折时，应将其头部侧向一边以防止噎塞。不要给昏迷或半昏迷者喝水，以防液体进入呼吸道而导致窒息，也不要用拍击或摇动的方式试图唤醒昏迷者。

（4）如果伤者出血，进行必要的止血及包扎。大多数伤员可以按常规方式抬送至医院，但对于颈部、背部严重受损者要慎重，以防止其进一步受伤。

（5）动作轻缓地检查患者，必要时剪开其衣服，避免突然挪动增加患者痛苦。

（6）事故中伤者发生断肢（指）是：将断肢（指）用清洁纱布包好，可将包好的断肢（指）置于冰块中，一同送往医院进行修复。

（四）塌方伤急救

塌方伤是指包括塌方、工矿意外事故或房屋倒塌后伤员被掩埋或被落下的物体压迫之后的外伤，除易发生多发伤和骨折外，尤其要注意挤压综合征问题，即一些部位长期受压，组织血供受损，缺血缺氧，易引起坏死。故在抢救塌方多发伤的同时，要防止急性肾功能衰竭。

急救方法：将受伤者从塌方中救出，必须紧急送医院抢救，及时采取防治肾功能衰竭的措施。

（五）触电伤害急救

在水利水电工程建设施工现场，常常会因员工违章操作而导致被触电。触电伤害急救方法如下：

（1）先迅速切断电源，此前不能触摸受伤者，否则会造成更多的人触电。若一时不能切断电源，救助者应穿上胶鞋或站在干的木板凳上，双手戴上厚的塑胶手套，用干木棍或其他绝缘物把电源拨开，尽快将受伤者与电源隔离。

脱离电源后迅速检查病人，如呼吸心跳停止应立即进行人工呼吸和胸外心脏在心跳停止前禁用强心剂，应用呼吸中枢兴奋药，用手掐人中穴。

雷击时，如果作业人员孤立地处于空旷暴露区并感到头发竖起，应立即双腿下蹲，向前曲身，双手抱膝自行救护。

处理电击伤伤口时应先用碘酒纱布覆盖包扎，然后按烧伤处理。电击伤的特点是伤口小、深度大，所以要防止继发性大出血。

（六）淹溺急救

淹溺又称溺水，是人淹没于水或其他液体介质中并受到伤害的状况。水充满呼吸道和肺泡引起缺氧窒息；吸收到血液循环的水引起血液渗透压改变、电解质紊乱和组织损害；最后造成呼吸停止和心脏停搏而死亡。淹溺急救方法如下：

（1）发现溺水者后应尽快将其救出水面，但施救者不了解现场水情，不可轻易下水，可充分利用现场器材，如绳、竿、救生圈等救人。

（2）将溺水者平放在地面，迅速撬开其口腔，清除其口腔和鼻腔异物，如淤泥、杂草等，使其呼吸道保持通畅。

（3）倒出腹腔内吸入物，但要注意不可一味倒水而延误抢救时间。倒水方法：将溺水者置于抢救者屈膝的大腿上，头部朝下，按压其背部迫使呼吸道和胃里的吸入物排出。

（4）当溺水者呼吸停止或极为微弱时，应立即实施人工呼吸法，必要时施行胸外心脏按压法。

（七）烧伤或烫伤急救

烧伤是一种意外事故。一旦被火烧伤，要迅速离开致伤现场。衣服着火，应立即倒在地上翻滚或翻入附近的水沟中或潮湿地上。这样可迅速压灭或冲灭火苗，切勿喊叫、奔跑，以免风助火威，造成呼吸道烧伤。最好的方法是用自来水冲洗或浸泡伤患，可避免受伤面扩大。

肢体被沸水或蒸汽烫伤时，应立即剪开已被沸水湿透的衣服和鞋袜，将受伤的肢体浸于冷水中，可起到止痛和消肿的作用。如贴身衣服与伤口粘在一起时，切勿强行撕脱，以免使伤口加重，可用剪刀先剪开，然后慢慢将衣服脱去。

不管是烧伤或烫伤，创面严禁用红汞、碘酒和其他未经医生同意的药物涂抹，而应用消毒纱布覆盖在伤口上，并迅速将伤员送往医院救治。

（八）中暑急救

（1）迅速将病人移到阴凉通风的地方，解开衣扣、平卧休息。

（2）用冷水毛巾敷头部，或用30%酒精擦身降温，喝一些淡盐水或清凉饮料，清醒者也可服人参丹、十滴水、藿香正气水等。昏迷者用手掐人中或立即送医院。

四、主要灾害紧急避险

（一）台风灾害紧急避险

浙江地处沿海，经常遭遇台风，台风由于风速大，会带来强降雨等恶劣天气，再加上强风和低气压等因素，容易使海水、河水等强力堆积，潮位水位猛涨，风暴潮与天文大潮相遇，将可能导致水位漫顶，冲毁各类设施。

（二）山洪灾害

水利水电工程较多处于山区，因为暴雨或拦洪设施泄洪等原因，在山区河流及溪沟形成暴涨暴落洪水及伴随发生的各类灾害。山洪灾害来势凶猛，破坏性强，容易引发山体滑坡、泥石流等现象。在水利水电工程建设期间，对工程及参建各方均有较大影响，应采取以下方式进行紧急避险：

（1）在遭遇强降雨或连续降雨时，需特别关注水雨情信息，准备好逃生物品。

（2）遭遇山洪时，一定保持冷静，迅速判断周边环境，尽快向山上或较高地方转移。

（3）山洪暴发，溪河洪水迅速上涨时，不要沿着行洪道逃生，而要向行洪道的两侧快速躲避；不要轻易涉水过河。

（4）被困山中，及时与公安机关或当地防汛部门取得联系。

（三）山体滑坡紧急避险

当遭遇山体滑坡时，首先要沉着冷静，不要慌乱。然后采取必要措施迅速撤离到安全地点。

（1）迅速撤离到安全的避难场地。避难场地应选择在易滑坡两侧边界外围。遇到山体崩滑时要朝垂直于滚石前进的方向跑。切记不要在逃离时朝着滑坡方向跑。更不要不知所措，随滑坡滚动。千万不要将避难场地选择在滑坡的上坡或下坡，也不要未经全面考察，从一个危险区跑到另一个危险区。同时，要听从统一安排，不要自选路线。

（2）跑不出去时应躲在坚实的障碍物下。遇到山体崩滑且无法继续逃离时，应迅速抱住身边的树木等固定物体。可躲避在结实的障碍物下，或蹲在地坎、地沟里。应注意保护好头部，可利用身边的衣物裹住头部。立刻将灾害发生的情况报告单位或相关政府部门，及时报告对减轻灾害损失非常重要。

（四）火灾事故应急逃生

在水利水电工程建设中，有许多容易引起火灾的客观因素，如现场施工中的动火作业以及易燃化学品、木材等可燃物，而对于水利水电工程建设现场人员的临时住宅区域和临时厂房，由于消防设施缺乏，都极易酿成火灾。发生火灾时，应采取以下措施：

（1）当火灾发生时，如果发现火势并不大，可采取措施立即扑灭，千万不要惊慌失措地乱叫乱窜，置小火于不顾而酿成大火灾。

（2）突遇火灾且无法扑灭时，应沉着镇静，及时报警，并迅速判断危险地与安全地，注意各种安全通道与安全标志，谨慎选择逃生方式。

（3）逃生时经过充满烟雾的通道时，要防止烟雾中毒和窒息。由于浓烟常在离地面约 30cm 处四散，可向头部、身上浇凉水或用湿毛巾、湿棉被、湿毯子等将头、身裹好，低姿势逃生，最好爬出浓烟区。

（4）逃生要走楼道，千万不可乘坐电梯逃生。

（5）如果发现身上已着火，切勿奔跑或用手拍打，因为奔跑或拍打时会形成风势，加速氧气的补充，促旺火势。此时，应赶紧设法脱掉着火的衣服，或就地打滚压灭火苗；如有可能跳进水中或让人向身上浇水，喷灭火剂效果更好。

（五）有毒有害物质泄漏场所紧急避险

发生有毒有害物质泄漏事故后，假如现场人员无法控制泄漏，则应迅速报警并选择安全逃生。

（1）现场人员不可恐慌，应按照平时应急预案的演练步骤，各司其职，有序地撤离。

（2）逃生时要根据泄漏物质的特性，佩戴相应的个体防护用品。假如现场没有防护用品，也可应急使用湿毛巾或湿衣物捂住口鼻进行逃生。

（3）逃生时要沉着冷静确定风向，根据有毒有害物质泄漏位置，向上风向或侧风向转移撤离，即逆风逃生。

（4）假如泄漏物质（气态）的密度比空气大，则选择往高处逃生，相反，则选择往低处逃生，但切忌在低洼处滞留。

（5）有毒气泄漏可能的区域，应该在最高处安装风向标。发生泄漏事故后，风向标可以正确指导逃生方向。还应在每个作业场所至少设置 2 个紧急出口，出口与通道应畅通无阻并有明显标志。

第四节　水利工程应急预案

应急预案是对特定的潜在事件和紧急情况发生时所采取措施的计划安排，是应急响应的行动指南。应急预案应形成体系，针对各级各类可能发生的事故和所有危险源制定专项应急预案和现场应急处置方案，并明确事前、事中、事后的各个过程中相关部门和有关人员的职责。

一、应急预案的基本要求

单位主要负责人负责组织编制和实施本单位的应急预案，并对应急预案的真实性和实用性负责；各分管负责人应当按照职责分工落实应急预案规定的职责。生产经营单位组织应急预案编制过程中，应当根据法律法规、规章的规定或者实际需要，征求相关应急救援队伍、公民、法人或其他组织的意见。具体应符合如下要求：

（1）符合性。应急预案的内容是否符合有关法规、标准和规范的要求。

（2）适用性。应急预案的内容及要求是否符合单位实际情况。

（3）完整性。应急预案的要素是否符合评审表规定的要素。

（4）针对性。应急预案是否针对可能发生的事故类别、重大危险源、重点岗位部位。

（5）科学性。应急预案的组织体系、预防预警、信息报送、响应程序和处置方案是否合理。

（6）规范性。应急预案的层次结构、内容格式、语言文字等是否简洁明了，便于阅读和理解。

（7）衔接性。综合应急预案、专项应急预案、现场处置方案以及其他部门或单位预案是否衔接。

二、应急预案的内容

根据《生产安全事故应急预案管理办法》（安监总局令第88号），应急预案可分为综合应急预案、专项应急预案和现场处置方案3个层次。

（1）综合应急预案是指生产经营单位为应对各种生产安全事故而制定的综合性工作方案，是本单位应对生产安全事故的总体工作程序、措施和应急预案体系的总纲。综合应急预案包括应急组织机构及职责、应急预案体系、事故风险描述、预警及信息报告、应急响应、保障措施、应急预案管理等内容。

（2）专项应急预案是指生产经营单位为应对某一种或者多种类型的生产安全事故，或者针对重要生产设施、重大危险源、重大活动防止生产安全事故而制定的专项性工作方案。专项应急预案主要包括事故风险分析、应急指挥机构及职责、处置程序和措施等内容。

（3）现场处置方案是指生产经营单位根据不同的生产安全事故类型，针对具体场所、装置或者设施所制定的应急处置措施。其主要包括事故风险分析、应急工作职责、应急处置和注意事项等内容。

项目法人应当综合分析现场风险，应急行动、措施和保障等基本要求和程序，组织参建单位制定本建设项目的生产安全事故应急救援的综合应急预案，项目法人领导审批，向监理单位、施工企业发布。

监理单位与项目法人分析工程现场的风险类型（如人身伤亡），起草编写专项应急预案，相关领导审核，向各施工企业发布。

施工企业应编制水利水电工程建设项目现场处置方案，并由监理单位审核，项目法人备案。

三、应急预案的工作流程

应急预案工作流程分为编制与管理两个阶段，具体编制应参照《生产经营单位生产安全事故应急预案编制导则》（GB/T 29639-2013），管理应参照《生产安全事故应急预案管理办法》（国家安监总局令第88号），预案操作流程大致可分为下列6个步骤。

（一）成立预案编制工作组

根据工程实际情况成立由本单位主要负责人任组长，工程相关人员作为成员，尤其是需要吸收有现场处置经验的人员积极参与其中，增加可操作性，也可以吸收与应急预案有关的水行政主管等职能部门和单位的人员参加，同时可以根据实际情况邀请本单位欠缺的医疗、安全等方面专家参与其中。工作组应及时制订工作计划，做好工作分工，明确编制任务，积极开展编制工作。

（二）风险评估

水利工程风险评估就是要对工程施工现场的各类危险因素分析、进行危险源辨识，确定工程建设项目的危险源、可能发生的事故后果，进行事故风险分析，并同时指出事故可能产生的次生、衍生事故及后果形成分析报告，同时要针对目前存在的问题提出具体的防范措施。

（三）应急能力评估

应急能力评估主要包括应急资源调查等内容。应急资源调查，是指全面调查本地区、本单位第一时间可以调用的应急资源状况和合作区域内可以请求援助的应急资源状况 . 并结合事故风险评估结论制定应急措施的过程。应急资源调查应从“人、财、物”三个方面进行调查，通过对应急资源的调查，分析应急资源基本情况，同时对于急需但工程周围不具备的，应积极采取有效措施予以弥补。

应急资源一般包括：应急人力资源（各级指挥员、应急队伍、应急专家等）、应急通信与信息能力、人员防护设备（呼吸器、防毒面具、防酸服、便携式一氧化碳报警器等）、消灭或控制事故发展的设备（消防器材等）、防止污染的设备、材料（中和剂等）、检测、监测设备、医疗救护机构与救护设备、应急运输与治安能力、其他应急资源。

（四）应急预案编制

依据生产经营单位风险评估以及应急能力评估结果，组织编制应急预案。应急预案编制应注重系统性和可操作性，做到与相关部门和单位应急预案相衔接。应急预案的编制格式和要求如下：

1. 封面

应急预案封面主要包括应急预案编号、应急预案版本号、生产经营单位名称、应急预案名称、编制单位名称、颁布日期等内容。

2. 批准页

应急预案应经生产经营单位主要负责人（或分管负责人）批准方可发布。

3. 目次

应急预案应设置目次，目次中所列的内容及次序如下：

——批准页；

——章的编号、标题；

——带有标题的条的编号、标题（需要时列出）；

——附件，用序号表明其顺序。

4. 印刷与装订

应急预案推荐采用 A4 版面印刷，活页装订。

针对工作场所、岗位的特点，编制简明、实用、有效的应急处置卡。

应急处置卡应当规定重点岗位、人员的应急处置程序和措施，以及相关联络人员和联系方式，便于从业人员携带。

（五）应急预案评审

《生产经营单位生产安全事故应急预案编制导则》（GB/T 29639-2013）、《生产安全事故应急预案管理办法》（国家安监总局令第 88 号）等提出了对应急预案评审的要求，即应急预案编制完成后，应进行评审或者论证。内部评审由本单位主要负责人组织有关部门和人员进行；外部评审由本单位组织外部有关专家进行，并可邀请地方政府有关部门、水行政主管部门等有关人员参加；应急评审合格后，由本单位主要负责人签署发布，并按规定报有关部门备案。

水利工程建设项目应参照《生产安全事故应急预案管理办法》（国家安监总局令第 88 号）及《生产经营单位生产安全事故应急预案评审指南（试行）》（安监总厅应急〔2009〕73 号）组织对应急预案进行评审。

1. 评审方法

应急预案评审分为形式评审和要素评审，评审可采取符合、基本符合、不符合 3 种方式的简单判定。对于基本符合和不符合的项目，应提出指导性意见或建议。

（1）形式评审。依据有关规定和要求，对应急预案的层次结构、内容格式、语言文字和制定过程等内容进行审查。形式评审的重点是应急预案的规范性和可读性。

（2）要素评审。依据有关规定和标准，从符合性、适用性、针对性、完整性、科学性、规范性和衔接性等方面对应急预案进行评审。要素评审包括关键要素和一般要素。为细化评审，可采用列表方式分别对应急预案的要素进行评审。评审应急预案时，将应急预案的要素内容与表中的评审内容及要求进行对应分析，判断是否符合表中要求，发现存在的问题及不足。

2. 评审程序

应急预案编制完成后，应在广泛征求意见的基础上，采取会议评审的方式进行审查，会议审查规模和参加人员根据应急预案涉及范围和重要程度确定。

（1）评审准备。应急预案评审应做好下列准备工作：成立应急预案评审组，明确参加评审的单位或人员。通知参加评审的单位或人员具体的评审时间。将被评审的应急预案在评审前送达参加评审的单位或人员。

（2）会议评审。会议评审可按照下列程序进行：介绍应急预案评审人员构成，推选会议评审组组长。应急预案编制单位或部门向评审人员介绍应急预案编制或修订情况。评审人员对应急预案进行讨论，提出修改和建设性意见。应急预案评审组根据会议讨论情况，提出会议评审意见。讨论通过会议评审意见，参加会议评审人员签字。

（3）意见处理。评审组组长负责对各评审人员的意见进行协调和归纳，综合提出预案评审的结论性意见。按照评审意见，对应急预案存在的问题以及不合格项进行分析研究，并对应急预案进行修订或完善。反馈意见要求重新审查的，应按照要求重新组织审查。

（六）应急预案管理

1. 应急预案备案

依照《生产安全事故应急预案管理办法》（国家安监总局令第88号），对已报批准的应急预案备案。

中央管理的总公司（总厂、集团公司、上市公司）的综合应急预案和专项应急预案，报国务院国有资产监督管理部门、国务院安全生产监督管理部门和国务院有关主管部门备案；其所属单位的应急预案分别抄送所在地的省、自治区、直辖市或者设区的市人民政府安全生产监督管理部门和有关主管部门备案。其他单位按照相应的管理权限备案。

水利水电工程建设项目参建各方申请应急预案备案，应当提交下列材料：

（1）应急预案备案申报表。

（2）应急预案评审或者论证意见。

（3）应急预案文本及电子文档。

（4）风险评估结果和应急资源调查清单。

受理备案登记的安全生产监督管理部门及有关主管部门应当对应急预案进行形式审查，经审查符合要求的，予以备案并出具应急预案备案登记表；不符合要求的，不予备案并说明理由。

2. 应急预案宣传与培训

水利工程建设参建各方应采取不同方式开展安全生产应急管理知识和应急预案的宣传和培训工作。对本单位负责应急管理工作的人员以及专职或兼职应急救援人员进行相应知识和专业技能培训，同时，加强对安全生产关键责任岗位员工的应急培训，使其掌握生产安全事故的紧急处置方法，增强自救互救和第一时间处置事故的能力。在此基础上，确保所有从业人员具备基本的应急技能，熟悉本单位的应急预案，掌握本岗位事故防范与处置措施和应急处置程序，提高应急水平。

3. 应急预案演练

应急预案演练是应急准备的一个重要环节。通过演练，可以检验应急预案的可行性和应急反应的准备情况；通过演练，可以发现应急预案存在的问题，完善应急工作机制，提高应急反应能力；通过演练，可以锻炼队伍，提高应急队伍的作战能力，熟悉操作技能；

通过演练，可以教育参建人员，增强其危机意识，提高安全生产工作的自觉性。为此，预案管理和相关规章中都应有对应急预案演练的要求。

4. 应急预案修订与更新

应急预案必须与工程规模、机构设置、人员安排、危险等级、管理效率及应急资源等状况相一致。随着时间的推移，应急预案中包含的信息可能会发生变化。因此，为了不断完善和改进应急预案并保持预案的时效性，水利水电工程建设参建各方应根据本单位实际情况，及时更新和修订应急预案。

应就下列情况对应急预案进行定期和不定期的修改或修订：

（1）日常应急管理中发现预案的缺陷。

（2）训练或演练过程中发现预案的缺陷。

（3）实际应急过程中发现预案的缺陷。

（4）组织机构发生变化。

（5）原材料、生产工艺的危险性发生变化。

（6）施工区域范围的变化。

（7）布局、消防设施等发生变化。

（8）人员及通信方式发生变化。

（9）有关法律法规标准发生变化。

（10）其他情况。

应急预案修订前，应组织对应急预案进行评估，以确定是否需要进行修订以及哪些内容需要修订。通过对应急预案的更新与修订，可以保证应急预案的持续适应性。同时，更新的应急预案内容应通过有关负责人认可，并及时通告相关单位、部门和人员；修订的预案版本应经过相应的审批程序，并及时发布和备案。

5. 应急预案的响应

依据突发事故的类别、危害的程度、事故现场的位置及事故现场情况分析结果设定预案的启动条件。接警后，根据事故发生的位置及危害程序，决定启动相应的应急预案，在总指挥的统一指挥下，发布突发事故应急救援令，启动预案，各应急小组依据预案的分工、机构设置赶赴现场，采取相应的措施并报告当地水利等有关部门。

四、应急预案的编制提纲

（一）综合应急预案

（1）总则。总则包括编制目的、编制依据、适用范围、应急预案体系、应急预案工作原则等。

（2）事故风险描述。

（3）应急组织机构及职责。

（4）预警及信息报告。

（5）应急响应。应急响应包括响应分级、响应程序、处置措施、应急结束等。

（6）信息公开。

（7）后期处置。

（8）保障措施。保障措施包括通信与信息保障、应急队伍保障、物资装备保障、其他保障等。

（9）应急预案管理。应急预案管理包括应急预案培训、应急预案演练、应急预案修订、应急预案备案、应急预案实施等。

（二）专项应急预案

（1）事故风险分析。针对可能发生的事故风险，分析事故发生的可能性以及严重程度、影响范围等。

（2）应急指挥机构及职责。根据事故类型，明确应急指挥机构总指挥、副总指挥以及各成员单位或人员的具体职责。应急指挥机构可以设置相应的应急救援工作小组，明确各小组的工作任务及主要负责人职责。

（3）处置程序。明确事故及事故险情信息报告程序和内容、报告方式和责任人等内容。根据事故响应级别，具体描述事故接警报告和记录、应急指挥机构启动、应急指挥、资源调配、应急救援、扩大应急等应急响应程序。

（4）处置措施。针对可能发生的事故风险、事故危害程度和影响范围，制定相应的应急处置措施，明确处置原则和具体要求。

（三）现场处置方案

（1）事故风险分析。事故风险分析主要包括：事故类型；事故发生的区域、地点或装置的名称；事故发生的可能时间、事故的危害严重程度及其影响范围；事故前可能出现的征兆；事故可能引发的次生、衍生事故。

（2）应急工作职责。根据现场工作岗位、组织形式及人员构成，明确各岗位人员的应急工作分工和职责。

（3）应急处置。应急处置主要包括以下内容：

1）事故应急处置程序。根据可能发生的事故及现场情况，明确事故报警、各项应急措施启动、应急救护人员的引导、事故扩大及同生产经营单位应急预案衔接的程序。

2）现场应急处置措施。针对可能发生的火灾、爆炸、危险化学品泄漏、坍塌、水患、机动车辆伤害等，从人员救护、工艺操作、事故控制，消防、现场恢复等方面制定明确的应急处置措施。

3）明确报警负责人以及报警电话及上级管理部门、相关应急救援单位联络方式和联系人员，事故报告基本要求和内容。

（4）注意事项。注意事项主要包括以下内容：

1）佩戴个人防护器具方面的注意事项。

2）使用抢险救援器材方面的注意事项。

3）采取救援对策或措施方面的注意事项。

4）现场自救和互救注意事项。

5）现场应急处置能力确认和人员安全防护等事项。

6）应急救援结束后的注意事项。

7）其他需要特别警示的事项。

（5）附件。附件中列出应急工作中需要联系的部门、机构或人员的多种联系方式，当发生变化时及时进行更新。应急物资装备的名录或清单：列出应急预案涉及的主要物资和装备名称、型号、性能、数量、存放地点、运输和使用条件、管理责任人和联系电话等。规范化格式文本：应急信息接报、处理、上报等规范化格式文本。关键的路线、标识和图纸主要包括以下内容：

1）警报系统分布及覆盖范围。

2）重要防护目标、危险源一览表、分布图。

3）应急指挥部位置及救援队伍行动路线。

4）疏散路线、警戒范围、重要地点等的标识。

5）相关平面布置图纸、救援力量的分布图纸等。

（6）有关协议或备忘录。列出与相关应急救援部门签订的应急救援协议或备忘录。

参考文献

[1] 王东升，徐培蓁主编；朱亚光，谭春玲，邢庆如副主编．水利水电工程施工安全生产技术 [M]. 徐州：中国矿业大学出版社，2018.

[2] 王东升，常宗瑜主编．水利水电工程机械安全生产技术 [M]. 徐州：中国矿业大学出版社，2018.

[3] 鲁杨明，赵铁斌，赵峰主编．水利水电工程建设与施工安全 [M]. 海口：南方出版社，2018.

[4] 王东升，王海洋主编；王龙言，周洪建，杨松森副主编．水利水电工程安全生产法规与管理知识 [M]. 徐州：中国矿业大学出版社，2018.

[5] 贺小明主编．水利水电工程建设安全生产资格考核培训指导书 [M]. 北京：中国水利水电出版社，2018.

[6] 邹昱责任编辑；朱赵辉，李新，武学毅．严寒地区某水利枢纽工程安全监测系统鉴定及评价 [M]. 北京：中国水利水电出版社，2018.

[7] 王海雷，王力，李忠才主编．水利工程管理与施工技术 [M]. 北京：九州出版社，2018.

[8] 高占祥著．水利水电工程施工项目管理 [M]. 南昌：江西科学技术出版社，2018.

[9] 沈凤生主编．节水供水重大水利工程规划设计技术 [M]. 郑州：黄河水利出版社，2018.

[10] 邱祥彬编著．水利水电工程建设征地移民安置社会稳定风险评估 [M]. 天津：天津科学技术出版社，2018.

[11] 张志坚著．中小水利水电工程设计及实践 [M]. 天津：天津科学技术出版社，2018.

[12] 岳建平，徐佳主编．安全监测技术与应用 [M]. 武汉：武汉大学出版社，2018.

[13] 李唐兵，龙洋主编．建筑电气与安全用电 [M]. 成都：西南交通大学出版社，2018.

[14] 王宪军，王亚波，徐永利著．土木工程与环境保护 [M]. 北京：九州出版社，2018.

[15] 王喜主编．建筑工程施工技术 [M]. 北京：阳光出版社，2018.

[16] 刘勤主编．建筑工程施工组织与管理 [M]. 北京：阳光出版社，2018.

[17] 王东升，杨松森主编．水利水电工程安全生产法律法规 [M]. 中国建筑工业出版社，2019.

[18] 王东升，徐培蓁主编．水利水电工程施工安全生产技术 [M]. 北京：中国建筑工业

出版社，2019.

[19] 张莹，王东升主编 . 水利水电工程机械安全生产技术 [M]. 北京：中国建筑工业出版社，2019.

[20] 许建贵，胡东亚，郭慧娟 . 水利工程生态环境效应研究 [M]. 西安：黄河水利出版社，2019.

[21] 马乐，沈建平，冯成志 . 水利经济与路桥项目投资研究 [M]. 郑州：黄河水利出版社，2019.

[22] 左其亭，王亚迪，纪璎芯，王鑫等著 . 水安全保障的市场机制与管理模式 [M]. 长沙：湖南科学技术出版社，2019.

[23] 唐荣桂编著 . 水利工程运行系统安全 [M]. 镇江：江苏大学出版社，2020.

[24] 赵永前著 . 水利工程施工质量控制与安全管理 [M]. 郑州：黄河水利出版社，2020.

[25] 王仁龙编著 . 水利工程混凝土施工安全管理手册 [M]. 北京：中国水利水电出版社，2020.

[26] 罗永席 . 水利水电工程现场施工安全操作手册 [M]. 哈尔滨：哈尔滨出版社，2020.

[27] 张鹏著 . 水利工程施工管理 [M]. 郑州：黄河水利出版社，2020.

[28] 唐涛编著 . 水利水电工程 [M]. 北京：中国建材工业出版社，2020.

[29] 马志登编著 . 水利工程隧洞开挖施工技术 [M]. 北京：中国水利水电出版社，2020.

[30] 李龙著 . 农村饮水安全工程运行管理与维护 [M]. 兰州：甘肃文化出版社，2020.

[31] 吴建华编著 . 智慧水利工程案例库建设及教学实践 [M]. 郑州：黄河水利出版社，2020.

[32] 中国水利工程协会 . 建设工程监理案例分析 [M]. 北京：中国水利水电出版社，2020.

[33] 崔建中主编 . 黄河水工程与河道管理 [M]. 郑州：黄河水利出版社，2020.